山东耕地质量评价与应用丛书

莱州耕地

李金铭　赵景辉　主编

山东大学出版社

《莱州耕地》编辑委员会

主　　任　梁振国
副 主 任　杜英杰　孙竹生　李金铭
主　　编　李金铭　赵景辉
副 主 编　李　涛　张培苹
编 著 者　李金铭　赵景辉　李　涛　张培苹　赵文静　张　鑫
化验人员　赵景辉　李　涛　李金铭　赵文静　王延美　张月秋
采样调查　（以下按姓氏笔划为序）
卜范烈　于　波　于明芹　于海霞　王　波　王　丽
王钧波　王身良　王志松　王志强　王晓娟　邓玉芹
史君龄　冯丽丽　曲成文　刘金祥　刘海军　关玉萍
孙立平　孙竹生　孙吉祥　孙美芝　孙晓民　杨寿光
杨秀杰　杨宗林　李同泉　李克勤　李林果　李学涛
李金铭　李国强　邹明江　初树生　张忠华　张俊友
张俊杰　张桂昌　张鼎山　张锡贤　张新波　张镜泊
林永军　林绍青　周玉志　周臣良　赵景辉　姜曰丰
姜林林　原国辉　高秀珍　郭晓丽　曹玉逊　崔绍军
彭志明　滕瑞海　綦玉田　谭有灿

序言

耕地是农业生产的基础，是人们赖以生存的重要资源，它关系到社会的稳定和经济的发展。只有合理利用和切实保护好我们有限的耕地，才能保障我们的经济社会可持续发展。新中国成立以来，历届莱州市委、市政府都十分重视耕地的保护、利用和改良工作，1959年和1979年在全市范围内先后开展了两次土壤普查工作，1984年又进行了补充调查，摸清了我市各种土壤类型、面积及分布，并进行了质量评价，对当时及以后一段时间耕地资源的合理利用、施肥制度改革发挥了重要作用，也为提高农产品产量和农民增收做出了积极贡献。

莱州市农业生产条件优越，物产丰富，是国家商品粮生产基地，有“胶东粮仓”之称，多次被国家、省授予粮食生产先进县(市)。除小麦、玉米外，莱州市的花生、大姜、苹果等农产品也久负盛名。近年来，莱州市步入了发展的快车道，经济及社会事业迅猛发展，市民生活水平不断提高，对农产品质量的要求也不断提高。面对人口、资源、环境等发展要素所带来的压力，以及改革开放以来农业和农村经营体制、耕作制度、种植制度的变化，加之化肥、农药等农业投入品的使用，使得我市的耕地质量发生了很大变化。人们对提高农产品数量和质量，提高农业经济效益越来越重视，对耕地的要求也越来越高，过去掌握的耕地资料已经不能满足农业生产的需要。

面对新形势、新变化和新需求，农业部、财政部启动了全国测土配方施肥工作，我市成为2006年全国试点县(市)之一，同时开展了耕地地力调查和评价工作。按照农业部的统一部署，市农业局在山东省、烟台市农业部门的支持帮助下，组织全市农业科技人员，历时四年多时间，完成了耕地土样采集、施肥及生产调查、科学化验分析等工作，并精心汇总整理，编写了《莱州耕地》这部全面反映莱州市耕地状况的专著。

《莱州耕地》一书的出版发行，填补了莱州农业的一项空白，标志着莱州农业科技又上了一个新台阶。该书注重理论与实践相结合，内容丰富，针对性强，易学易懂，是一本难得的农业工具书，希望全市广大农业科技工作者、农村基层干部、农业科技示范带头户以及农民群众认真阅读、借鉴和应用。同时，也希望市农业局及该书的编著者根据读者提出的意见和要求，不断对该书进行补充、更新、充实和完善，使其更加具有针对性和指导意义，为我市农民增收、农村发展和新农村建设做出更大的贡献。

莱州市人民政府副市长 王宏铉

2010 年 12 月

前言

耕地是土地的精华部分，是农业生产的基础，更是农业生产的基本生产资料。它既是人类赖以生存和发展的最基本的物质基础，又是人们获取粮食及其他农产品等一切物质生产资料最基本的来源。耕地是一种十分重要的自然资源。我们必须十分重视保护耕地资源，要因地制宜地进行农、林、牧布局，维护生态平衡。耕地资源对农业生产的发展，以及对人们物质生活水平的提高，乃至对整个国民经济的发展都有着巨大的影响力和不可替代性。

为了贯彻落实《基本农田保护条例》，切实加强耕地质量保护，莱州市农业局依照测土配方施肥技术规范，开展了莱州市耕地地力调查与质量评价。调查采用了现代信息技术，查清了莱州市耕地基础生产能力、土壤肥力状况、土壤障碍因素，分析研究了耕地退化原因，为制定粮食发展规划与农业结构调整规划、耕地质量保护与建设、耕地改良利用、科学施肥以及节水农业、生态农业等提供了科学依据，也为农业种植结构调整、合理科学施肥、绿色农产品的生产及食品安全提出了合理的决策依据。这项工作的成功开展，必将为莱州市耕地资源的合理利用和改良工作发挥重要作用。

按照全国土地利用现状调查技术规程中的土地利用现状分类系统，耕地包括水田、旱地、菜地，而果园属于园地范围。考虑到果品生产是莱州市的一大产业，为了资料的完整性，我们对果园土壤管理、施肥等方面也进行了论述。

基于耕地地力调查与质量评价工作形成的一些宝贵的技术资料，我们建立了莱州市耕地地力基础属性信息数据库、基础空间数据库，整理编绘了24种1：500000比例尺的图件，包括莱州市耕地地力调查点点位图、莱州市土壤图、莱州市灌溉分区图、莱州市地貌图、莱州市坡度图、莱州市土地利用现状图、莱州市地理底图7种基础图件，绘制了莱州市土壤pH分布图以及有机质、全氮、碱解氮、有效磷、速效钾、缓效钾、有效硫、交换性钙、交换性镁、有效铁、有效铜、有效锰、有效硼、有效锌、有效钼含量分布图、莱州市耕地地力评价等级图17种成果图件。

莱州市的耕地地力调查与质量评价工作，受到了山东省土壤肥料总站李涛研究员、万广华研究员给予的悉心指导，山东农业大学资源与环境学院、山东天地亚太国土遥感有限公司的有关专家在图件制作中也提供了帮助，全市农业科技人员在土样采集和调查工作中也付出了艰辛劳动，在此一并表示感谢。

在开展测土配方施肥和耕地地力调查与质量评价工作的基础上，我们编写了这本《莱州耕地》，目的就是为莱州市的农业科技人员、农村基层干部指导农业生产提供参考，为莱州市的新型科技农民发展高产、优质、高效农业生产提供帮助。由于耕地地力调查与评价工作涉及多个专业领域，加之我们水平所限，书中难免有错误和纰漏之处，敬请读者批评指正。

编著者

2010 年 11 月

目　录

第一篇　耕地资源评价与管理

附 录

第一篇 耕地资源评价与管理

第一章 自然与农业生产概况

第一节 自然条件

一、地理位置

莱州市位于胶东半岛西北部，东经 119°33′～120°18′，北纬 36°59′～37°28′。东西最大横距 68km，南北最大纵距 53km，总面积 1878.1km^2。西与北濒临渤海莱州湾，东与东南和招远市、莱西市接壤，南依大泽山与平度市为邻，西南隔胶莱河与昌邑市相望。

莱州市历史悠久，在六千年前的新石器时代，这里就有人类聚居。古称东莱郡，夏朝称莱地，西周属莱子国，战国时属齐国，并在此地置夜邑（古时夜与掖通用）。西汉高祖四年置掖县，因掖水而得名，至今已有 2200 多年的历史。隋开皇五年改光州为莱州，掖为州治。明、清两朝为莱州府掖县，1940 年 11 月，划出掖县南部成立掖南县。1956 年，掖南县并入掖县。新中国成立前后，先后隶属西海专署区、胶东行政公署（莱阳）、莱阳专区、烟台专区和烟台地区行署，1983 年 11 月隶属烟台市。1988 年被国务院确定为对外开放县，1988 年 4 月 26 日经国务院批准撤县设立莱州市，为山东省辖县级市，烟台市代管，辖 20 处镇、9 处乡、1068 个自然村、1017 个行政村。2002 年行政区划调整，现辖 11 处镇、5 处街道办事处、1 个省级开发区、1 个省级工业园区。2008 年底总人口为 85.91 万人，其中农业人口为 50.02 万人，占总人口的 58.22%，人口密度为 457 人/km^2。耕地面积为 80189hm^2，人均不足 0.1hm^2。

莱州地理位置优越，资源丰富，产业基础较好。特别是改革开放以来，在上级党委、政府的正确领导下，莱州的政治、经济和各项社会事业取得了长足发展，获得了“两强”、“两都”、“三乡”、“三城”、“三基地”的美誉。“两强”是全国农村综合实力百强县（市）、全国财政收入百强县（市）；“两都”是中国石都、中国草艺品之都；“三乡”是中国月季之乡、中国玉米良种之乡、中国长寿之乡；“三城”是国家卫生城、国家环保模范城、国家园林绿化先进城；“三基地”是中国黄金生产基地、中国盐化工生产基地、中国石材出口基地。2009 年 11

月 23 日，国务院通过了《黄河三角洲高效生态经济区发展规划》，莱州市被纳入其中，包含莱州在内的“黄三角”开发建设由此正式上升为国家战略，迎来了千载难逢的发展机遇。

二、地形

莱州市地处胶东半岛丘陵区，濒临渤海，特殊的地理位置形成了复杂的地形，既有山地、丘陵、缓丘，还有平原、滨海洼地和海域滩涂，山地、丘陵、平原大致各占 1/3 左右。地势由东南向西北扇形倾斜，呈阶梯式下降。境内有低山 18 座，较大的有文峰山、大基山、福禄山、崮山、马山等，最高为东南部大泽山的胡家顶，为 690.5m。山地多集中分布在东南部，沟壑纵横；中部丘陵区地形起伏，落差较大；西部、北部、西北部平原区地形平坦。

三、母岩和成土母质

(一)母岩

在大地构造上，莱州市位于胶东隆起区西北部，沂沭深大断裂的东侧，西北部与渤海凹陷区相接，隶属新华夏系第二隆起带。由于长期地壳运动，形成断裂和断裂盆地，后期受沉积和剥蚀的影响，东部花岗岩地带形成低山，变质岩地带形成波状丘陵，王河、白沙河等河流下游形成冲积、洪积平原。城港路街道办事处阎家村—沙河镇沈村为栖霞复背斜西延部分的轴部，地层为下元古界胶东群下部岩组变质岩，主要岩性为变粒岩夹斜长角闪岩；复背斜的两翼岩性为变粒岩、片麻岩夹斜长角闪岩。市区—虎头崖镇一带地层为元古界粉子山群下部岩组变质岩，是一个倒转的向斜，核部岩性为白云质大理岩、透闪岩，含滑石、菱镁石，其两翼岩性为长石石英岩、片岩夹大理岩、变粒岩。市域东南部为元古界岩浆岩分布区，主要岩性为花岗岩和花岗闪长岩。新生界第三纪地层分布在城港路一带，主要岩性为泥质砂岩；新生界第四纪地层主要分布在平原和河谷阶地中；近海的为海积层，远离海洋的为冲积、洪积或残坡积层。市域内主要断裂构造分华夏系和新华夏系，多为北东或北东东向，较大的有新城—朱桥断裂、三山岛—仓上断裂、驿道—柞村断裂等。市内由于断裂构造发育，造成金、铁等矿及地下水的富集。

(二)成土母质

母岩风化变成成土母质。成土母质是土壤的主要物质基础，经过进一步发育而形成土壤。不同的母岩受外力的作用形成不同的母质类型。莱州市成土母质按沉积形式可分为残积、残坡积、坡积、坡洪积、洪冲积和海相沉积等。单纯的残积相、坡积相实际很少见，多以残坡积相存在。在残坡积相中，根据母质的物源不同又分为酸性岩类、基性岩类、石灰岩类等。本市成土母质的性质如下：

1. 残积—坡积物。残积—坡积物分布于山坡顶部的荒坡岭、岭坡梯田。这类成土母质颗粒磨圆度不佳，母质中的砂砾和碎石有明显的棱角，分选性差，层理不明显或无层理，分布受地形影响，从高到低由粗变细，土体厚度则由薄到厚，成土土体薄，抗旱、抗涝性差。在该类母质上发育的土壤一般为石质土和粗骨土。

2. 坡积—洪积物。坡积—洪积物由残积物经洪水搬运堆积而成，分布于山麓地段。由于搬运距离较短，夹杂的砾石无磨圆度，层理不明显，分选性不好。在该类母质上发育的土壤一般为棕壤性土或褐土性土，土体厚度差异较大，土体各层次质地粗中有黏，黏中夹石，多由石砾和黏粒两部分组成，除均壤质土体以外，其他构型的土体均表现通透性差。

3. 洪积物。洪积物由汛期洪水倾泻所带的泥沙、碎石堆积而成，分布于沟谷梯田、坡麓梯田、近山阶地。这类成土母质颗粒呈大小不同的碎屑状，分选不良，由山前向平原地区延伸，质地由粗到细，土体厚度由薄变厚，心土黏重，不利于作物根系伸展。洪积物多发育成棕壤或褐土，形成的土壤剖面发育层次完整，土体深厚。

4. 洪积—冲积物。洪积—冲积物是由于洪水携带的较粗物质在洪积扇部沉淀，而随流速的减缓，一些较细的物质在边缘地带沉淀堆积。主要分布在洪积扇的扇缘地带，在坡麓梯田的坡脚处、山间坡地的下部也有分布。这类成土母质为过渡类型，具有洪积、冲积成土母质的共同特点。

5. 冲积物。冲积物为地表经常性水流的堆积产物，是第四纪沉积的主要成因类型，多以条带状分布于山丘区的河流沿岸、山前平地、沿河阶地、缓坡洼地、浅平洼地、沿河低地。其物质组成有自上游向下游逐渐变细的明显规律。冲积物经地表流水长距离搬运，颗粒分选作用明显。流水搬运距离远，细粒组分高。反之，则细粒组分低，粗粒组分高。冲积物分布于地势低平地区，是潮棕壤、河潮土的成土母质。这类母质颗粒磨圆度好，具有良好的分选性，沉积层理明显。河流沿岸处有的偏砂或偏黏，有的上砂下黏、下砂上黏或黏砂间层。成土土体比较深厚，适种性广、高产稳产。

6. 冲积—湖积物。莱州市的湖积物母质属于胶莱河谷平原的古湖沼相沉积，发生于靠近胶莱河的低洼地带，地表长期处于积水或半积水状态，全新世中期(距今5000～6000年)即脱离了湖沼环境。在脱沼泽化后，湿生型植物繁盛，经过草甸化过程和潜育化过程，多发育成表层质地细腻、致密的砂姜黑土。

7. 海相沉积物。分布在滨海滩地和滨海洼地，常夹有海生贝壳和浅海相生物残体，因受海水影响，土壤易发生盐渍化。该类母质多发育为滨海潮土、滨海盐化潮土和盐土。

四、生物与植被

生物因素是形成土壤的基本因素，也对土壤肥力的形成起着主导作用。绿色植物吸收风化过程中释放出来的处于分散状态、易于流失的矿物质养料，制造成有机质。植物体有机质所含有的矿物质分解、释放缓慢，因而不会被淋失，而能集中保蓄在土壤表层。植物残留体在土壤中的分解特性、方向和速度受微生物所左右。动物可使有机残留体与土壤掺混，而影响有机残留体的分解。生物的枯荣生死，有机质不断的合成分解，成为土壤的形成过程中肥力发展的中心。

莱州市属暖温带落叶阔叶林区，但由于长期垦殖，原有森林已不复存在。自然植被为次生灌丛和灌木草丛，落叶灌丛主要有胡枝子、荆条、紫穗槐、酸枣等，草类主要有狗尾草、白茅草、黄花蒿、葎草、牛筋草、车前草等。平原及丘陵地区多为散生和人工栽培树种，主要有国槐、刺槐、五角枫、杨、柳、松、榆、桑、桐、淡竹及少量的水松。栽培植物以小麦、玉米、花生、地瓜为主，其次是高粱、谷子、大豆、绿豆等。果树有苹果、梨、桃、葡萄、柿、板栗、枣等。指示植被：棕壤区多生长松树、茶等；草本植物主要有狗尾草、白茅草等。褐土区多生长喜钙的蒺藜。柳、芦苇、蒲草、蓼等喜湿植物多生长在潮土区。盐碱土生长有碱蓬、黄须菜、芦苇、柽柳等。解放初期，莱州市的森林覆盖率只有6.4%，2008年达到了

30.66%，有效地控制了水土流失。

五、气候条件

(一)气温与光照

莱州市气候属温带东亚季风型大陆性气候，大陆度为61.7%。四季分明，春季风大，空气干燥，蒸发量大，降雨少，春旱经常发生；夏季湿热，雨水集中，雨热同步，洪涝等灾害性天气频繁；秋季温和凉爽，间有旱涝出现；冬季偏北风较多，多干冷天气，雨雪稀少。年平均气温12.9℃，范围一般为11.8℃～14.1℃，极端最高气温40.7℃，极端最低气温－16.1℃，东南部低于西北部。高于0℃积温平均为4892.3℃，范围4400℃～5200℃；低于10℃积温4479.2℃，范围4000℃～4800℃。平均年日照时数为2664.8小时。霜期始于10月下旬，终于次年4月中旬，全年无霜期为180～230天；冰冻始于11月上旬，终于次年4月上旬，冰冻期一般为140～150天；10cm冻土始于12月下旬，终于次年2月中旬，冻土期一般为40天，最大冻土深0.68m。

(二)降水量

莱州市年平均蒸发量为1943.7mm，平均降雨量为587.0mm，由于受地形影响，降水分布由东南向西北递减，东南部山区为650mm，向西北部递减至550mm，地区分布不均匀；在季风气候的影响下，雨量的季节分布极不均匀，冬春少，夏秋多，以夏季最大，占全年的62%，其次是秋季，占全年的20.7%。6～9月为丰水期，降雨量占全年的72.1%，非汛期占27.9%。由于降水变率大，年内分配不均，且年际间降水变化大，最高年份为1964年的1204.8mm，最低年份出现在1981年，仅有334.5mm。因而旱涝不均，尤其是旱灾频发。

六、水文

(一)河流水文特征

地形和沿海影响决定了莱州市河短流急、呈放射状水系的季节性河流特征，全县共有大小河流51条，主要有小沽河、王河、白沙河、南阳河、胶莱河等15条。除小沽河经莱西市东入黄海外，其余河流均向西北注入渤海莱州湾。另有胶莱河流经莱州市西南边境，北流入莱州湾，为莱州市与昌邑市的界河，接界长度为9km。境内河流同属胶东半岛诸河水系，为雨源型河道，总长度为313.7km，流域面积为1581km^2，占全市总面积的84%。流域面积在100km^{2}以上的河流有王河、白沙河、小沽河、朱桥河及南阳河。除王河、白沙河、小沽河、朱桥河、南阳河、苏郭河6条河流有支流外，其余均无支流，地表水直接排入干流入海。全市河流除王河及朱桥河源头位于招远境内外，其他均发源于本市境内山区，是典型的边缘水系，具有源短流急、峰高量大、陡涨陡落、季节性强、排洪受海潮顶托影响等特点。

由于受地形和降水影响，河流水文有以下特点：一是因降雨不匀，汛期雨多时河道流水，春秋冬季则枯竭，对地下水补给期短。二是山陡坡大、洪水倾泻直下，河水峰高量大，水土流失严重，常夹带大量泥沙，造成河道、水库淤积。

(二)地下水文地质

莱州市地下水大部分为基岩裂隙水类型。潜水运动多呈散流状态,市域内潜水埋深由陆向海变小,地下水埋深差异较大。从地理位置看,山谷地带、河流两边以及近海地带一般为2~5m,山前平原为4~12m,城港路街道、虎头崖镇一带达10~20m。不同时间地下水埋深变化也很大,一年中两起两落,1、8月份上升,6、12月份下降,降幅为2~7m。

地下水矿化度与自然地理条件密切相关,自东南山区到西北平原随高度降低,矿化度逐渐增大,土山镇的西北部,矿化度高达95~248.6g/L。全市大致可分为五种类型。

1. 重碳酸盐型水。分布在柞村镇、虎头崖镇、沙河镇一带,pH在7左右,矿化度为0.18~0.35g/L,总硬度12德度,为本市水质最好的淡水。但由于近些年来受工业污染影响,水质逐渐变差。

2. 重碳酸盐—氯化物型水。分布在除沿海以外的郭家店镇等大部分地区,pH为6.8~7.5,矿化度为0.14~0.45g/L,总硬度郭家店镇一带为4.2~8.4德度,为软水,多数为8.4~16.8德度,为微硬水,平原局部大于16.8德度,水质仅次于重碳酸盐型水。

3. 氯化物—重碳酸盐型水。分布在城港路街道、三山岛街道、金城镇、虎头崖镇、沙河镇的沿海一带,pH在7.1~7.3,矿化度0.94~1.03g/L,总硬度一般大于25.2德度,为极硬水,水质一般。

4. 硫酸盐—重碳酸盐—氯化物型水。仅分布在三山岛街道的西尹家村、崔家村一带,pH在7~7.9,矿化度为0.39~0.85g/L,总硬度为31.96~34.91德度,为极硬水,水质较差,用于灌溉易发生次生盐渍化。

5. 氯化物型水。分布在土山镇、三山岛街道一带,pH在7左右,矿化度为0.49~2.83g/L,总硬度达29~66德度,为极硬水,是全市水质最差的水。

七、物产资源

莱州市海岸线长为118km,沿海滩涂面积为6144hm^2,10m等深线以内浅海水域面积为96533hm^2,为发展渔业、盐业和盐化工生产提供了得天独厚的条件。2008年,水产品总量达30.9万吨,其中养殖产量18.0万吨,养殖面积32000hm^2。水产品有鱼、虾、贝、藻等300余种,其中对虾、梭子蟹、文蛤、大竹蛏被誉为莱州“四大名鲜”。莱州市的工业产品如大理石板材、毛笔、玉雕、草艺品、硬度计、台钳、汽车配件等,在国际、国内市场上享有较高的声誉。

莱州风光绚丽多姿,壮美如画,秀丽的文峰山,九峰毗连,层峦叠嶂,云峰大殿古朴典雅,摩崖石刻气势雄伟。其中“荥阳郑文公碑”是北魏大书法家郑道昭的手迹,被誉为“隶楷之极”,驰名中外。国家森林公园大基山松柏苍郁,幽静绝俗。寒同山石窟造像,别有洞天,六座石窟中的37尊石像,各有所姿。毛纪墓地石雕成群,是我国雕刻艺术的瑰宝。三山岛度假村、黄金海岸、芙蓉岛、刁龙咀、虎头崖是海上旅游避暑的圣地。

八、矿产资源

莱州市矿产资源丰富,市域内累计发现矿产34种(含亚种),矿产地91处,有黄金(伴生银、铜、铅、硫铁矿)、菱镁矿、滑石、天然卤水盐(伴生溴)、大理石、花岗岩、磷灰石、石墨、铁、萤石、矿泉水等多种矿藏。矿业是莱州工业的支柱产业,黄金业、石材业、盐业、滑石业又是矿业的支柱产业，其矿产品产量分别占全省同类矿产产量的25%、44%、10%、32%。莱州矿产主要有以下四个特点：一是矿产种数、总量较多，优势矿产突出。在探明和保有储量的矿产中，菱镁矿储量占全省首位，金占第二位，石材、滑石、天然卤水占第三位。2000年，矿产保有储量潜在总值为296.2亿元，占烟台市矿产潜在总值的25%，人均占有矿产潜在总值为3.4万元，高于烟台市人均水平。矿产资源结构以金和重要非金属矿为主，具有胶东区域矿产的特点。二是矿产资源分布面广，区域特色明显。金矿几乎全为岩金矿，岩金的98%以上又是蚀变岩型金矿，目前主要集中分布在市域北部的三仓金矿田（面积40km²）和焦新金矿田（面积56km²）。有大型矿床5处，中型矿床3处，小型矿床8处。累计探明金基础储量约310吨，保有金基础储量为182吨。菱镁矿、滑石集中分布在粉子山—优游山矿田（面积24km²）。有大型菱镁矿床2处，中型菱镁矿床1处，中型滑石矿床3处。累计探明菱镁矿基础储量为18553万吨，保有基础储量为17042万吨；累计探明滑石基础储量为440万吨，保有基础储量为155万吨。大理岩、花岗岩石材集中分布在市域南部的柞村矿田（面积44km²）和东部的南宿矿田（面积12km²）。有大型矿床4处，中型矿床6处，小型矿床6处。累计探明基础储量$3.4593\times10^8 m^3$，保有基础储量$3.3845\times10^8 m^3$。天然卤水盐集中分布在市域西部的土山盐田，含卤水层由陆地向海域延伸，面积为135km²。累计探明基础储量2256万吨，保有基础储量为1482万吨。铁、萤石、长石、水泥大理岩等矿产的分布也相对集中，具有区域性特色。三是矿产以大、中型矿床为主，资源整装性好。在经过审批储量的矿产地中，有大型矿床11处，中型矿床17处，小型矿床24处。在各类主要矿产的储量中，大、中型矿床储量所占的比例是：金矿占96.7%，菱镁矿和滑石占99.6%，石材矿产占99.2%。四是伴生矿产较多，选冶性能好。金属矿，特别是金矿中伴生有益组分比较多，矿石质量中等，但矿产开采、选矿和冶炼的内在因素和外部条件较好，比较易于综合开采、回收和利用。

第二节 农业经济与农业生产

一、农业经济概况

莱州市农业历史悠久。明朝万历年间，耕地有52700hm²，1949年耕地面积为100833hm²，人口为68.08万人，但基本上是广种薄收，自给不足。解放初期，农民积极开荒，耕地面积增长较快，1952年最高达107033hm²。从1953年开始，由于水利建设、修筑道路、扩大果园面积、发展桑蚕生产等占用耕地，面积逐步下降。莱州市虽然有着丰富的资源，但建国初期经济发展比较缓慢。1949年，全市国内生产总值只有2979万元，人均国内生产总值只有44元。其中第一产业为2752万元，占整个国民经济的87.01%，农业总产值为2592万元；第二产业只有80万元，占国内生产总值的2.69%；第三产业为307万元，占10.30%。农业以种植谷物、小麦为主，生产方式非常落后，粮食产量一直低而不稳。1949年，全市粮食作物播种面积为149973hm²，粮食总产量为110825吨，单产739kg/hm²；花生播种面积为4094hm²，总产量为5634吨，单产为1377kg/hm²；蔬菜播种面积为927hm²，总产量为13935吨；果园寥寥无几，果品总产量只有1600吨。农民人均收入不足40元。工业生产是简单的手工生产，只有少量原盐、红炉、乡间榨油和粉丝作坊。全市乡及乡以上工业企业只有227个，工业增加值只有70万元。

中华人民共和国成立以后，莱州市同全国一样，经过了恢复、调整，全面完成了对农业、手工业和私营工商业的社会主义改造，打破了几千年的私有制，建立了生产资料公有制，解放了生产力。到2008年，全市实现工农业总产值为1075.72亿元，其中农业总产值为67.02亿元，农业生产条件的改善为农业生产的发展打下了坚实的基础。科技在农村中得到了广泛应用，人民生活富足安康。六十年来，莱州城乡居民的生活状况发生了翻天覆地的变化，跃上了新的台阶，随着收入的增加，消费水平不断上升，城乡居民生活早已摆脱了贫困、告别了温饱、奔入了小康。2008年，全市农民人均纯收入达到8450元，在岗职工平均工资达24719元，城乡居民储蓄存款达到了192.34亿元，人均存款为22388元。目前，全市人民不仅实现了吃饱、穿暖，而且追求生活质量，追求富足安康。吃的讲营养、穿的讲档次、用的讲名牌已成为新的时尚。过去人们想都不敢想的车子、房子、电话、电脑等也作为生活必需品进入寻常百姓家庭。近几年来，全市城乡居民住房条件大大改善，2008年末，全市城镇居民人均居住面积达到21.03m^2，农民人均居住面积达30.94m^2，全市拥有住宅电话为23.45万部，平均72.58部/百户，移动电话为36.60万部，平均113.28部/百户，互联网用户8.20万户，其中家庭用户4.33万户。农村居民百户拥有彩色电视机115.8台、电冰箱95.8台、洗衣机68.3台、汽车(生活用)5.8辆、摩托车90辆。物质生活充裕，精神生活丰富多彩。莱州市早在2000年人口预期寿命已达75.95岁，超过全国平均水平4.55岁，2009年5月22日被中国老年学学会正式命名为"中国长寿之乡"。这是我国第十个、山东省第一个获此殊荣的城市，也是我国北方地区第一个长寿之乡。九年义务教育全面普及，在校学生10.01万人。全市1017个村全部通车、通电、通电话，自来水受益村达100%，其中615个村庄接入城市自来水供水管网，农村自来水供水人口70.36万人。全市已经基本实现小康，正在向富裕迈进。

二、农业生产现状

莱州的农业历史悠久，但几千年来生产水平低下，以种植谷子、小麦、玉米为主，由于生产方式落后，粮食产量一直低而不稳。新中国成立后，勤劳的莱州人民在党的领导下，艰苦奋斗，奋发图强，使莱州农村经济由"以粮为纲"走上了农、林、牧、副、渔、工业、交通运输、建筑、贸易、服务等多种经营、全面发展的文明富裕之路。

(一)农村面貌焕然一新

农业是国民经济的基础。新中国成立六十年来，莱州农村发生了天翻地覆的变化，生产条件大为改善。然而，莱州农村经济管理体制也经过多次改革，历程曲折，农村经济在不断克服困难中缓慢发展，曾一度出现"马鞍形"乃至徘徊的局面。党的十一届三中全会后，全市广大农村实行了多种形式的联产承包责任制，从根本上克服了"大锅饭"的弊端，充分调动了农民的生产积极性。农民注重科学种田和经济效益，优质化肥、种子、高效低毒农药的需求量成倍增长。特别是国家实施农民购机补贴政策以来，农业机械进入农民家庭，到如今许多家庭已拥有大中型拖拉机、玉米联合收获机、稻麦联合收获机、旋耕机等农业机械。随着人民群众物质文化生活不断丰富，农民收入不断增加，对消费的需求量也愈来愈大，根据农户调查显示，农民消费观念也发生了巨大变化，由传统的求廉、求实用向方便、舒适、个性化转变，对大件生活耐用品需求量快速增加。汽车、空调、移动电话等曾被人们视为“奢侈品”，现在大量进入农民家庭。另外，农民建房、房屋装饰已成为消费的新追求。如今莱州市农民有的旧房翻新，有的装饰豪华，甚至有不少农户住上了二层楼，或者在城里买楼房，农忙时回村，农闲时进城，过上了美满幸福的生活。随着农村商品经济的迅速发展，农业出现了新的生机，农村面貌焕然一新。

(二)生产条件不断改善

新中国成立前，落后的生产关系束缚了生产力的发展。农业生产条件落后、抗灾能力差，自然灾害对农业生产的威胁极大，农业基本上是靠天吃饭。新中国成立后，随着生产关系的改革，对农业进行了技术改造。诸如兴修水利、改良土壤、发展农业机械、实现科学种田，农业生产技术条件有了很大的改善，从而增强了抵御自然灾害的能力。新中国成立前，莱州市水利事业十分落后，1949 年全市有效灌溉面积只有17413hm^2，占耕地面积的17.27%，基本以手挽辘轳、人推水车为灌溉工具，电灌、机灌和旱涝保收面积几乎为零。遇到大雨、暴雨，农田一片汪洋，一旦逢上天旱，农作物枯萎死亡，农业生产受到严重威胁，甚至颗粒不收。新中国成立后，各级党委和政府一直把根治水害、兴修水利作为发展农业生产的一项重要措施来抓。特别是党的十一届三中全会以来，水利的重点逐步转移到以管理为主上来，通过各种渠道加大对农业投资，农田水利建设成效显著，生产条件大为改善。2008 年末，全市有效灌溉面积达到了54336hm^2，占全部耕地的 67.76%。农田水利建设的发展，增强了农业抗御自然灾害的能力，保证了农业生产的正常发展。

(三)农业科技突飞猛进

莱州市农业科技发展迅猛，农业科技普及率达到 98%，先后实施了农业科技入户工程、测土配方施肥、旱作节水、粮食高产创建、标准粮田建设、中低产田开发、现代农业、土壤有机质提升、良种繁育等一大批推广项目。莱州市选育的玉米良种种植面积占全国玉米面积的30%以上，国家玉米工程技术研究中心(山东)就设立在莱州市农业科学院。1979 年以来，该院连续七次创造和刷新了我国夏玉米高产纪录，2005 年再次将世界夏玉米高产纪录提高到 1402.86kg/667m^2，并保持至今。该公司选育的掖单 2 号、9 号、11 号、13 号系列玉米良种先后获得国家科技进步一等奖、国家星火一等奖、山东省科技进步一等奖等 25 项国家及省部级奖励，院长李登海研究员获 2006 年度山东省科学技术最高奖。“九五”以来，先后承担国家、省部级课题 41 项，其中 863 计划、国家科技支撑计划等国家级课题 16 项，2007 年承担的“超级玉米”已被科技部列为“十一五”国家科技支撑计划重点项目。2008 年，另一家育种单位莱州市金海种业选育的玉米新品种金海 5 号获国家科技进步二等奖。这些农业科技成果的取得和推广，为莱州市农业生产技术水平的不断提升发挥了重要作用。

(四)农、林、牧、渔业全面发展

在调整种植业内部结构的基础上，按照扬长避短的原则，对农、林、牧、副、渔业结构作了较大的调整，从单一农业生产，发展为五业并举，多种经营，全面发展，充分发挥了当地资源的优势，二、三产业方兴未艾。随着农村产业结构的调整，农村劳动力结构发生了很大变化。许多能工巧匠向二、三产业转移，使长期束缚在土地上的一大批劳动力解放出来，从而促进了商品经济的发展。农业产业化结构进一步优化，并初步形成了以作物良种、果品、畜牧、蔬菜、花卉、水产六大支柱产业为主要特色的农业发展格局。2008年完成农、林、牧、渔业总产值为73.2亿元，其中农业产值为30.1亿元、林业产值为2.1亿元、牧业产值15.2亿元、渔业产值为24.4亿元、农林牧渔服务业产值为1.4亿元。农业生产稳步发展，产量不断提高。全年粮食总产量为59.0万吨、平均单产为443kg/667m^2，油料产量为6.2万吨，蔬菜产量为29.0万吨，水果产量为24.6万吨，其中苹果为19.6万吨。畜牧业生产势头良好，规模不断扩大。全年肉类总产量为7.3万吨，禽蛋产量为3.53万吨，奶类产量为2.1万吨，年末生猪存栏为42.2万头。渔业生产保持稳定，渤海生物资源人工增殖放流得到良好回报。2008年水产品总量达30.9万吨，其中养殖量为18.0万吨，养殖面积32000hm^2，海洋捕捞为12.8万吨。林业生产平稳发展，基本消灭了荒山荒滩。2008年末实有林地面积为49600hm^2，森林覆盖率达到30.66%，莱州月季享誉全国，年产月季花2000多万株。

第三节 农业基础设施

一、农田水利建设

莱州市降水量少，蒸发量大，是山东省干旱较为严重的县市之一，且无客水流入，降水是地表水的唯一来源，因而水资源短缺，人均水资源占有量是全省人均占有量的1/4。多年来，干旱是制约莱州市农业发展的重要因素，制约了当地的社会经济发展。莱州市灌溉水源，平原为地下水，丘陵和山区以地表水、大口井为主，是以大口井、深井和地表水混合的灌溉类型。

(一)水资源量

莱州市1970年以来多年平均水资源总量为$3.4566\times10^8m^3$，其中地表水资源量为$1.7912\times10^8m^3$，地下水资源量为$1.6654\times10^8m^3$。50%、75%和95%保证率的水资源总量分别为$3.0988\times10^8m^3$、$1.9815\times10^8m^3$和$9.752\times10^7m^3$。

(二)水利工程建设状况

新中国成立前，莱州市水利工程是一片空白，只有少量的水井，以人工提水为主。新中国成立后，莱州市的水利建设得到迅速发展，农田水利建设成效显著，极大地改善了生产条件。2008年末，全市有效灌溉面积达到了54336hm^2，占全部耕地的67.76%，旱涝保收面积达39709hm^2(见表1-1)。

表1-1 莱州市水利工程设施现状

项目	单位	数量
有效灌溉面积	hm^2	54336
保证灌溉面积	hm^2	51687
旱涝保收面积	hm^2	39709
中型水库及库容	座/$\times10^8m^3$	6/0.88

续表

项　目	单　位	数　量
小(一)型水库及库容	座/$\times10^8m^3$	16/0.56
小(二)型水库及库容	座/$\times10^8m^3$	75/0.31
塘坝及库容	座/$\times10^8m^3$	659/0.18
谷坊及库容	座/$\times10^8m^3$	646/0.04
地下水库及可调节库容	座/$\times10^8m^3$	1/0.33
电机井	眼	16127
固定机电排灌站	处/kW	328/9100
防海潮堤	处/km	4/57
胶东引黄调水工程	处/km	1/71

1. 水库塘坝。莱州市现有库塘1403座，其中地上库塘1402座，地下水库1座。地上库塘中有中型水库6座，库容$0.88\times10^8m^3$；小型水库97座，库容$0.87\times10^8m^3$；塘坝、蓄水谷坊1305座，库容达$0.22\times10^8m^3$。以上拦蓄工程总库容$1.97\times10^8m^3$，其中兴利库容$1.16\times10^8m^3$。共控制流域面积$596.1km^2$，占全市总面积的31.7%。王河地下水库主体工程为采用高喷灌浆和振动沉模工艺建成的13593m地下防渗板墙，总库容$0.57\times10^8m^3$，最大调节库容为$0.33\times10^8m^3$。

2. 调水工程。为解决水资源不均衡的问题，莱州市修建了一批调水工程，主要有：王河东周廷拦河闸引水补源工程、薛家水库南水北调工程、庙埠河水库东水西调工程、胶东引黄调水工程。1956年开始建设防潮堤工程，至今已建4处防潮堤，坝长57km，为保护沿海农田免受海潮侵袭发挥了重要作用。

3. 机电井。地下水是莱州市工农业生产的主要水源，全市88%左右的用水靠开发利用地下水。2008年末，共有机电井16127眼，基本全部机电配套，固定机电排灌站328处，配备动力9100kW。特别是滨海平原区，工农业生产发达，机电井密度大，工农业生产大量开采地下水。再加上近些年气候连续干旱，降水量较少，减少了对地下水的补给，滨海平原出现地下水位负值区，导致海水入侵的发生和发展。

(三)水资源开发利用

农业是莱州市的用水大户，农业用水量占全市总用水量的81%，工业用水占10%，城市生活用水占3%，农村生活用水占6%。从水源结构来看，供水水源以地下水为主，占总供水量的88%；地表水资源开发利用率较低，供水量很少。莱州市地表水、地下水开发利用比例失衡，地下水超采严重。地下水超采问题是由于水资源调配不合理造成的，而水资源调配不合理的主要原因是缺乏工程调控能力。这也是造成莱州市滨海平原区海水入侵的主要原因之一。

莱州市人均淡水资源量$394m^3$，属于水资源短缺地区。而水资源的时空分布严重不均，降雨集中在汛期。汛期6～9月降雨为423.2mm，占年平均降雨量72.1%。由于地表水供水工程建设滞后，对汛期径流的控制能力低，导致88%的用水依赖于宝贵的地下水，造成地下水的严重超采，诱发了严重的海水入侵问题。尤其是自1977年以来，由于连年干旱，河道干枯，水库无蓄水，超量开采地下水，致使地下水位急剧下降，形成了地下水漏斗区。到1997年地下水位平均下降16m，有的地区甚至下降达25m，造成海水入侵面积达278km^2，占全市总面积14.8%。海水入侵区内近2631眼井变咸报废，18000hm^{2}耕地受到不同程度的影响，其中造成荒芜的面积达1267hm^2，多年来滨海平原区一般年净减产30%，干旱年份减产50%以上，全市因海水入侵每年平均减产粮食5×10^7kg以上，加剧了生态环境的退化，严重地影响到当地的生态环境和正常的生产生活。

二、农业机械化

六十年来，农业机械从无到有，发展迅速，农机化水平全面提高。2008年末，全市农业机械总动力达到1.2873×10^6kW，拥有各类拖拉机28851台、混合播种机7570台、旋耕机2507台、小麦联合收割机1140台、玉米联合收割机510台、灌溉动力机械22287台，全市农业机械化程度达92%。农业机械的快速发展，使农业机械化成为现实，脱粒、粮油和饲料加工全部实现了机械化，播种、施肥、收获等也基本实现机械化。

第二章　土壤与耕地资源状况

第一节　耕地立地条件

影响土壤与耕地的因素较多，母质、气候、地形、时间、生物以及人类活动等因素的综合作用，决定着耕地和土壤的性质。此外，耕地质量还受到地貌类型、地面坡度、灌溉条件等立地条件的影响。

一、地貌类型

莱州市由于地形复杂，地貌类型也较多，自东南山区至西北沿海，地貌类型可分为5种(见表2-1)。

1. 侵蚀低山。主要分布在东部及东南部，面积4959.5hm^2，占全市总面积2.64%。该区域海拔高程为200～700m，地面坡度大，地势陡。基岩由花岗岩、闪长岩组成，岩石裸露。少部分有土层覆盖，也因土层极薄，成为全市水土流失最严重的区域。

2. 剥蚀丘陵。主要分布在东南及东北部低山周围，总面积46696hm^2，占全市总面积24.87%。海拔高程为100～200m，相对高差一般小于60m，地面坡度5°～15°，水土流失较严重。

3. 山前岗地。介于丘陵和平原之间，面积为39013.7hm^2，占全市总面积的20.77%，海拔高度为50～100m，相对高差小于30m，地面坡度小于5°。基岩由元古界变质岩组成，呈不规律带状分布。

4. 山前平原。由王河、白沙河、朱桥河、南阳河等河流的冲积、洪积物组成。主要分布在莱州北部和西南部，面积为34556.9hm^2，占全市总面积的18.4%。海拔高度为50～10m，地面坡度大部分小于3°，沉积层大多在20～30m之间。

5. 滨海平原。主要分布于南阳河如海口以北和虎头崖村以西沿海一带，面积为62583.9hm^2，占全市总面积33.32%。海拔高程在10m以下，地面坡度小于1°。由于地质作用对地貌影响不均衡，该单元内的微地貌形态具有明显的地域分异特点。组成物质主要由海积和河流冲积物构成，地貌类型比较复杂，其中既有侵蚀残丘，又有古泻湖形成的低洼地，还有海洋沙丘。

在上述五种地貌类型的基础上，全市微地貌又可细分为石质山岭、荒坡岭、岭坡梯田、坡麓梯田、岭地、山前倾斜平地、山前微斜平地、沿河阶地、河滩地、滨海缓平地、滨海洼地、滨海沙滩地、滨海盐荒地、滨海光板地以及海洋滩涂共15种类型(见表2-1)。

表 2-1　　莱州市地貌类型

地貌类型	省地貌单元	县地貌单元	单元面积		耕地面积		土壤类型（亚类）
			面积（hm^2）	占比例（%）	面积（hm^2）	占比例（%）	
侵蚀低山	石质山岭	石质山岭	4959.5	2.64	—	—	岩石裸露
剥蚀丘陵	荒坡岭	荒坡岭	17837.6	9.50	32.7	0.04	石质土、粗骨土
	坡麓梯田	岭坡梯田	20416.3	10.87	9509.7	11.86	棕壤性土、褐土性土
		坡麓梯田	8442.1	4.50	4737.0	5.91	棕壤、褐土
山前岗地	近山阶地	岭地	39013.7	20.77	22238.8	27.73	棕壤、褐土
山前平原	山前倾斜平地	山前倾斜平地	12365.3	6.58	7465.8	9.31	棕壤、淋溶褐土
	山前缓平地	山前微斜平地	14577.0	7.76	8435.6	10.52	棕壤、淋溶褐土
	河谷梯田	沿河阶地	3772.2	2.01	1842.4	2.30	潮棕壤、潮褐土
	河漫滩	河滩地	3842.4	2.05	1421.3	1.77	潮土
滨海平原	缓平坡地	滨海缓平地	35370.8	18.83	21919.3	27.33	潮土、砂姜黑土
	浅平洼地	滨海洼地	4801.7	2.56	2252.0	2.81	砂姜黑土
		滨海砂滩地	5977.1	3.18	334.4	0.42	盐化潮土、滨海潮盐土
	其他	滨海盐荒地	6107.9	3.25	—	—	滨海潮盐土
		滨海光板地	2295.9	1.22	—	—	滨海潮盐土
		海涂	8030.5	4.28	—	—	涨潮时被海水淹没
		合计	187810	100	80189	100	

二、地面坡度

由于地貌类型复杂多样，造成地面坡度变化很大，而土地坡度大小与土地质量密切相关。因此，进行土地坡度分级，特别是耕地的坡度分级，是科学进行土地评价和制定土地利用规划不可缺少的依据。首先绘制了《莱州市坡度图》，然后把《莱州市土地利用现状图》与其叠加，按照全国《土地利用现状调查技术规程》的规定，进行了坡度等级的划分（见表 2-2）。

表 2-2　　坡度等级划分标准及耕地面积

等级	1	2	3	4	5
地面倾角(°)	≤2	2～6	6～15	15～25	>25
耕地面积(hm^2)	56992.6	17696.6	5310.5	178.3	11.0
占比例(%)	71.08	22.07	6.62	0.22	0.01

可以看出，随着水土保持、退耕还林以及生态市建设的开展，坡度较大的坡耕地已经退出耕地，多用于发展用材林、经济林，大于25°的耕地面积很小。

三、灌溉条件

多年来，由于农田水利建设不断发展，莱州市的耕地灌溉条件得到明显改善，灌溉面积不断扩大，灌溉保证率不断提高。与耕地地面坡度的等级划分一样，我们在绘制《莱州市灌溉保证率图》的基础上，把《莱州市土地利用现状图》与其叠加，划分了耕地的灌溉保证率等级(见表2-3)。

表 2-3　　不同灌溉保证率的耕地面积

等级	1	2	3	4	5
灌溉保证率(%)	>75	50～75	25～50	0～25	0
耕地面积(hm^2)	32084.8	6707.0	15704.4	3970.4	21722.4
占比例(%)	40.01	8.36	19.58	4.95	27.09

上表看出，受地形地貌的影响，莱州市农田灌溉条件呈两极分化现象，灌溉保证率高于75%的耕地多集中在平原地区，占耕地面积的40.01%，无灌溉保证的耕地多集中在山丘地区，占耕地面积的27.09%，两者占耕地比重都较大。

第二节　耕地土壤类型与分布

一、土壤分类的依据

莱州市第一次土壤普查工作是在1959年2月开始，到7月结束。普查结果为全市有耕地总面积为101595hm^2，按照当时的分类方法，分为壤土（河淤土）66158hm^2、砂土15043hm^2、黄土11171hm^2、盐碱土6903hm^2、红土1812hm^2、白膛土507hm^2以及少量黑土、黏土共8种，并基本查清了各种类型土壤的分布范围。

1979年8月开始的第二次土壤普查，莱州市是山东省的试点单位，是与省自然资源调查和农业区划工作在莱州市试点期间同时进行的，1984年6月～1985年12月又进行了补充调查。根据《全国第二次土壤普查暂行技术规程》和山东省《土壤普查工作分类暂行方案》的要求，采用土壤发生学作为分类原则，将莱州市土壤分为5个土类、11个亚类、19个土属和182个土种。

（一）土类

土类是土壤高级分类的基本单元，它是在一定的自然条件和人为因素的作用下，经过一个主导或几个相结合的成土过程，以及具有反映这些过程特点的土壤属性的一群土壤个体。根据土壤形成的主要过程、发育方向、发育阶段以及剖面结构而划分，不同土类间的土壤属性在性质上有明显的差异。

（二）亚类

亚类是土类的辅助级别和续分。主要依据主导成土过程的不同发育阶段或附加成土过程的特征，是否具有母质残留特性来划分的。具有附加成土过程的亚类为过渡性亚类，例如在褐土土类中，根据土体中碳酸盐淋溶强度的差异，划分出淋溶褐土、褐土和褐土性土等。

（三）土属

在土壤发生学分类上，土属具有承上启下的特点。它既是亚类的续分，又是土种的归纳，主要根据水文地质、地下水化学性质、母质母岩类型、地形部位等地方性因素所造成的土壤属性差异进行区分。

（四）土种

土种是基层分类的基本单元。它是发育在相同母质上，具有相类似的发育程度和剖面层次排列的一群土壤。土种的形态具有一定的稳定性，非一般耕作措施在短期内所能改变。划分土种的主要依据是土壤质地和1m土体内土层构型及土体厚度等。

二、土壤种类

第二次土壤普查将莱州市土壤分为棕壤、褐土、潮土、盐土和砂姜黑土5大土类。这次耕地地力评价中，又新增加了石质土和粗骨土2个大类，以及2个亚类、3个土属，并按照省《土种归属对比表》中的省名称及代码，重新进行了归类，以期与省分类系统相统一。这样，共计有7个土类，16个亚类，即酸性石质土、中性石质土、钙质石质土、酸性粗骨土、钙质粗骨土、棕壤性土、棕壤、潮棕壤、褐土性土、淋溶褐土、褐土、潮褐土、潮土、盐化潮土、滨海潮盐土、砂姜黑土，20个土属，182个土种（见表2-4）。

表2-4 莱州市土壤分类系统表

土类	亚类	土属	土种名称	土地面积（hm^2）	耕地面积（hm^2）
石质土	酸性石质土	酸性岩类酸性石质土	粗砂质极薄层硬石底酸性岩类酸性石质土	3802.7	121.5
			石碴质极薄层硬石底酸性岩类酸性石质土	2352.4	50.2
			粗砂质极薄层酥石底酸性岩类酸性石质土	657.7	39.6
			石碴质极薄层酥石底酸性岩类酸性石质土	213.2	142.4
	中性石质土	基性岩类中性石质土	马牙砂质极薄层酥石底坡积洪积中性石质土	10.3	7.0
	钙质石质土	石灰岩类钙质石质土	石碴质极薄层硬石底石灰岩类钙质石质土	7.0	0.0
			壤质极薄层硬石底石灰岩类钙质石质土	15.0	0.0

续表

土类	亚类	土属	土 种 名 称	土地面积（hm^2）	耕地面积（hm^2）
粗骨土	酸性粗骨土	酸性岩类酸性粗骨土	粗砂质薄层硬石底酸性岩类酸性粗骨土	1445.2	256.6
			石碴质薄层硬石底酸性岩类酸性粗骨土	93.4	22.0
			马牙砂质薄层硬石底酸性岩类酸性粗骨土	24.2	18.2
			壤质薄层硬石底酸性岩类酸性粗骨土	407.6	165.8
			壤质中层硬石底酸性岩类酸性粗骨土	115.0	70.4
			粗砂质薄层酥石底酸性岩类酸性粗骨土	2546.0	948.2
			石碴质薄层酥石底酸性岩类酸性粗骨土	1933.5	587.0
			马牙砂质薄层酥石底酸性岩类酸性粗骨土	72.6	53.6
			壤质薄层酥石底酸性岩类酸性粗骨土	5733.8	1913.1
			粗砂质中层酥石底酸性岩类酸性粗骨土	2979.3	312.5
			石碴质中层酥石底酸性岩类酸性粗骨土	650.2	183.0
			马牙砂质中层酥石底酸性岩类酸性粗骨土	665.5	188.0
			壤质中层酥石底酸性岩类酸性粗骨土	6226.9	2856.6
			壤质中层硬石底坡积洪积酸性粗骨土	42.0	28.5
			粗砂质中层酥石底坡积洪积酸性粗骨土	199.5	2.2
			壤质中层酥石底坡积洪积酸性粗骨土	227.5	156.0
	钙质粗骨土	石灰岩类钙质粗骨土	粗砂质薄层硬石底石灰岩类钙质粗骨土	296.3	163.6
			石碴质薄层硬石底石灰岩类钙质粗骨土	22.9	16.5
			壤质薄层硬石底石灰岩类钙质粗骨土	293.1	156.8
			马牙砂质中层硬石底石灰岩类钙质粗骨土	20.2	10.1
			壤质中层硬石底石灰岩类钙质粗骨土	184.3	102.8
			壤质薄层酥石底石灰岩类钙质粗骨土	108.8	27.3
			壤质中层酥石底石灰岩类钙质粗骨土	168.6	31.5
棕壤	棕壤性土	酸性岩类棕壤性土	紧砂质中层酸性岩类棕壤性土	304.5	142.5
			砂壤质中层酸性岩类棕壤性土	2030.3	1019.2
			轻壤质中层酸性岩类棕壤性土	1807.3	1131.4
			中壤质中层酸性岩类棕壤性土	284.0	127.5

续表

土类	亚类	土属	土 种 名 称	土地面积（hm^2）	耕地面积（hm^2）
棕壤	棕壤性土	残积坡积棕壤性土	轻壤质厚砂心残积坡积棕壤性土	30.6	20.7
			中壤质厚黏心残积坡积棕壤性土	95.8	64.9
			砂壤质中层残积坡积棕壤性土	66.3	32.3
			轻壤质中层残积坡积棕壤性土	2627.2	1541.7
	棕壤	洪积棕壤	均砂壤质洪积棕壤	311.7	176.0
			均轻壤质洪积棕壤	7316.4	4705.2
			均中壤质洪积棕壤	1927.5	1273.6
			轻壤质薄黏心洪积棕壤	148.1	86.0
			砂壤质厚黏心洪积棕壤	138.8	95.6
			轻壤质厚黏心洪积棕壤	20006.8	12749.3
			轻壤质厚砾石心洪积棕壤	38.7	23.0
			轻壤质厚砂心洪积棕壤	10.0	7.3
			中壤质厚黏心洪积棕壤	6897.0	4411.1
			轻壤质薄黏腰洪积棕壤	57.8	35.2
			砂壤质厚黏腰洪积棕壤	134.8	57.5
			轻壤质厚黏腰洪积棕壤	4416.0	2863.0
			轻壤质厚沙腰洪积棕壤	542.4	309.8
			中壤质厚黏腰洪积棕壤	1670.4	1113.0
			轻壤质薄层洪积棕壤	488.5	309.3
	潮棕壤	洪冲积潮棕壤	均轻壤质洪冲积潮棕壤	337.7	242.1
			均中壤质洪冲积潮棕壤	165.2	123.7
			轻壤质厚黏心洪冲积潮棕壤	1264.4	884.1
			中壤质厚黏心洪冲积潮棕壤	1578.0	1222.7
			轻壤质薄砂腰洪冲积潮棕壤	53.7	42.3
			轻壤质厚黏腰洪冲积潮棕壤	21.9	17.3
			中壤质厚黏腰洪冲积潮棕壤	194.7	145.8
褐土	褐土性土	石灰岩类褐土性土	轻壤质厚黏心石灰岩类褐土性土	52.4	35.5
			砂壤质中层石灰岩类褐土性土	14.6	2.9
			轻壤质中层石灰岩类褐土性土	142.4	94.7

续表

土类	亚类	土属	土种名称	土地面积 (hm²)	耕地面积 (hm²)
		洪积淋溶褐土	均轻壤质洪积淋溶褐土	16.2	9.0
			壤质厚黏心洪积淋溶褐土	29.8	18.5
	淋溶褐土	洪冲积淋溶褐土	均砂壤质洪冲积淋溶褐土	1909.5	1419.2
			均轻壤质洪冲积淋溶褐土	100.0	70.0
			均中壤质洪冲积淋溶褐土	291.1	202.8
			轻壤质厚黏心洪冲积淋溶褐土	1717.5	1287.0
			中壤质厚黏心洪冲积淋溶褐土	1936.3	1477.7
			轻壤质薄黏腰洪冲积淋溶褐土	100.2	70.1
			轻壤质薄沙腰洪冲积淋溶褐土	53.4	30.3
			轻壤质厚沙腰洪冲积淋溶褐土	836.6	508.8
			轻壤质厚黏腰洪冲积淋溶褐土	282.9	210.7
			中壤质厚黏腰洪冲积淋溶褐土	20.0	14.0
褐土	褐土	洪冲积褐土	均轻壤质洪冲积褐土	1738.8	1170.1
			均中壤质洪冲积褐土	201.5	137.3
			松砂质薄黏心洪冲积褐土	15.0	10.0
			砂壤质厚黏心洪冲积褐土	233.7	155.0
			轻壤质厚黏心洪冲积褐土	1431.7	1019.5
			轻壤质厚砂心洪冲积褐土	6.0	4.6
			轻壤质厚砂姜心洪冲积褐土	87.2	52.4
			中壤质厚黏心洪冲积褐土	1301.7	933.1
			砂壤质厚黏腰洪冲积褐土	53.2	33.9
			轻壤质厚黏腰洪冲积褐土	389.0	406.7
			中壤质厚黏腰洪冲积褐土	753.8	516.0
			砂壤质薄层洪冲积褐土	30.0	14.0
			轻壤质薄层洪冲积褐土	80.7	47.1
			中壤质薄层洪冲积褐土	75.6	55.9
			砂壤质中层洪冲积褐土	90.0	51.0
			轻壤质中层洪冲积褐土	260.9	156.8

续表

土类	亚类	土属	土种名称	土地面积 (hm²)	耕地面积 (hm²)
褐土	潮褐土	石灰性潮褐土	均轻壤质石灰性潮褐土	1638.9	1256.1
			均中壤质石灰性潮褐土	341.7	268.1
			轻壤质薄黏心石灰性潮褐土	37.9	26.6
			轻壤质薄砂心石灰性潮褐土	48.1	36.1
			轻壤质厚黏心石灰性潮褐土	1036.1	755.6
			轻壤质厚砂心石灰性潮褐土	30.0	24.0
			轻壤质厚砂姜心石灰性潮褐土	108.1	85.6
			中壤质厚黏心石灰性潮褐土	3605.0	2754.2
			紧砂质厚砂腰石灰性潮褐土	33.1	23.7
			轻壤质厚砂腰石灰性潮褐土	10.7	8.4
			轻壤质厚黏腰石灰性潮褐土	825.1	629.6
			中壤质厚黏腰石灰性潮褐土	784.5	588.3
潮土	潮土	非石灰性滨海潮土	砂壤质厚砂心非石灰性滨海潮土	75.0	51.3
			轻壤质厚砂心非石灰性滨海潮土	144.7	105.6
			中壤质厚砂心非石灰性滨海潮土	57.0	35.4
			砂壤质薄砂腰非石灰性滨海潮土	102.5	81.0
			轻壤质薄砂腰非石灰性滨海潮土	52.2	35.1
			中壤质薄砂腰非石灰性滨海潮土	10.0	7.0
			松砂质厚砂腰非石灰性滨海潮土	202.7	58.5
			轻壤质厚砂腰非石灰性滨海潮土	166.7	128.9
			中壤质厚砂腰非石灰性滨海潮土	64.2	49.9
			砂壤质厚壤心非石灰性滨海潮土	310.5	207.6
			砂壤质厚壤腰非石灰性滨海潮土	42.8	33.8
			砂壤质厚黏心非石灰性滨海潮土	197.3	128.5
			轻壤质厚黏心非石灰性滨海潮土	117.8	72.9
			中壤质厚黏心非石灰性滨海潮土	30.0	18.0
			松砂质厚黏心非石灰性滨海潮土	72.0	36.8
			砂壤质厚黏腰非石灰性滨海潮土	306.6	230.4
			轻壤质厚黏腰非石灰性滨海潮土	236.6	183.8
			中壤质厚黏腰非石灰性滨海潮土	249.8	176.6

续表

土类	亚类	土属	土种名称	土地面积（hm^2）	耕地面积（hm^2）
潮土	潮土	非石灰性滨海潮土	均松砂质非石灰性滨海潮土	5385.0	197.2
			均紧砂质非石灰性滨海潮土	576.8	103.3
			均砂壤质非石灰性滨海潮土	684.0	439.4
			均轻壤质非石灰性滨海潮土	1838.6	1236.0
			均中壤质非石灰性滨海潮土	178.1	128.0
		非石灰性河潮土	松砂质薄砂心非石灰性河潮土	114.8	77.3
			轻壤质薄砂心非石灰性河潮土	321.6	214.5
			紧砂质厚砂心非石灰性河潮土	64.8	51.2
			砂壤质厚砂心非石灰性河潮土	85.0	64.7
			轻壤质厚砂心非石灰性河潮土	1497.5	1004.3
			中壤质厚砂心非石灰性河潮土	255.0	182.7
			砂壤质薄砂腰非石灰性河潮土	253.4	153.5
			轻壤质薄砂腰非石灰性河潮土	481.9	328.1
			中壤质薄砂腰非石灰性河潮土	179.1	124.8
			砂壤质厚砂腰非石灰性河潮土	228.1	149.7
			轻壤质厚砂腰非石灰性河潮土	325.7	232.0
			中壤质厚砂腰非石灰性河潮土	33.0	17.1
			砂壤质厚壤心非石灰性河潮土	120.8	75.2
			轻壤质厚壤心非石灰性河潮土	73.3	48.7
			松砂质厚壤腰非石灰性河潮土	106.6	74.0
			砂壤质厚壤腰非石灰性河潮土	108.9	75.9
			轻壤质厚黏心非石灰性河潮土	288.3	188.1
			中壤质厚黏心非石灰性河潮土	266.1	168.0
			轻壤质厚黏腰非石灰性河潮土	78.2	58.9
			中壤质厚黏腰非石灰性河潮土	247.8	164.5
			均松砂质非石灰性河潮土	228.2	0.0
			均紧砂质非石灰性河潮土	487.1	103.7
			均砂壤质非石灰性河潮土	1363.7	832.5
			均轻壤质非石灰性河潮土	5295.4	3850.5
			均中壤质非石灰性河潮土	191.3	141.7

续表

<table>
<tr><th>土类</th><th>亚类</th><th>土属</th><th>土　种　名　称</th><th>土地面积（hm^2）</th><th>耕地面积（hm^2）</th></tr>
<tr><td rowspan="15">潮土</td><td rowspan="15">盐化潮土</td><td rowspan="15">滨海盐化潮土</td><td>中壤质厚砂心氯化物盐化潮土</td><td>83.6</td><td>4.3</td></tr>
<tr><td>砂壤质厚壤心氯化物盐化潮土</td><td>1542.7</td><td>1008.8</td></tr>
<tr><td>紧砂质厚壤腰氯化物盐化潮土</td><td>8.0</td><td>6.0</td></tr>
<tr><td>砂壤质厚壤腰氯化物盐化潮土</td><td>30.8</td><td>24.6</td></tr>
<tr><td>砂壤质厚黏心氯化物盐化潮土</td><td>17.5</td><td>12.1</td></tr>
<tr><td>轻壤质厚黏心氯化物盐化潮土</td><td>168.7</td><td>113.4</td></tr>
<tr><td>中壤质厚黏心氯化物盐化潮土</td><td>10.0</td><td>7.9</td></tr>
<tr><td>中壤质薄黏腰氯化物盐化潮土</td><td>96.7</td><td>59.5</td></tr>
<tr><td>轻壤质厚黏腰氯化物盐化潮土</td><td>192.8</td><td>119.4</td></tr>
<tr><td>中壤质厚黏腰氯化物盐化潮土</td><td>203.1</td><td>124.7</td></tr>
<tr><td>均松砂质氯化物盐化潮土</td><td>111.1</td><td>68.9</td></tr>
<tr><td>均紧砂质氯化物盐化潮土</td><td>1388.6</td><td>880.2</td></tr>
<tr><td>均砂壤质氯化物盐化潮土</td><td>970.1</td><td>622.4</td></tr>
<tr><td>均轻壤质氯化物盐化潮土</td><td>794.6</td><td>492.1</td></tr>
<tr><td>均中壤质氯化物盐化潮土</td><td>418.6</td><td>255.9</td></tr>
<tr><td rowspan="7">盐土</td><td rowspan="7">滨海潮盐土</td><td rowspan="7">滨海潮滩盐土</td><td>松砂质厚砂心滨海潮滩盐土</td><td>80.8</td><td>0.0</td></tr>
<tr><td>中壤质厚砂心滨海潮滩盐土</td><td>84.9</td><td>0.0</td></tr>
<tr><td>轻壤质厚砂腰滨海潮滩盐土</td><td>156.7</td><td>0.0</td></tr>
<tr><td>均松砂质滨海潮滩盐土</td><td>20.0</td><td>0.0</td></tr>
<tr><td>均紧砂质滨海潮滩盐土</td><td>5388.7</td><td>2.3</td></tr>
<tr><td>均砂壤质滨海潮滩盐土</td><td>276.7</td><td>15.9</td></tr>
<tr><td>均轻壤质滨海潮滩盐土</td><td>20.0</td><td>0.0</td></tr>
<tr><td rowspan="9">砂姜黑土</td><td rowspan="9">石灰性砂姜黑土</td><td rowspan="2">石灰性砂姜黑土</td><td>中壤质厚黑土心石灰性砂姜黑土</td><td>140.7</td><td>111.2</td></tr>
<tr><td>中壤质厚砂姜腰石灰性砂姜黑土</td><td>2135.0</td><td>1639.7</td></tr>
<tr><td rowspan="7">覆盖石灰性砂姜黑土</td><td>轻壤质厚黑土心覆盖石灰性砂姜黑土</td><td>300.4</td><td>223.1</td></tr>
<tr><td>中壤质厚黑土心覆盖石灰性砂姜黑土</td><td>857.9</td><td>668.2</td></tr>
<tr><td>轻壤质薄黑土心覆盖石灰性砂姜黑土</td><td>50.0</td><td>39.6</td></tr>
<tr><td>轻壤质厚黑土心覆盖石灰性砂姜黑土</td><td>688.8</td><td>529.4</td></tr>
<tr><td>中壤质厚黑土心覆盖石灰性砂姜黑土</td><td>789.2</td><td>602.1</td></tr>
<tr><td>轻壤质薄黑土腰覆盖石灰性砂姜黑土</td><td>124.8</td><td>98.7</td></tr>
<tr><td>轻壤质厚黑土腰覆盖石灰性砂姜黑土</td><td>78.9</td><td>57.0</td></tr>
<tr><td></td><td></td><td></td><td></td><td>150259</td><td>80189</td></tr>
</table>

(一)石质土

全市有石质土土地面积为7058.3hm^2,占全市土地面积的4.70%,但耕地面积很少,只有360.7hm^2,占全市耕地面积的0.45%。石质土的特点是土体发育极不完善,无心土层,表土层以下即为半风化母岩(或基岩),土层薄,属极薄层土层,厚度不超过15cm。质地粗,为粗砂质、石碴质、马牙砂质。砾石含量高,有机质及养分含量低,侵蚀严重,生产性能极低。

石质土分布在山丘的顶部,郭家店、驿道、柞村、程郭、朱桥、文昌路等镇街有分布。可分为酸性石质土、中性石质土和钙质石质土3个亚类、3个土属、7个土种。

(二)粗骨土

全市有粗骨土土地面积为24456.4hm^2,占全市土地面积的16.27%,有耕地面积为8270.3hm^2,占全市耕地面积的10.31%。粗骨土的特点与石质土相同,但土层厚度大于石质土,属薄层(15～30cm)或中层(30～60cm),质地较粗,砾石含量在10%以上,土层以下为硬石底或酥石底。坡度大,易干旱,水土流失严重,生产能力低下,只能种植甘薯、花生等耐瘠薄作物。

粗骨土分布在山丘的中上部,郭家店、驿道、柞村、程郭、朱桥、文昌路、文峰路等镇街都有分布。分为酸性粗骨土、钙质石质土2个亚类、2个土属、23个土种。

(三)棕壤土类

棕壤土类是莱州市面积最大的一个土类,属地带性土壤,全市共有土地面积为54966.5hm^2,占全市土地面积的36.58%,耕地面积为34973.1hm^2,占全市耕地面积的43.61%。棕壤成土过程的特点:是在温暖湿润气候条件下形成的土壤,淋溶作用较强,土壤中的易溶性盐类和碳酸盐均被淋失,富铁过程明显,层次发育明显,通体呈棕—棕褐色。剖面一般分为淋溶层(在耕地上为耕作层)、黏化淀积层和母质层。表土层经过耕作、施肥和淋溶作用,颜色为浅棕色,质地偏轻。淀积层为黏粒聚集层,淀积层中次生黏土矿物多,由于铁锰氧化物的浸染,呈红棕—棕褐色,黏粒含量高,质地比较黏重,厚度不等,结构呈棱柱或块状,结构面上有铁锰胶膜。底土保持着成土母质的形态,土体中部有铁、锰结核,下部有时有铁管,土壤呈酸性至微酸性反应。

棕壤分布广泛,除土山镇外,全市各镇街均有分布。郭家店、驿道、程郭、朱桥、文昌等镇街面积较大,占当地的50%以上。分为棕壤性土、棕壤、潮棕壤3个亚类。

1. 棕壤性土。棕壤性土是指第二次土壤普查时,棕壤土类中中层厚度(60～80cm)的土壤。棕壤性土亚类土壤的理化性状、生产性能明显好于粗骨土,除种植花生、杂粮外,一些用于种植果树。

全市共有棕壤性土土地面积为7246.0hm^2,耕地面积为4080.2hm^2,主要分布在山丘的中下部,郭家店、驿道、程郭、朱桥、文昌路、柞村镇等镇街都有分布。分为2个土属、8个土种。

2. 棕壤。棕壤亚类是棕壤土类中的典型,其形态特征如土类所述。棕壤分布在山丘的中下部,所处地理位置在棕壤性土之下,地形坡度小于棕壤性土,土层较厚,质地好于棕壤性土,尤其是夹黏型土体构型,上轻下重,上虚下实,保肥能力强,土壤肥力和生产性能较好,适种性广,一般小麦、玉米一年两作,产量高而稳定,也是莱州市优质苹果、生姜、圆葱等特色作物的主产区。

全市共有棕壤亚类土地面积为 44104.9hm^2，耕地面积为 28214.9hm^2，分布范围较广，有山丘的镇街都要分布。只有洪积棕壤 1 个土属、15 个土种。

3. 潮棕壤。潮棕壤亚类土体发育完整，有明显的淋溶淀积作用，剖面下部有铁锈斑纹。地貌单元为倾斜平原、微斜平地，地势缓平，土体深厚，土壤水分状况良好，生产性能好，适种性广，一般小麦、玉米一年两作，产量高而稳定。

全市共有潮棕壤亚类土地面积为 3615.6hm^2，耕地面积为 2678.0hm^2，主要分布在沙河、三山岛、平里店、柞村、夏邱、驿道、朱桥、文昌路等镇街。潮棕壤只有洪冲积潮棕壤 1 个土属、7 个土种。

(四)褐土土类

全市有褐土土类的土地面积为 22750.9hm^2，占全市土地面积的 15.14%，耕地面积 16670.9hm^2，占全市耕地面积的 20.79%。褐土为暖温带半干旱、半湿润季风气候区的主要土类，在莱州市与棕壤呈复区存在。基本成土条件是年平均温度高，降水少，夏季炎热。在过渡性的生物气候条件下，对褐土的发育有明显的影响，如剖面形态典型性差、石灰反应弱等。剖面中具有明显的黏化层，土体中常有钙积层是其主要特征。褐土中微生物活动比较旺盛，有机质矿化速度快，含量一般较低。

莱州市褐土主要分布在西部、西北部平原地区，微地貌单元为倾斜平地和缓平地，除郭家店镇外，各镇街都要分布。分为褐土性土、淋溶褐土、褐土、潮褐土 4 个亚类。

1. 褐土性土。褐土性土所处部位、剖面形态及生产性能与棕壤性土相似。

褐土性土面积小，全市共有褐土性土亚类土地面积为 209.4hm^2，耕地面积为 133.1hm^2，仅在永安路、虎头崖镇街有少量残存，只有石灰岩类褐土性土 1 个土属、3 个土种。

2. 淋溶褐土。淋溶褐土是褐土土类中受淋溶作用最强的一个亚类，它与褐土亚类的区别在于 1m 土体内无钙积层，没有石灰反应和假菌丝体，一般在 1m 以下有石灰反应，淋溶作用较褐土亚类强烈，剖面中下部有时有铁锰结核。该亚类表层质地均匀，土层深厚，土壤养分含量较高，一般小麦、玉米一年两作，产量水平较高。

全市共有淋溶褐土亚类土地面积为 7293.5hm^2，耕地面积为 5318.1hm^2，分布零散，在平里店、城港路、沙河、朱桥等镇街有分布。有洪积淋溶褐土、洪冲积淋溶褐土 2 个土属、12 个土种。

3. 褐土。褐土亚类是褐土土类的典型，形态特征如土类所述。因地处平原，表层质地较好，土壤养分含量较高，以种植小麦、玉米为主，产量较高。

全市共有褐土亚类土地面积为 6748.8hm^2，耕地面积为 4763.4hm^2，除郭家店、驿道镇外，其余镇街均有分布。有洪冲积褐土 1 个土属、16 个土种。

4. 潮褐土。潮褐土亚类地处微斜平地的较低部位，由于潜水位的变化，在成土过程中附加有潮土成土过程，土体中下部有明显的潜水作用痕迹(即铁锈斑纹)。该亚类土体深厚，土壤水分状况良好，适种性广。但部分排水条件不良，易受季节性瀨涝，通透性差，一般种植小麦、玉米，产量高而稳定。

全市共有潮褐土亚类土地面积为 8499.2hm^2，耕地面积为 6456.3hm^2，除郭家店镇外,其余镇街都有分布,朱桥、驿道、程郭、土山镇面积较小。只有石灰性潮褐土1个土属、12个土种。

(五)潮土类

潮土是莱州市另一个较大的土类,土地面积为29833.4hm²,占全市土地面积的19.85%,耕地面积为15926.8hm²,占全市耕地面积的19.86%。该土类分布于滨海冲积平原和山丘区的河谷两岸,直接发育在海相沉积物及河流沉积物上,是长期受潜水作用影响发育起来的一类土壤。所处的地形部位较低,潜水位高,土体中下部有明显的铁锈斑纹。土体母质分选性好,剖面质地层次分明,同一发生层次的质地和色泽均一,土壤呈中性或微碱性。该土类在莱州市有潮土和盐化潮土2个亚类。

1.潮土。潮土亚类的形态特征如土类所述,根据母质来源和分布的地理位置,分为非石灰性滨海潮土、非石灰性河潮土2个土属。

(1)非石灰性滨海潮土土属:直接发育在海积物上,分布在滨海缓平地和滨海洼地。潜水位高,表层质地不一,土体构型复杂,大多质地较粗,肥沃程度差。以均壤质型为最好,耕层质地轻松,易耕作,发小苗,下层质地中壤,保肥、保水能力较强,但土壤肥沃程度亦较差,以种植小麦、玉米等粮食作物为主。

非石灰性滨海潮土是面积较大的土属,全市共有土地面积为11100.9hm²,耕地面积为3745hm²,分布在土山、沙河、虎头崖、城港路、三山岛、金城等镇街,可分为23个土种。

(2)非石灰性河潮土土属:直接发育在河流冲积物上,地貌单元为沿河阶地、河滩地及缓平地,地下潜水水位高,土体中下部有明显的铁锈斑纹。因所处地理位置不同,土壤肥力差距较大,表层质地不一,土体构型多样。总的来看,以均壤质型最好,所处地形平坦,灌溉条件较好,土层深厚,适应性广,适合种植小麦、玉米、瓜果、蔬菜等,产量较高。

非石灰性河潮土土属面积最大,全市共有土地面积为12695.6.9hm²,耕地面积为8381.6hm²,广泛分布在除文峰路街道以外的各个镇街,分为25个土种。

2.盐化潮土。盐化潮土亚类的成土母质是海相沉积物,通体有石灰反应,心土层和底土层有明显的铁锈斑纹。潜水矿化度高,土体及表层土壤含有较多的氯化物盐类,对作物有不同程度的盐害,常造成缺苗断垄,灌溉条件差,以种植小麦、玉米为主,产量一般。

盐化潮土全市共有土地面积为6036.9hm²,耕地面积为3800.2hm²,分布在土山、三山岛、沙河、虎头崖、永安路、城港路、金城等镇街的沿海一带,有滨海盐化潮土1个土属、15个土种。

(六)盐土土类

盐土土类在莱州市的土地面积为6027.8hm²,占全市土地面积的4.01%,耕地面积只有18.2hm²,占全市耕地面积的0.02%。盐土的地理位置在盐化潮土之下,表层质地差,结构不好,剖面铁锈斑纹多,石灰反应强烈,地表或接近地表的土层含有大量的可溶性盐分,是在受海侵和高矿化度的潜水作用下形成的一类土壤,潜水埋深1m左右,矿化度高,因缺苗严重,大部分不能用于农业,只用于晒盐。

盐土主要分布在土山镇,三山岛、虎头崖镇也有少量分布。盐土土类有滨海潮盐土1个亚类,滨海潮滩盐土1个土属、7个土种。

（七）砂姜黑土土类

全市有砂姜黑土土类土地面积为5165.7hm²，占全市土地面积的3.44%，耕地面积为3969hm²，占全市耕地面积的4.95%。砂姜黑土土体中下部有一层砂姜层，上覆一层黑色黏重的黑土层，表层为灰褐色—褐色的后期覆盖物，或为黑土层裸露后经耕作褪色而成的耕作层。砂姜黑土的两个特征层次—黑土层和砂姜层，在生产中起着不良作用，黑土层黏重紧实，通透性差，虽然有时全量养分较高，但转化慢，时效性差。尤其是黑土裸露的耕地，耕性差，适耕期短。厚砂姜腰的土体构型，如土山镇涙河、太平庄村一带，砂姜层出现部位高，在60cm左右，影响作物根系发育，使作物生长受到限制。砂姜黑土以种植小麦、玉米等粮食作物为主。

砂姜黑土主要分布在土山镇、沙河镇，平里店、金城镇也有少量分布。有石灰性砂姜黑土1个亚类，根据黑土层上是否有覆盖层分为石灰性砂姜黑土、覆盖石灰性砂姜黑土2个土属、9个土种。

三、分布规律

受地形、地貌和水文地质条件的影响，莱州市各地段土壤分布很不一致，微域分布的规律性很明显，小地形、小气候对土壤的影响深刻。人为的排灌、施肥和土地平整活动，在一定程度上也能改变土壤的性状，使土壤的分布较为复杂。莱州市受海洋性气候的影响较大，在地理位置上属胶东丘陵的一部分，整个地势东南高，西北低，由东南向西北倾斜。东南部山高坡陡，中部丘陵起伏，北部、西部、西北部地势平坦。因此，莱州市土壤既有垂直分布，又有水平分布，其基本规律是：由山顶到洼地依次为石质土、粗骨土、棕壤性土、薄层棕壤、中层棕壤、厚层棕壤或潮棕壤；由河流向山脉依次为河潮土、潮棕壤、棕壤。由西北部的渤海沿岸到东南部的郭家店镇，大致为滨海潮土、潮棕壤、淋溶褐土、褐土、河潮土、棕壤、棕壤性土、粗骨土、石质土。

第三节　土地利用状况

一、土地利用现状

莱州市总面积为187810hm²。根据全国土地利用现状调查技术规程统一制定的土地利用现状分类系统，共有9个一级类型、35个二级类型。一级类型分别为耕地、园地、林地、其他农用地、居民点及工矿用地、交通用地、水利设施用地、未利用地和其他土地（见表2-5）。据莱州市国土资源局年报资料，2008年末，农用地、建设用地和未利用地（含其他土地）占总面积的比例分别为74.9%、15.9%和9.2%，其中耕地面积为80189hm²，耕地面积占总面积的比重为42.7%，耕地中水浇地30320hm²；旱地为47760hm²；蔬菜地2109hm²。旱地主要坐落在山地丘陵的中上部及部分沿海，郭家店、驿道、程郭、朱桥、柞村、虎头崖、土山等镇面积较大；一般水浇地主要分布在山丘岭的中下部，是较好的丘陵地；保浇地主要分布在城港路、三山岛、平里店、沙河等镇街的平原洼地和部分镇街的沟川沿河平地上。

表 2-5 土地利用类型及面积

一级类型	面积(hm²)	占总面积(%)	一级类型	面积(hm²)	占总面积(%)
耕地	80189	42.7	交通运输用地	2261	1.2
园地	18095	9.6	水利设施用地	1378	0.7
林地	21127	11.2	未利用地	8092	4.3
其他农用地	21213	11.3	其他土地	9199	4.9
居民点及工矿用地	26256	14.0	合计	187810	100

未利用土地中有裸岩石砾地为1396hm²，荒草地为5099hm²，主要分布在胡家顶、文峰山、大基山、崮山、马山等山区中上部，由于土壤条件差，常年只生长野生杂草。未利用土地中还有1385hm²盐碱地和少量沙地。山丘地区受地形、土壤等因素的限制，农业开发利用程度较低，是园地和林地的主要集中地，平原地区由于农业发展历史悠久，土地资源基本都已开发利用。

二、土地利用现状中存在的问题

(一)耕地面积锐减，资源严重不足

从当前土地利用现状来看，土地利用中存在的主要问题是建设用地"过热"，耕地日益减少且后备资源不足，农田重用轻养现象严重等。据莱州市统计局资料显示，新中国成立六十年来，莱州市耕地面积经历了两个增长期、两个减少期。1949～1952年是第一个增长期，主要原因是广大农民积极开垦荒地，耕地增加幅度比较大，从1949年的100833hm²，增加到1952年的107033hm²。1953年耕地面积开始逐步下降，特别是1959～1960年下降幅度较大，1960年降为93607hm²。原因是由于农业合作化和人民公社化，大兴水利建设、修筑公路、扩大果园面积、发展桑蚕生产等，占用耕地较多。1961～1964年耕地面积又略有增加，原因是由于三年自然灾害的影响，粮食短缺，粮食生产抓的较紧。从1965年以后，面积逐年减少，兴修水利、新修道路、旧路拓宽、新建民房、大力发展工矿企业和城市建设占地是主要原因。从1952～2008年全市累计减少耕地26844hm²。在耕地面积大量减少的同时，全市人口却在急剧增长。1949年全市人口总数为68.03万人，2008年增加到85.91万人，平均每年增加3030人。人口的增长和耕地的大量减少，致使莱州市人均占有耕地由1949年的0.148hm²降低到2008年的0.093hm²，减少了37.2%。随着社会的不断发展，各项建设不可避免地仍要占用耕地，人地矛盾将更加突出。

(二)耕地后备资源开发殆尽

近年来，随着经济发展的突飞猛进，国家、省、烟台市及莱州市基础设施建设项目较多，大莱龙铁路、G206高速公路、S264公路、莱州港疏港公路、南水北调胶东引黄调水工程以及城市建设、工矿企业等建设项目占用了大量土地，其中很大部分是耕地。由于建设用地增加较快，耕地占补平衡矛盾十分突出。一些容易开发的未利用土地已经垦殖利用，耕地后备资源所剩无几。如果继续占用耕地，势必会冲击莱州市基本农田第三轮规划期

(2006～2010年)保护面积72840hm^{2}这条红线,可谓形势严峻。

(三)土地资源配置不合理

虽然耕地十分紧张,但仍然存在土地资源利用不够充分的问题。一是耕地改作他用,浪费了耕地。主要是在耕地种植速生杨树、高等级公路两侧绿化带过宽等。二是一些开发难度大的荒岭坡、荒沟、废弃道路、河渠、塘库旁尚未被充分利用,植树造林和发展畜牧业尚有较大空间。三是建设用地批而不用、批而不建以及废弃闲置等圈地撂荒现象时有发生,许多农村村庄在村边四周建设新房,形成空心村,房屋长期闲置问题严重,浪费了宝贵的土地资源。四是农作物布局尚需调整。近几年农作物布局取得了重大成效,全市粮、经比例日趋合理,但粮、菜比例仍有很大的调整余地。山区发展干果,既能抗旱,又有较高的经济效益。据调查,正常年份,干果产值是粮食产值的3～10倍。特别是部分山丘区粮油种植部位过高,土壤翻动次数频繁,不利于水土保持,必须从大农业观点出发,做到因土、因地种植,提高生态效益和经济效益。

(四)耕地质量整体水平不高

一是肥料用量不合理,施肥技术不科学,只注重施用化学肥料,忽视了有机肥料;只注重施用氮、磷肥料,忽视了钾肥及微量元素肥料,破坏了土壤结构和土壤养分平衡,导致土壤酸化和盐渍化,影响了土壤肥力的提高。二是耕地综合生产能力差,农业持续发展的限制因素多,后劲严重不足。三是工矿企业"三废"排放严重,特别是夏邱镇、柞村镇的石材加工业,沙河镇的废旧塑料加工业,对耕地及灌溉水源造成的污染比较严重。

应该看到,"一要吃饭,二要建设"是土地资源利用所面临的两大难题。随着城市化进程的加快和经济建设快速发展,城市建设、工矿企业用地、交通建设、水利设施占地的不断增加,城乡居民住房条件的不断改善,小城镇及城乡一体化建设,使耕地面积逐年减少,农业生产可利用面积逐渐萎缩变小,发展空间受到限制是不可逆转的现实。因此,加大种植制度改革和种植业内部结构调整力度,推广多茬、立体栽培的种植模式,最大限度地发挥土地的生产潜力,提高土地实际利用率,是现代农业发展的必由之路。为此,必须大力推广间作套种、立体种植及两年三作、一年两作、一年多作等高产高效、轮作换茬栽培技术模式,使耕地得到充分利用。特别是注重推广应用作物优良品种、农业新技术、新成果,培肥地力,提高土地的生产能力和单位面积产量,增加粮食产量和提高农业经济效益。

第四节 耕地利用与管理

一、耕地利用现状

(一)种植制度的演变

种植制度是依据人口、土地、生产条件、技术水平的变化和社会需要不断地发展和改变的。据史志记载,1900年以前,由于当时地多人少,生产条件差,作物种植多以一年一熟为主,主要种植春谷子、春玉米、春甘薯、春花生等。

1910年至新中国成立前后,随着人口的增加和生产条件有所改善,莱州市西北部的平原地区经济基础和肥水条件较好的村庄,两年三熟面积逐渐扩大,如春玉米—小麦—大豆、黍子—小麦—大豆、谷子—豌豆—花生等，并开始实行小麦、夏玉米一年两熟。据统计，新中国成立后的1951年，全市一年一熟制面积占耕地面积的41.9%，两年一熟制面积占44.1%，一年两熟制占14.0%，全年复种指数为134%。

1952～1960年，随着生产条件的改变和社会需要，在全市推广种植小麦、玉米、甘薯，压缩春谷子、春高粱、黍子等作物的种植面积。作物种植发展以两年三熟为主，一年两熟制也在平原区生产条件好的公社广泛推广，到1960年，全县一年一熟制面积由41.9%下降到35%，而两年三熟制面积稳定在35%左右，一年两熟制由14.0%增到30%左右，全年复种指数为147%。

1961～1970年，随着生产条件的不断变化，作物种植发展成为两年三熟和一年两熟为主，到1976年，一年一熟面积进一步下降到25%，两年三熟面积增到42%，一年两熟制扩大到33%。并广泛开展了间作套种，采用多种方法进行粮粮、粮薯、粮油、粮菜、菜菜、果粮间套作，全市耕地复种指数达148%。

1970～1980年，根据自然条件和生产基础，农技部门进行分类指导，有计划地改制复种。在丘陵薄地或人少地多的公社中，提倡一年一熟制；在有一定水浇条件、人多地少的地方提倡一年两熟制；在肥水条件一般地方，提倡两年三熟制；这三种种植制度，在一个生产单位中同时采用，交错进行，以便倒茬轮作培养地力。到1980年，全县一年一熟制面积为占耕地面积的28%，两年三熟制面积稳定在42%，一年两熟制面积在30%左右，全年耕地复种指数为150%左右。

1981年以后，随着商品经济的发展，种植业内部结构有些变化，粮食作物面积减少，经济作物如果品、蔬菜增加，在原有熟制基础上实行了“立体种植”，进一步提高了复种指数，增加了土地产出率。

（二）种植业结构现状

新中国成立六十年来，莱州市的种植业结构一直在不断调整。新中国成立初期的三年恢复时期和“一五”时期，粮食、油料、果树、蔬菜生产齐头并进，面积不断增加。“文革”期间，国民经济建设“以粮为纲”，果树、蔬菜面积减少，生产受到抑制。党的十一届三中全会召开之后，特别是随着商品经济和出口创汇的不断发展，农村经济不断完善，各种农作物面积和种植结构发生了很大变化。莱州市小麦播种面积1949年后呈现上升趋势，1972年达60980hm^2，1973～2005年呈现下降趋势，2005年降至34957hm^{2}之后，由于国家种粮补贴政策的出台，又强势回升，2008年达42662hm^2。玉米的变化趋势与小麦基本一致，2008年为43541hm^2。花生播种面积在20世纪80年代前呈增加趋势，1985年面积最高达27407hm^2，之后逐年下降，近几年相对稳定，2008年为14954hm^2。蔬菜播种面积在建国后迅速增长，1961年高达9100hm^2，是1949年的9.82倍，以后变化幅度较小，基本稳定在3000～3500hm^2，1992年开始增长较快，2005年达8891hm^2。果树栽培面积增加幅度很大，由1950年的113hm^{2}上升至1985年的13707hm^2，增加了121.3倍。2000年达到最高，近几年趋于稳定（见图2-1）。

据莱州市统计局资料，2008年全市有粮田46192hm^2，果园面积10259hm^2，蔬菜地为1328hm^2。农作物总播种面积为109796hm^2，其中粮食作物总播种面积为88805hm^2，平均单产6645kg/hm^2，总产量为590278吨。小麦播种面积为42662hm^2，平均单产为5730kg/hm^2，总产量为244453吨。玉米播种面积为43541hm^2，平均单产为7635

kg/hm²,总产量为 332436 吨。花生播种面积为 14954hm²,平均单产为 4155kg/hm²,总产量为 62122 吨。蔬菜播种面积为 4682hm²,平均单产 61845kg/hm²,总产 289558 吨。实有果园面积 10259hm²,水果总产量 245823 吨,其中苹果 8150hm²,总产量 196191 吨;梨 547hm²,总产量 14838 吨;葡萄 395hm²,总产量 10646 吨;桃子 533hm²,总产量 20181 吨;樱桃 531hm²,总产量 1662 吨。干果类面积为 4700hm²,总产量为 2533 吨。全市农业经济总收入为 416.98 亿元,其中种植业总产值达 256077 万元。

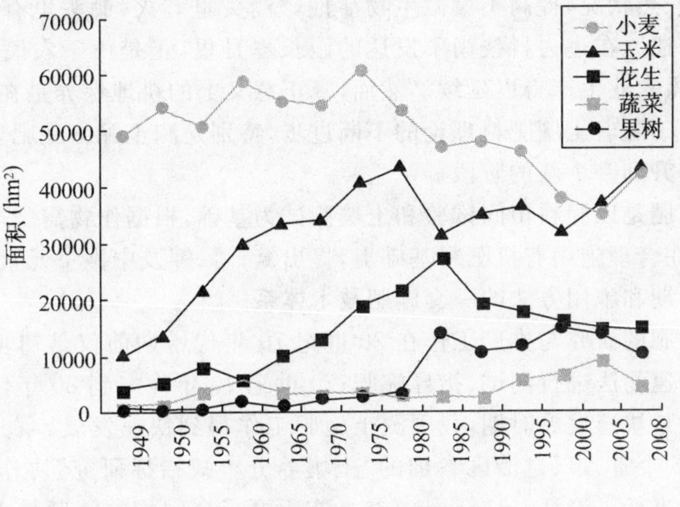

图 2-1 1949～2008 年莱州市不同作物种植面积变化图

2008 年与 1980 年相比,各种农作物种植结构发生了较大变化(见图 2-2)。小麦与花生的种植比重有所下降,果树、蔬菜和玉米种植比重上升。其中果树种植比重由 3%上升为 9%,蔬菜比重由 2%上升为 4%。可见,以苹果为主(占 79.44%)的果树和蔬菜等经济作物在莱州市农作物种植结构中起着重要作用。而玉米比重由 31%上升为 36%,主要原因是与其他杂粮相比,玉米生长期短、产量高,以及养殖业、加工业需求量大,价格不断提高,农民种植玉米的积极性高。

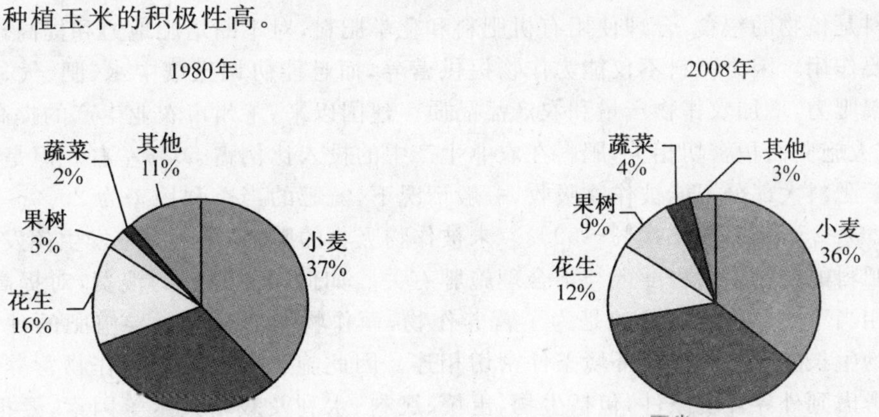

图 2-2 1980 年与 2008 年莱州市各种作物面积构成变化图

二、耕地保养

莱州市农民同全国一样，千百年来十分注重对耕地的保养，因为他们信奉“千买卖，万买卖，不如老牛翻土块”的信条，把耕地看作是自己的命根子。为了提高地力，他们把草木灰、生活废弃物以及污水全部集中起来，积造成有机肥，许多老农还有早起捡粪的习惯，其目的就是为了保养耕地。同时，他们还总结出一套“耕、锄、耙、耢”等农田作业措施，改善耕地的水、肥、气、热状况，提高土壤微生物活性，“锄头里有火，锄头里有水，锄头里有肥”就是最形象的描述。在过去科技尚不发达的漫长岁月里，正是由于农民群众对耕地的呵护和保养，才使得农业生产得以延续。然而，真正意义上的耕地保养是在化肥的推广施用之后，近几十年来，随着土壤肥料理论的不断进步，特别是测土配方施肥理论的提出，使得耕地保养工作上升到一个新的阶段。

测土配方施肥是以肥料田间试验和土壤测试为基础，根据作物需肥规律、土壤供肥性能和肥料效应，在合理施用有机肥料基础上，提出氮、磷、钾及中微量元素等肥料的施用品种、数量、施肥时期和施用方法的一套施肥技术体系。

我国测土施肥的研究与推广工作在20世纪70年代中期前仅是初步探索，测土技术体系注重用简单速测法进行测试、指导施肥；20世纪70年代末到80年代末，即第二次土壤普查实施阶段是快速发展时期，我国测土施肥工作得到快速发展。农业部土壤普查办公室组织了有16个省、市、自治区参加的“土壤养分丰缺指标研究”协作组，1983年对配方施肥的可行性进行了论证。1986年又在山东召开了全国配方施肥技术经验交流会，制定了配方施肥工作要点用于指导全国配方施肥工作。这一时期的测土施肥研究与推广在我国农业生产中发挥了重要作用；20世纪90年代发展相对较慢；在20世纪末期我国初步建立了适合我国农业状况和特点的土壤测试推荐施肥体系。常见的土壤测试推荐施肥方法主要有土壤养分丰缺指标法、养分平衡法、肥料效应函数法、作物营养诊断法等。其中养分丰缺指标法在我国进行了大范围的推广应用。目前，土壤养分丰缺指标法仍是测土施肥的主流方法，也是比较适合我国国情的方法。

肥料是植物的粮食，合理使用有机肥料和化学肥料，对不断培肥地力和提高作物产量起着重要作用。因为肥料不仅能为作物提供营养，而且能协调土壤中水、肥、气、热条件，提高土壤肥力，增加农作物产量和农产品品质。建国以来，莱州市农业生产的提高与增施肥料、扩大施肥面积密切相关，肥料在农业生产中的投入比例占50%左右。但是，施入土壤的化学肥料大部分不能被作物吸收，一般情况下，氮肥的当季利用率为25%～30%，磷肥为15%～25%，钾肥为40%～50%。未被作物吸收的肥料，在土壤中发生挥发、淋失和固定。肥料的损失很大程度上与不合理施肥有关。如何减少肥料的浪费，对提高农业生产效益相当重要。施肥的目的是为了营养作物，而作物营养又是指导施肥的理论依据。但是作物生长发育与其外界环境条件密切相连。因此施肥不仅要根据作物营养特点，而且还要考虑到外界环境条件，包括生物、土壤、肥料、水利及栽培技术等因素，要把它们当作一个整体，运用现代科技来研究合理施肥的理论和技术，以发挥肥料增产的最大效益。

三、耕地障碍因素分析

莱州市耕地土壤障碍因素较多，影响种植业产量的主要有“缺、薄、隔、旱、酸、咸、跑”等限制因素。

缺，即土壤缺乏作物生长发育必需的一种或几种营养元素，造成营养元素比例失调。一是钾素缺乏。由于成土母质和施肥不合理的原因，有占粮田面积17.98%的耕地土壤速效钾含量低于50mg/kg，郭家店镇等山丘地区最为严重。即使果园、菜田也有30%的面积速效钾含量低于100mg/kg。钾素既是营养元素，也是品质元素。钾素缺乏不仅影响了农作物产量，而且降低了农产品的质量。二是微量元素缺乏。土壤有效硼含量在临界值水平上下波动，56.9%的耕地低于临界值，菜田低于临界值的面积竟高达70.2%。莱州市花生和十字花科蔬菜种植面积较大，有效硼不足会造成“花而不实”。粮田土壤有效锌平均值低于临界值下限，土壤有效锌缺乏。特别是小麦、玉米等作物需锌量较高，对锌较为敏感有关，缺锌易发生“白化苗”。土壤有效钼粮田中有73.85%、果园中有72.34%、菜田中有48.58%低于临界值，有效钼极缺。

薄，即土层浅薄。土层厚度小于15cm的极薄层、15～30cm的薄层、30～60cm的中层耕地面积较大，分别占耕地面积的0.45%、5.93%和10.27%，共计13351hm^2。土层薄的耕地同时伴有质地粗的问题，如粗砂土、石渣土、马牙砂土、松砂土、紧砂土等，它们的共同特点是砾石和砂子含量高，砂、砾二者合计含量达90%以上。土体松散、粒间孔隙大，结构性差，对肥水的保蓄能力差，生产力低下，严重制约了农作物生长。

隔，即耕地有不良夹层，形成障碍层次。浅层夹黏影响土壤的通透性；夹砂、夹铁板砂、夹砾石、夹砂姜会造成耕地漏肥漏水，影响作物根系下扎。另一方面，近年来大型深耕机逐渐减少，取而代之的是旋耕机的普及和使用，而旋耕深度只有15cm左右，使活土层变浅，形成了新的障碍层次。

旱，即干旱缺水。旱灾是莱州市多发的另一种自然灾害，常发生于每年的春季，春旱发生的频率高达90%，因此有“十年九春旱”、“春雨贵如油”之说。有的年份夏、秋两季也发生。灾害发生时，久旱无雨，河水断流，塘坝、水库干枯，水井水位下降。使农作物因缺水而枯死，造成农作物减产或绝产，严重时造成人畜吃水困难。

酸，即土壤酸化。莱州市耕地土壤酸化比较严重。全市耕地pH平均值为6.28，与1979年第二次土壤普查时的6.85相比，降低了0.57。尤其是果园和菜田呈现显著下降趋势，pH低于5.0的面积各占30%。引发了果树、蔬菜和花生的生理性病害，降低了农产品品质。

咸，即地下水变咸，失去灌溉能力。一方面是土山镇、沙河镇、虎头崖镇、永安路街道等沿海耕地因地下水矿化度高，不能灌溉。另一方面由于干旱缺水，地下水严重超采，形成了地下水漏斗区，诱发了海水入侵问题。特别是城港路街道、三山岛街道的朱旺、朱家村、南杨、北杨、寨里武家等村庄，海水入侵区内机井变咸报废，耕地受到不同程度的影响，有的甚至荒芜，造成生态环境的退化。

跑，即耕地跑肥、跑水，水土流失较重。莱州市山地丘陵多，地面起伏较大，岭坡梯田和坡麓梯田面积占耕地的17.8%，岭地占耕地的27.7%。以前，人们有每年春天修整梯田、整平地面、修培地堰和挖“堰下沟”的良好传统。经过修整的梯田外高里低,农民形象地称为“外撅嘴,里流水”,对保持水土、防止水土流失十分有效。然而,近年来,春天修整梯田的已经寥寥无几,田堰多年失修,雨季雨水横流,水土流失严重。

四、耕地施肥现状分析

(一)有机肥料

1. 畜禽粪便。畜禽粪便是质量优良的有机肥,也是当前莱州市有机肥的主要来源。2008 年,全市年畜禽饲养量 854.65 万头(只),年产畜禽粪便 90.13 万吨。其中,养鸡 793 万只,养猪 48 万头,养牛 4.6 万头,养羊 9.05 万只;产鸡粪 16.77 万吨,猪粪 34.85 万吨,牛粪 33.85 万吨,羊粪 4.93 万吨。有大型畜禽养殖场 596 处,其中,养鸡场 393 处,养鸡 506 万只;养猪场 171 处,养猪 19.2 万头;养牛场 32 处,养牛 0.32 万头;养羊 7.1 万头。据调查,莱州市畜禽粪便的利用可以分为三类:一是供给肥料生产企业,用做原料加工成商品有机肥 9.55 万吨,占 10.6%;二是出售给农户,直接施用于农田的 73.18 万吨,占 81.2%;三是露天堆放,得不到充分利用的有 7.40 万吨,占 8.2%。

2. 商品有机肥。商品有机肥是近十年来新出现的肥料品种,它包括两类:一是有机肥,一般是由畜禽粪便、农产品加工下脚料、作物秸秆等发酵加工而成,有机质含量大于 30%,还含有少量的氮、磷、钾,一般在 4%~7%;二是有机无机复合肥,是有机肥和化肥的复合体,其有机质含量低于有机肥,但氮、磷、钾含量高于有机肥。商品有机肥因价格高于畜禽粪便和其他有机肥,农民一般只用于果树、蔬菜等经济作物,全市年用量在 18000 吨左右。近年来,莱州市实施了现代农业发展资金粮食产业项目、农田土壤有机质提升项目,在小麦、玉米上推广施用商品有机肥,用量为 2250~3000kg/hm^2,为推动商品有机肥在粮食作物上的应用,发挥了积极作用。莱州市内现有机肥生产厂商 5 家,但规模较小,年产量 1 万吨左右。

3. 其他有机肥。随着化学肥料用量的不断增加和农业商品化生产发展,劳动力的价值也在逐年提高,这对有机肥的积造和秸秆还田、堆沤肥、城粪利用等带来一定的影响,据测算,积一亩耕地农家肥,需用工 10 多个,用这些工钱购化肥可解决 2~3 倍耕地的用肥,尽管这种推算具有短期行为,但从经济效益和眼前利益讲不无道理。因而,在有机肥的积造和使用上,出现了三大问题:一是有机肥使用面积越来越小,仅有的有机肥优先施用在蔬菜、果树上。据农户调查,由于家庭畜禽饲养量锐减,致使全市粮田施用有机肥面积仅有 52.34%。二是施用量逐年下降。调查发现,过去每个农户每年积攒三圈农家肥料,现在每户三年积攒不到一圈肥。因而施肥量较过去下降了 78.5%,有机肥用量平均只有 860kg/667m^2。三是作物秸秆在农田地头、排水沟、房前屋后、街头巷尾随意堆放。最后或废弃,或烧毁,既浪费了有机肥资源,又造成了火灾;城市粪便由过去的派人看、管、争、抢变为无人过问,绝大部分排入下水道,城市垃圾得不到合理的加工利用;农村人畜粪便的积用也越来越不重视。只有部分条件好的村庄和农户,建有沼气池,人粪尿进入沼气池,可以转化为沼液、沼渣肥施用。

4. 农作物秸秆。全市秸秆还田实施方式有三种:一是高留茬方式,在小麦收割时,适当高留茬 20cm 左右,夏播作物可套种或贴茬种植,待作物出苗后,适当灭茬,根茬即可覆盖在地表。二是夏玉米收获后，将秸秆粉碎直接还田。三是秸秆覆盖方式，即在小麦起身拔节期间，玉米小口期前后，于植株行间每亩铺碎麦秸 200kg 左右，果园每亩覆盖 1500～2000kg。2008 年全市小麦高留茬面积 $37800hm^2$，占 87.2%；玉米秸粉碎直接还田面积 $8300hm^2$，占 22.73%；农田、果园麦秸覆盖面积为 $6700hm^2$，占玉米、果园面积的 14.29%。尤其是近几年稻麦联合收获机、玉米联合收获机的普及使用，小麦、玉米秸秆还田面积增加较快。可以说，在有机肥用量急剧下降的情况下，正是由于秸秆还田技术的推广应用，才保证了土壤有机质含量不但没有降低，反而缓慢增长。

莱州市在秸秆还田方面开展的试验较早，多年的试验、示范和大面积推广应用实践证明，秸秆还田有如下效果：一是提高了作物产量。连续三年小麦、玉米两季实行秸秆还田后，玉米每亩平均增产 45.9kg，增产 9.5%；小麦每亩平均增产 36.7kg，增产 8.8%。二是培肥地力。据测定，每年平均增加土壤有机质 0.02～0.03 个百分点，速效氮磷钾分别比对照增加 5.8%、4.3%和 8.1%。三是提高了土壤蓄水保墒能力，由于作物秸秆的覆盖，可减少土壤水分的扩散和蒸发，据测定 0～20cm 的土层内，秸秆还田的含水量可提高 19.2%～45.1%，这对于干旱缺水的丘陵山区农业生产具有重要的现实意义。四是具有减缓降水径流，减轻水土肥料流失，防止面源污染的作用。五是秸秆还田能减少田间杂草，节省劳力，覆盖比对照减少用工 20.2%，具有增加土壤有益生物数量、节约能源、减少投入的优点。

5. 沼液、沼渣。2008 年全市共有沼气池 6000 个，每个可产沼液、沼渣 4 吨，共计年产量为 2.4 万吨。沼液、沼渣固形物含量少，主要用于果园和蔬菜地浇施。

（二）化学肥料

1. 大量元素化学肥料。莱州市历史上对于化学肥料的施用始于 20 世纪初期。1925 年，外商向沿海输入化肥硫酸铵，称作“肥田粉”，当时用量极少。到建国时，农业生产主要还是依赖有机肥料。1949 年中华人民共和国成立后，国家重视肥料推广。到 20 世纪 80 年代，随着化学肥料投入的不断增加，作物产量逐年提高。

新中国成立后，党和政府十分重视肥料生产。《1956～1967 年全国农业发展纲要》中指出：“中央和地方都应当积极发展化肥制造工业。”随后，我国化肥工业发展迅速，从无到有，由小到大。1960 年随着自产氨水厂的兴起，在推广使用硫酸铵的基础上，又增加了氨水。1970 年以后，氨水厂陆续改建成碳酸氢铵生产厂，到 1980 年的十年间，碳酸氢铵又成了当家化肥。磷肥是在 1955 年前后开始推广，品种是过磷酸钙和钙镁磷肥，但连续几年用量很少，直到 1964 年才做基肥得到广泛应用，此后县、公社都建起了磷肥厂。钾肥是在 1975 年开始推广使用的，1979 年莱州市夏玉米大面积出现“镶金边”的缺钾症状，硫酸钾、氯化钾得到重视和使用。1982 年推广施用尿素和多元素复合肥。现在肥料品种不仅有单质肥料、复合肥料，也有高浓度肥和长效肥等肥料。莱州市化肥生产企业最早的是莱州市化肥厂，于 1968 年 4 月建厂，产品为氨水，1976 年为转产碳酸氢铵进行扩建，1977 年开始生产碳酸氢铵。1970 年生产氮肥 1452 吨，以后逐年增加，1978 年产量为 7913 吨，1989 年产量最高达到 9400 吨。1990 年因尿素、复合肥大量使用，碳酸氢铵滞销而关闭。莱州市磷肥厂 1971 年建厂，产品为普通过磷酸钙，当年生产磷肥仅 81 吨，以后逐年增加，1975 年产量为 1758 吨，1988 年产量达到 7119 吨，以后莱州市磷矿资源枯竭，产量逐年下降，于1992年停产。1974年3月莱州市磷肥厂改建为莱州市化工总厂，1987年开始生产低、中含量的复混肥和专用肥。1998年5月莱州市化工总厂改制为莱州金兴化工有限责任公司，生产高浓度复合肥，目前设计生产能力已达10万吨，2008年实际产量为6万吨。

莱州市目前使用的化肥主要品种有复合肥、尿素、磷酸二铵、碳酸氢铵、硫酸钾等。施用方法有五种：一是先撒于地面，再通过耕地翻于地下作基肥；二是开沟施肥，施后覆土；三是部分农民雨前撒施；四是冲施肥随浇水冲施；五是叶面肥或速溶性化肥叶面喷施。2008年共用化学肥料实物量126725吨，其中氮肥59374吨、磷肥18526吨、钾肥14157吨、复合肥34668吨；按折纯计算总量51682吨，其中氮肥29584吨、磷肥12568吨、钾肥9530吨。目前全市化肥用量仍然是氮肥＞磷肥＞钾肥，而目前肥效是氮肥＞钾肥＞磷肥。农田中氮、磷的肥效普遍下降，钾肥的肥效显著。因此，生产中应增加钾肥的投入。

2. 中微量元素化学肥料。20世纪80年代，莱州市开始施用中微量元素肥料。多年来中微肥推广结果表明，在土壤含量较低或对中微量元素敏感的作物上施用中微肥具有较明显的提高产量和改善品质效果。钙肥可以防治苹果霉心病、番茄脐腐病。根据这次调查结果，32%耕地面积土壤锌严重缺乏，含量在临界值以下，重点应用在西北部褐土、砂姜黑土上，应用作物为玉米、果树等。锌肥可防治玉米白苗病，苹果、梨、桃树小叶病，并能改善作物生长状况，增加产量、提高品质。土壤硼56.9%的面积严重缺乏，含量低于临界值。硼肥在苹果、蔬菜等作物上应用面积较大，特别对防治花生、苹果、番茄以及十字花科蔬菜等作物“花而不实”，取得了很好的效果，增产幅度一般在8%～15%。铁肥主要用在果树上，用来防治果树黄叶病，施用效果较为明显。钼肥多用于花生等豆科作物，在高产作物或极缺山丘地区有一定效果。20世纪90年代曾做过一些镁肥、硫肥试验，肥效不明显。土壤有效铜、锰不缺乏，不用专门施用。

目前，常用的钙肥主要是硝酸钙，锌、铁、钼肥主要是硫酸盐类和铵盐类化合物，硼肥则以硼砂、硼酸为主。因为有些中微量元素作物的吸收程度差，一些厂商将其配制成氨基酸态、络合态的各种冲施肥、叶面肥。硝酸钙主要用作基肥或土壤追施。硫酸盐类和铵盐类化合物、硼砂、硼酸可用来基施、追施、浸种、蘸根和叶面喷施，以基施效果最佳，简便易行，每公顷用量一般为硫酸锌、硫酸锰、硫酸铜15～20kg，硼砂、硼酸5～10kg，钼酸铵1～2kg。叶面肥在果树和蔬菜上喷施效果较好，浓度应控制在0.2%左右。含微量元素复混肥、冲施肥多用于基施或追施，施用量根据其成分组成而定，施用量每次不宜超过300kg/hm^2。果树施铁数量较大，硫酸亚铁中的二价铁容易氧化成三价铁而失效，施用方法主要是叶面喷施和枝干注射硫酸亚铁溶液。在有效铁含量很低的土壤上，采用挖沟、穴灌2%的硫酸亚铁溶液或将有机肥与铁肥按比例混合施入，可以有效地补充土壤铁元素不足，且肥效较长，效果较明显。

（三）其他肥料

1. 微生物肥料

微生物肥料是以微生物的生命活动导致作物得到特定肥料效应的一种制品。微生物肥料在我国生产和应用已有几十年历史，经历了几起几落的发展过程。20世纪50年代，微生物肥料生产出现“大跃进”局面，每个县、每个公社都有菌肥厂。这个时期的微生物肥料生产只求产量，不求质量，持续时间也不长。20世纪60年代末至70年代初，全国许多地方又恢复微生物肥料生产，大部分采用发酵生产。20 世纪 90 年代微生物肥料又盛行一时。微生物肥料种类很多，常用的是固氮、解磷、解钾细菌。莱州市近几年应用面积较大的有根瘤菌、生物钾肥、酵素菌、肥力高等。

近年来，随着人民生活水平的不断提高，尤其是人们对生活质量提高的要求，国内外都在积极发展绿色农业(生态有机农业)来生产安全、无公害的绿色食品。生产绿色食品过程中要求不用或限量使用化学肥料。所以，根据莱州市作物种类和土壤条件，采用微生物肥料与化肥配合施用，既能保证增产，又减少了化肥使用量，降低成本，同时还能改善土壤及作物品质，减少污染。

2. 植物生长调节剂

植物生长调节剂是一类与植物激素具有相似生理和生物学效应的物质，又分为两大类：一类是存在于植物体内天然合成的，叫植物激素；另一类则是通过人工合成的从外部施入植物体内，叫植物生长调节剂。已发现具有调控植物生长和发育功能物质(有生长素、赤霉素、乙烯、细胞分裂素、脱落酸、油菜素内酯)，矮壮素，防落素，植物生长抑止剂和促进剂等，作为植物生长调节剂被应用在农业生产中。

莱州市应用较多的有几类：一是生长促进剂。为人工合成的类似生长素、赤霉素、细胞分裂素等物质。能促进细胞分裂和伸长、新器官的分化和形成，防止果实脱落。包括：2,4-D 酯、吲哚乙酸、萘乙酸、三十烷醇、云大 120 等。二是生长延缓剂。能抑制茎顶端下部区域的细胞分裂和伸长生长，使生长速率减慢的化合物。主要起阻止赤霉素生物合成的作用，可导致植物体节间缩短，增强抗倒伏能力。包括：矮壮素、B9、壮丰安等。三是乙烯释放剂。人工合成的释放乙烯的化合物，可催促果实成熟。乙烯利是最为广泛应用的一种。乙烯利在 pH 为 4 以下是稳定的，当植物体内 pH 达 5～6 时，它慢慢降解，释放出乙烯气体。

植物生长调节剂在莱州市主要用于果树、蔬菜上，防止幼果脱落，提高坐果率，加快生长，提前成熟上市，以及预防小麦、玉米、花生等作物的倒伏。

(四)施肥与粮食产量的关系

肥料是提供植物正常生长的必需营养元素，并兼有改变土壤性质、提高土壤肥力功能的物质。在农业生产的发展中，肥料的作用是十分明显的。一方面它能提高作物的产量和改善作物的品质，供应人们生活需要和日益增长的工业需求；另一方面保持提高了土壤肥力，使农业生产得以持续发展。据联合国粮农组织估计，近三十多年来，在提高农业产量的增产因素中，增施肥料占 40%～60%。从莱州市 1989～2008 年粮食产量与化肥用量来看也有相近的趋势(见图 2-3)。

由图 2-3 可以看出，全市肥料用量由 20 年前的 45000 吨增加到现在的 50000 吨左右，呈现波浪式逐渐增长趋势。其波动走势主要是受经济作物面积的影响。粮食单产也是逐渐增长的，肥料与农业生产的关系极为密切。然而粮食单产的增长幅度显著大于肥料的增长幅度，尤其是 2003 年以来更加明显。一方面是施肥技术在不断完善，肥料的利用率在不断提高；另一方面因为农业是一个复杂的生产系统，系统中的诸因素如国家政策、气候条件、土壤肥力、作物品种、栽培措施、病虫防治、灌排条件等，都直接影响着农作物产量的提高，肥料不是唯一的增产条件，只有在诸因素彼此协调的状态下才能得以充分发挥。

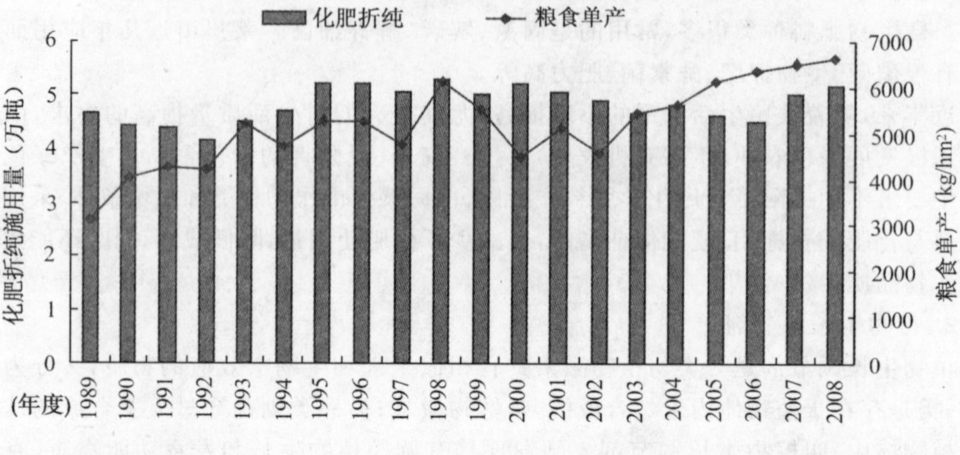

图 2-3 莱州市施肥与粮食单产情况对照图

(五)氮、磷、钾肥料结构的变化

化肥开始施用到现在,莱州市经历了几个阶段。从元素结构看,20 世纪 50 年代以前,化肥用量很少;20 世纪 60 年代开始大量施用氮肥,以氨水、碳酸氢铵为主;20 世纪 70 年代开始大量施用磷肥,以过磷酸钙为主;20 世纪 80 年代开始大量施用钾肥,品种是进口硫酸钾、氯化钾和国产盐湖氯化钾;20 世纪 90 年代开始广泛施用微量元素肥料,用量较大的是硫酸锌、硫酸亚铁、硼砂等。从肥料形态看,20 世纪 70 年代以前施用单质肥料,20 世纪 80 年代初期开始施用进口磷酸二铵;20 世纪 80 年代后期开始施用复混肥和作物专用肥,以国产低、中含量为主,总养分含量在 25%～35%,还有少量进口复合肥,但价格高,一般用在果树、蔬菜到经济作物上;20 世纪 90 年代末期随着国内肥料生产设备的改造和生产工艺的提高,开始施用国产高含量的复合肥。现在含量在 42%～54%的复合肥是当家品种。

从莱州市 1989～2008 年氮、磷、钾化肥用量(折纯)变化曲线来看,氮、磷肥用量年际间变化不大,氮肥基本维持在 26000～31000 吨、磷肥维持在 11000～14000 吨的水平;钾肥则逐年增长,20 年间从 4200 吨逐步递增到了 9500 吨(见图 2-4)。经曲线拟合,20 年来钾肥年施用量(Y)与年际(X)之间的函数式为:

$$Y=268.66X+4360.8 \quad (n=20, R=0.8085^{**})$$

上式的相关系数 R 达到极显著相关,说明函数式拟合较好,钾肥的施用量每年以近 270 吨的速度递增。氮、磷、钾比例也由 1989 年的 1∶0.51∶0.15 调整为 2008 年的 1∶0.43∶0.32,结构不断优化。

(六)施肥中存在的主要问题

1. 有机肥用量严重不足。由于家庭养殖业萎缩、农家有机肥源贫乏、有机肥投入逐年减少,因而导致土壤的缓冲能力下降,严重影响了地力培肥和农业增产。根据 2006 年耕地施肥情况调查,57.66%的麦田、40.25%的花生田、34.56%的果园不施有机肥,甚至于 18.87%的蔬菜田也不施有机肥,玉米田施用有机肥的更是寥寥无几,只有极少量的春播玉米施用,且用量很少(见表 2-6)。

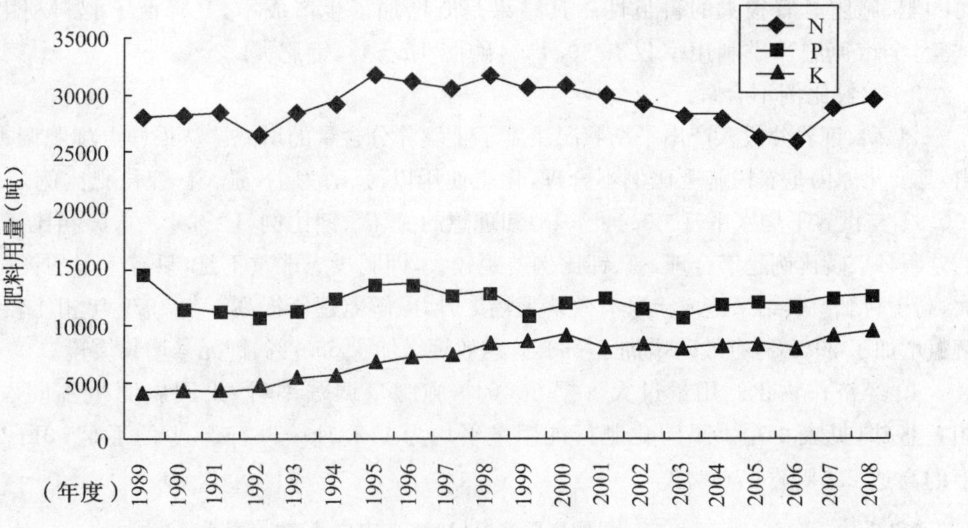

图 2-4 莱州市氮磷钾肥料施用量结构图

表 2-6 小麦、玉米、花生施肥情况(2006 年农户调查)

作物种类	化肥			有机肥	
	N (kg/hm²)	P_2O_5 (kg/hm²)	K_2O (kg/hm²)	不施肥样本比例(%)	施肥样本平均用量(kg/hm²)
小麦	256.3	118.9	88.9	57.66	12900
玉米	247.9	118.8	95.9	98.00	8215
花生	129.1	107.6	87.1	40.25	8596
大姜	1248.8	782.2	869.7	18.87	48705
果树	667	536	486.7	34.56	20505

有机肥用量严重不足,带来的是土壤有机质含量低。据全市 4164 个农田土壤养分检测结果表明,土壤有机质平均为 11.31g/kg,673 个果园土壤有机质平均只有 10.40g/kg,238 个露地菜田土壤有机质平均为 11.55g/kg,离理想高产土壤有机质含量还有很大差距。21.27%的粮田、52.45%的果园和 32.77%的菜田土壤有机质低于 10.00g/kg。土壤有机质不足影响到耕地的整体质量,使得土壤钾元素明显不足,且微量元素丰缺差异悬殊,土壤 pH 下降,酸度增强,土壤理化性状变劣,生产性能降低。

2. 盲目施肥问题突出。由于过去科学施肥技术推广力度小,农民科技素质差,科学施肥技术到位率低,导致农民施肥决策不合理,肥料利用率低。从全市农户施肥调查结果中看出,选择肥料品种依据肥料价格的占 65%,按 N、P、K 养分含量的占 27%,按大、中、微量元素配合的仅占 6%;而农民确定施肥量,依据习惯的占 62.6%,依据地力的占 22.0%,随大流的占 15.4%。虽然有 22.0%的农户知道根据地力来确定施肥量,但在实际操作中既缺乏土壤检测手段,又缺乏施肥技术指导,只能进行粗略定性而不能定量,因而购肥、施肥具有很大的盲目性。其结果是既增加了生产成本，又降低了肥料利用率。据试验，全市氮肥当季利用率仅有30.1%，磷肥15.5%，钾肥44.3%。

3. 肥料比例不合理

氮、磷、钾养分投入产出平衡状况决定了土壤养分含量的增减。从采样点施肥调查结果看出，其变化原因是农民施肥比例不合理，化肥使用以氮、磷为主，氮、磷、钾化肥比例是1∶0.43∶0.32，与世界平均水平(1∶0.4∶0.48)和理想的氮、磷、钾比例(1∶0.4 ∶0.5)相比，仍有一定的差距，氮、磷比例趋于合理，氮、钾比例差距较大，钾肥投入严重不足，只有生姜的钾肥用量较大，高于磷肥。其结果造成土壤有效磷大幅上升，碱解氮逐年提高。与1979年相比较，土壤碱解氮增加了59.7%，有效磷增加了233%，速效钾增加了55.7%，钾元素增长缓慢。

4. 经济作物化肥用量过大。据2006年施肥量调查来看，果园施肥量不同农户之间相差悬殊(见表2-7)。果园化肥折纯用量平均为112.7kg/667m^2，少的不足50kg/667m^2，多的高达225kg/667m^2。

表2-7 果园施肥情况(2006年农户调查)

有机肥			化肥						
			范围(kg/hm^2)	N		P_2O_5		K_2O	
范围(kg/hm^2)	样本(个)	比例(%)		样本(个)	比例(%)	样本(个)	比例(%)	样本(个)	比例(%)
0	234	34.56	≤300	28	4.14	71	10.49	36	5.32
0～7500	31	4.58	300～500	202	29.83	297	43.87	253	37.37
7500～15000	98	14.48	500～700	259	38.26	244	36.04	209	30.87
15000～22500	151	22.31	700～900	118	17.43	59	8.71	122	18.02
22500～30000	121	17.87	900～1100	54	7.98	4	0.59	40	5.91
>30000	42	6.20	>1100	16	2.36	2	0.3	17	2.51

莱州蔬菜施肥量也具有与苹果相似的问题，不同农户之间施肥量差距很大(见表2-8)。

表2-8 蔬菜(生姜)施肥情况(2006年农户调查)

有机肥			化肥						
			范围(kg/hm^2)	N		P_2O_5		K_2O	
范围(kg/hm^2)	样本(个)	比例(%)		样本(个)	比例(%)	样本(个)	比例(%)	样本(个)	比例(%)
0	29	18.23	≤300	0	0	16	10.06	1	0.63
0～7500	1	0.63	300～600	19	11.95	57	35.85	34	21.38
7500～15000	2	1.26	600～900	34	21.38	68	42.76	49	30.82
15000～22500	12	7.55	900～1200	41	25.79	14	8.81	31	19.5
22500～30000	19	11.95	1200～1500	43	27.04	3	1.89	26	16.35
>30000	96	60.38	>1500	22	13.84	1	0.63	18	11.32

生姜是莱州市的优势蔬菜品种，年种植面积在 3000hm^2 左右，以质量优良著称，是山东省生姜的主要出口量基地。因生姜经济效益高，农民盲目大量施肥，平均折纯用量为 193.4kg/667m^2，有的竟高达 295kg/667m^2。凡是种植生姜的耕地，短短几年时间内，土壤氮、磷、钾含量大幅度提高，甚至成倍增加，土壤养分积累过快，说明了肥料投入量过大。而全市比较合理的肥料用量为：产量 4000～5000kg/667m^2 的苹果施 N 32kg、P_2O_5 16kg、K_2O 35kg，合计用量为 80～85kg/667m^2；产量 4000～5000kg/667m^2 的生姜施 N 40kg、P_2O_5 10kg、K_2O 65kg，合计用量为 100～120kg/667m^2。

第三章　样品采集与分析

第一节　土壤样品的布点与采集

一、布点原则

土壤养分的空间变异对耕地地力评价的准确性影响较大，在多大范围内布点、采集一个土样代表该土壤的养分状况进行评价，这是耕地地力评价工作的关键环节。管理单元的划分很大程度上决定施肥的成本和效益，因此，布点采样前要详细了解采样地区的土壤类型、肥力等级和地形等因素，将耕地地力评价区域划分为若干个采样单元，每个采样单元的土壤要尽可能均匀一致。

(一)室内布点要有广泛的代表性、兼顾均匀性

布点要考虑不同土壤类型、土种的面积、肥力水平、作物种类等因素。蔬菜还要考虑设施类型、蔬菜种类、种植年限。布点数量要满足推广应用需要。首先整理编绘土壤图，确定不同耕地类型的土种数量，根据密度要求确定全市总采样点数。其次是根据土壤类型(土种)、利用现状、肥力水平、镇街耕地面积，确定各镇街采样点数。根据土种、利用现状(作物熟制、蔬菜、果树等)、肥力水平统计各因素采样点数，并进行调整。根据土种、利用现状、肥力水平，并在土壤图上标注初步计划的取土点位，以备确定采样单元。标注时要注意均匀性，原则上要求每村布 2～3 个采样点，项目示范区内以及每个大的村庄可设置 3～5 个采样点。

(二)图上定位，现场定点

以土壤图(土种)与土地利用现状图或行政区划图(精确到村级)的叠加图斑为采样单元，并落实到图上。采样人员带着图到实地，在位于采样单元相对中心位置的典型地块定点取样。这样做法的好处是可以先在图上观察样点分布的均匀度，必要时可适当进行调整。田间调查人员根据在图上确定的点位到田间应用 GPS 定位取样。记录经纬度，精确到 0.1″。GPS 正确使用是保证数据准确性的重要前提，在调查前对有关技术人员进行集中培训，并相互校验即将使用的 GPS，以确定 GPS 定位的准确性。坐标系统一用北京 54 度坐标，其中的 DX、DY、DZ 三个参数来源于莱州市国土资源局，按说明书设置。为保证定位精度，定位仪要专人操作。

二、采样单元

土壤样品的采集是土壤测试的一个重要技术环节，采集有代表性的样品，是如实反映客观情况的先决条件。因此，应选择有代表性的地段和有代表性的土壤采样，并根据不同分析项目采用相关的采样和处理方法。为保证土壤样品的代表性，必须采取以下技术措施控制采样误差。

平均采样单元为6.7hm^2（平原区、大田作物每6.7～33.3hm^2采一个混合样，丘陵区、园艺作物每2～5.3hm^2采一个混合样）。为便于田间示范追踪和施肥分区需要，采样集中在典型农户，采样单元相对在中心部位，以一个0.07～0.7hm^2的典型地块为主。

三、采样时间

采集时间为上茬作物已经基本完成生育进程即将收获或收获后，下茬作物播种前或还没有施肥前，一般在秋季或春季。具体来说，小麦、玉米及春播作物在播种前，果园在秋季摘果后，大棚保护地菜田在夏季歇棚期，露天菜田在秋季收获后采样。

四、采样周期

土壤的化学性状是动态和变化的，耕地地力评价作为一项长期工作，就要根据不同检测项目确定不同的采样周期，同一采样单元，无机氮每季或每年采集1次，土壤有效磷和土壤速效钾2～4年采集1次，微量元素3～5年采集1次。这次耕地地力评价采用的是2006年9月～2007年4月采集的土壤样品。

五、采样点数量

要保证足够的采样点，使之能代表采样单元的土壤特性。采样点的多少，依据田块面积、地块形状，严格按照采样技术规程进行准确定位和规范采样，每个样品采样点数都在15个以上，一般15～20个点为宜。

六、采样路线

采样时应沿着一定的线路，按照“随机”、“等量”和“多点混合”的原则进行采样。对于面积较大的地块和长宽比例大的地块，一般采用“S”形布点采样，能够较好地克服耕作、施肥等所造成的误差。在地形较小、地力较均匀、采样单元面积较小的情况下，也可采用棋盘形布点取样。要尽量避开路边、田埂、沟边、肥堆等特殊部位(见图3-1)。

七、采样深度

大田作物采样深度0～20cm，水田0～15cm，蔬菜地0～25cm，果园0～40cm。蔬菜地按照沟、垄面积比例确定沟、垄取土点位的数量，比例一般为3∶7。果园要分层采样，每20cm为一层。土壤硝态氮或无机氮的测定，采样深度应根据不同作物、不同生育期的主要根系分布深度来确定。采样时深度要垂直、上下取土需要一致。微量元素则需用不锈钢取土器采样，若用铁锹，要用竹铲、木铲配合，把金属污染部分去掉。

棋盘法布点　　　　“S”形法布点

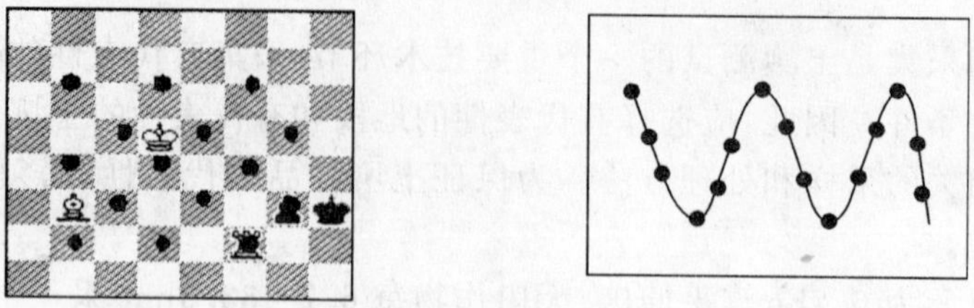

图 3-1 农田布点采样方式

八、采样方法

每个采样点的取土深度及采样量应均匀一致，土样上层与下层的比例要相同。取样器应垂直于地面入土，深度相同。用取土铲取样应先铲出一个耕层断面，再平行于断面下铲取土；微量元素则需要用不锈钢取土器采样。

九、样品重量

一个混合土样以取土 1kg 左右为宜（用于推荐施肥的 0.5kg，用于试验的 2kg），如果样品数量太多，可用四分法将多余的样品弃去。方法是将采集的土壤样品放在盘子里或塑料布上，弄碎、混匀，铺成圆形，画对角线将土样分成四份，把对角的两份分别合并成一份，保留一份，弃去一份。如果所得的样品依然很多，可再用四分法处理，直至所需数量为止。

十、样品标记

采集的样品放入统一的样品袋，用铅笔写好标签，内外各放一张，标签内容如表 3-1 所示。

表 3-1　　　　土壤采样标签

统一编号________　调查组号________　采样序号________

采样时间____年____月____日____时　　作物名称________

采样地点：山东省莱州市________镇（街）________村________地块　农户名________

地块在村的位置（村东、村西、村南、村北、东南、东北、西南、西北）

采样深度：①0～20cm　②________ cm　该土样由________点混合

经度________度________分________秒　纬度________度________分________秒

采样人________　联系电话________　邮政编码________

第二节 土壤样品的制备

一、风干样品

从野外采回的土壤样品要及时放在样品盘上，摊成薄薄的一层，置于干净整洁的室内通风处自然风干，严禁暴晒，并注意防止酸、碱等气体及灰尘的污染。风干过程中要经常翻动土样并将大土块捏碎以加速干燥，同时剔除动植物残体、石块等土壤以外的侵入体。

二、试样分析

(一)一般化学分析试样

将风干的样品平铺在制样板上，用木棍或塑料棍碾压，并随时将动植物残体、石块等侵入体和铁锰结核等新生体剔除干净，细小易断的植物须根，采用静电吸附的方法清除。压碎的土样要全部通过 2mm 孔径筛。未过筛的土粒必须重新碾压过筛，直至全部样品通过 2mm 孔径筛为止。过 2mm 孔径筛的土样可供 pH、盐分、交换性能及有效养分项目测定。将通过 2mm 孔径筛的土样用四分法取出一部分继续研磨，使之全部通过 0.25mm 孔径筛，供有机质、全氮、碳酸钙等项目的测定。

(二)微量元素分析试样

用于微量元素分析的土样，其处理方法同一般化学分析样品，但在采样、风干、研磨、过筛、运输、储存等诸环节不要接触金属器具，以避免污染。如采样、制样使用木、竹或塑料工具，过筛使用尼龙网筛等，通过 2mm 尼龙网筛的样品可用于测定土壤有效态微量元素。

风干后的土样按照不同的分析要求研磨过筛，充分混匀后，装入样品瓶中备用。瓶内外各放一张标签，写明编号、采样地点、土壤名称、采样深度、样品粒径、采样日期、采样人及制样时间、制样人等项目。制备好的样品要妥善贮存，避免日晒、高温、潮湿和酸碱等气体的污染。全部分析工作结束，分析数据核实无误后，试样一般还要保存三个月至一年，以备查询。少数有价值需要长期保存的样品，须保存于广口瓶中，用蜡封好瓶口。

第三节 植株样品的采集与制备

一、采样原则

植物样品分析的可靠性受样品数量、采集方法及分析部位影响。因此，采样应具有以下特性：

代表性：采集样品能符合群体情况，采样量一般为 1kg。

典型性：采样的部位能反映所要了解的情况。

适时性：根据研究目的不同，在不同生长发育阶段定期采样。

粮食作物一般在成熟后收获前采集籽实部分及秸秆；发生偶然污染事故时，在田间完整地采集整株植株样品;果树及其他植株样品根据研究目的确定采样要求。

植物样品的采集应注意样品的代表性,它不但代表植株生长好坏,也要代表植株的部位和生长发育的时期。采集样品的原则是选取具有代表性的平均样品。在试验区和大田采样时,应选择生长情况、长势、高度、植物生育期都一致的样品,作为分析材料。具体采样时,可先将试验区或大田按两个对角线确定为采样路线,在这两条路线上均匀地选取10～30个点进行采样,所采取样株组成一个混合样品。

样品采集后,首先对样品进行洗涤,消除泥土、肥料、农药的污染。可用湿布擦净表面的污物,也可以用0.1%～0.3%洗衣粉之类的洗涤剂溶液洗涤,再用蒸馏水淋洗干净,但不可用过多的水长时间浸泡。

二、样品采集

(一)粮食作物

采用多点取样,采样时要避开田边5m,按棋盘形或“S”形采样法采集。在采样区内采取10个样点的样品组成一个混合样。采样量根据检测项目而定,籽粒样品一般1kg左右,采集后装入纸袋;植株样品要采集完整植株,重量2kg左右,用塑料袋包扎好。

(二)水果样品

水果样品采摘时要注意树龄、长势、载果数量等。平原区果园一般采用对角线法布点采样,由采样区的一角向另一角引一对角线,在此线上等距离布设采样点,采样点多少根据采样区域面积、地形及检测目的确定。丘陵区果园按不同海拔高度均匀布点,采样点一般不少于10个。采样时应在果树的上、中、下及内、外部及果实着生方位(东南西北)均匀采摘果实,将各点采摘的果品进行充分混合,按四分法缩分。根据检测项目要求,最后分取所需份数,每份1kg左右,分别装入袋内,贴好标签,扎紧袋口备用。

(三)蔬菜样品

蔬菜按叶菜、根菜、瓜果分为三类,根据需要确定采样对象。蔬菜地采样可按对角线或“S”形布点,采样点不少于10个,采样量根据样本个体大小确定,一般每个点的采样量不少于1kg。从多个点采集的蔬菜样,按四分法缩分,每份约1kg,分别装入袋内,贴好标签,扎紧袋口备用。

三、植株样品处理与保存

粮食籽粒样品应及时晒干脱粒,充分混匀后用四分法缩分至所需数量。需要洗涤时,注意时间不宜过长并及时风干。使用不污染样品的工具把麦粒、玉米粒等籽实粉碎。过0.5mm筛制成待测样品。测定重金属元素含量时,不要使用金属器械如钢制粉碎机、金属筛等,要使用竹、木和瓷制、塑料制品。完整的植株样品先洗干净,根据不同污染物和粮食作物生物学特性差异,采用能反映特征的植株部位,用不污染待测元素的工具剪碎样品,充分混匀后,用四分法缩至所需的数量,制成鲜样或于60℃烘箱中烘干后粉碎备用。采集的新鲜水果、蔬菜、植株样品若不能马上进行测定,应暂时放入冰箱保存。

第四节 样品分析与质量控制

一、分析项目与方法

样品的室内分析是了解土壤理化性状的重要手段。根据农业部《测土配方施肥技术规范》测试分析项目的要求，莱州市确定本次测土配方施肥采样调查与耕地评价化验分析项目为土壤理化性状18项。各项目分析方法有国家标准或部颁标准的，以国家标准或部颁标准为首选分析方法(见表3-2)。

表3-2 耕地地力调查与评价土壤样品分析项目测定方法

分析项目	执行标准	测定方法名称
pH	NY/T 1121.2-2006	玻璃电极法
有机质	NY/T 1121.6-2006	重铬酸钾—硫酸溶液—油浴法
有效磷	NY/T 148-1990	碳酸氢钠浸提—钼锑抗比色法
速效钾	NY/T 889-2004	乙酸铵浸提—火焰光度法
全氮	NY/T53-1987	半微量开氏法
碱解氮	LY/T 1229-1999	碱解扩散法
缓效钾	NY/T 889-2004	硝酸浸提—火焰光度法
有效铜	NY/T 890-2004	DTPA浸提—原子吸收法
有效锌	NY/T 890-2004	DTPA浸提—原子吸收法
有效铁	NY/T 890-2004	DTPA浸提—原子吸收法
有效锰	NY/T 890-2004	DTPA浸提—原子吸收法
有效钼	NYT 1121.9-2006	草酸—草酸铵提取—极谱法
有效硼	NYT 1121.8-2006	沸水浸提—甲亚胺比色法
交换性钙	NYT 1121.13-2006	乙酸铵交换—原子吸收法
交换性镁	NYT 1121.13-2006	乙酸铵交换—原子吸收法
有效硫	NYT 1121.14-2006	磷酸盐—乙酸提取硫酸钡比浊法
石灰需要量		氯化钙交换—中和滴定法
总含盐量		电导法
土壤容重		环刀法
土壤孔隙度		环刀法
田间持水量		环刀法

从田间采集来的土壤样品，经样品管理员核查标签，编上统一的室内检验编号，并登记检验台账，土壤样品及时送到专门的土壤样品风干室进行风干处理。方法是将土壤样品弄成碎块平铺在干净的塑料编织袋上，摊成薄层放于木架上风干，风干后的土样放到样品制备室进行磨细过筛处理，处理过的土样装入样品袋，并标上样品检验编号、粒径及分析项目，放入样品橱备用。

二、质量控制

(一)实验室概况

承担耕地地力调查评价检验任务的是莱州市土壤肥料工作站化验室。该化验室于1975年成立，1983年10月莱州市土肥站成立时划归土肥站，累计投入资金300多万元，用于化验室的设施配套，现有实验室面积600m^2，实验室水、电、暖设施齐全，配有专用的壁配电盘、稳压设施、消防设施及充足的照明、通风、控温、调湿设施，墙壁、门窗为玻璃全透明、开放式设计。通过项目实施，又新增、更新了部分仪器设备，目前拥有各类检测仪器设备50多台。

土肥站化验室成立以来，不断引进专业技术人才充实检测队伍。现有专兼职检验人员5名，全部是具有本科以上学历的专业技术人员。其中高级农艺师2名，农艺师3名。

多年来，化验室始终遵循科学、公正、准确、高效的质量方针，以及为社会提供优质服务的服务理念。现在可承担的检测项目包括：土壤理化性状、微量元素、农药残留和重金属的检测分析，各种肥料的有效成分、微量元素和有害物质的检测分析，农田灌溉水水质分析，产地环境的检测分析等。

(二)质量控制措施

分析质量受试样、方法、试剂、仪器、环境及分析人员素质等多方面因素制约，影响结果的准确度和精密度。为保证试验结果的可靠性及实验室之间的可比性，必须采取严格的质量控制措施。为确保本次地力调查检测结果准确可靠，由土肥站编制了详细的质量计划，对化验室的质量体系进行了审核，对参加检验的人员进行了集中培训，分配了检验任务，每两人为一组承担一个检验项目并对结果负责，编制了统一的原始记录表格，制定质量控制措施。

1. 仪器设备及标准物质的购置和管理。为了保证检测结果的准确性和可靠性，对仪器设备和标准物质加以控制，确保仪器设备处于正常状态以满足检验工作的要求。严格按《质量手册》和《程序文件》的要求，根据检验参数，配备全部仪器设备和标准物质，并对所有仪器设备进行检定和运行检查，贴上合格标志，方可使用。

2. 所用化学试剂严格遵守验收程序，保证试剂的质量。对用于检测工作中的外部支持服务和外购物品实行有效控制，以确保外部支持服务和供应的质量，使其符合检验工作的要求，保证检验结果的可靠性。

3. 化验分析方法严格执行国家或行业标准。为使检测结果能真实反映检测对象的特性，需对检验方法的采用作出统一规定，确保对检验过程进行有效控制。所用检验方法必须由技术负责人确认，保证采用的检验方法为现行有效版本。

4. 坚持平行试验、再现性试验，控制精密度，减少随机误差。对控制样品进行多次重复测定，由所得结果计算出控制样品的平均值 X 和标准差 S，绘制精密度控制图，纵坐标为测定值，横坐标为获得数据的顺序。将均值 X 作成与横坐标平行的中心线 CL，X±3S 为上下控制限 UCL 及 LCL，X±2S 为上下警戒限 UWL 及 LWL。在进行试样例行分析时，每批带入控制样品，其测定数据在控制图上打点，如果打在控制限外，确定为“超控”，该批结果全部为错误结果，必须立即找出原因，采取适当措施，等“回控”后再重复测定，如果控制样品的结果落在控制限和警戒限之间，说明精密度已不理想，应引起注意。

5. 坚持双人双检，严格校核、签字及记录的修改制度。检验人员负责检验原始记录、仪器设备、标准物质（含标准溶液）使用记录的填写。各种质量记录应客观、规范、准确和及时地直接填写在规定格式的原始记录纸上。原始记录必须由检验者在现场亲自填写，不得事后追记。一项检验有两人或两人以上操作人员时，应指定一人担当记录。校核人要对记录的规范性和计算的准确性进行审核，检查无误后签字。原始记录不允许随意更改和删减，数据必须更改时，用两条平行线将错误数据划掉，将正确数据写在其正上方，并在错误数据上加盖更改人印章。

6. 全程序空白值试验。全程序空白值是指用一方法测定某物质时，除样品中不含该测定物质外，整个分析过程的全部因素引起的测定信号值或相应浓度值。每次测定两个平行样，用于校正仪器零点或检查是否在允许范围内。

7. 准确度控制，坚持使用标准样品，进行内参样掺插。利用土壤标准样品及参比样品进行分析质量控制。土壤标准品用于检验考核实验室、分析人员的技术水平和分析方法的评价，直接从国家标准物质中心购买。农业部也提供了标准土样。参比样品由山东省土壤肥料总站、山东省土壤肥料检测中心统一组织制作，分发至所需检测室，用统一的方法进行检测，经整理统计后，其平均值和标准差作为日常分析工作的参比值。

8. 加标回收率试验。取两份相同的样品，一份加入已知量的标准物，在同一条件下测定其含量，计算已知量的回收率，可作为准确度的指标：

$$\text{回收率}(\%)=\frac{\text{测得总量}-\text{样品含量}}{\text{标准加入量}}\times 100\%$$

9. 检验结果与其他实验室作对比。为提高实验室之间分析结果的可比性，积极参加上级实验室组织的样品的比对实验或用同一控制样品主动与同级实验室进行比对实验，通过数理分析，对差异的数据，查明原因，采取措施。

第四章 土壤理化状况及评价

这次对全市耕作层土壤样品采集时间是从2006年9月开始，2007年4月结束，分三次进行，共采集土壤样品4164个。第一次是2006年9月采集粮田中的小麦播种前土样2361个；第二次是2006年11月采集果园土样673个，果园虽未在耕地之列，但因为果园面积较大，是莱州市种植业的重要组成部分，肥料用量大，也是全市土壤管理的重要内容，所以增加了果园土样的采样与分析；第三次是2007年4月采集菜田238个和粮田中的春田土样892个。粮田是指种植小麦、玉米、花生等粮油作物的地块，果园主要是指栽植苹果且进入结果期的地块，菜田主要是指露地蔬菜田，其中生姜田占60%～70%。

土壤样品化验分析工作于2006年9月开始，2007年7月结束。用于地力评价大量元素养分分析的土样有4164个，用于中微量元素分析的土样有2022个，用于大量元素制图的土样有2077个，用于中微量元素制图的土样有2022个。

土壤养分含量是一个可变因素，在其比例协调的情况下，含量与作物产量呈正相关，即养分含量高，作物产量也高，反之则低。通过这次耕地地力评价工作，对全市耕作层土壤样品进行了化验分析，基本摸清了莱州市土壤养分状况，找出了高产土壤适宜的氮、磷、钾配比及低产土壤在养分方面的限制因素，为莱州市合理施肥、用地养地结合、改良培肥土壤等方面提供了科学依据。

从化验分析数据可以看出，全市土壤各种养分含量的变幅较大，氮、钾相对不足，磷比较丰富，土壤pH较低，酸化比较严重，微量元素含量差异悬殊，缺素面积大，对满足作物生长发育的需要及平衡增产极为不利，必须对全市的肥料施用做统一规划，找出不同区域、不同作物、不同土壤的最小养分率。根据最小养分率及产量要求合理施用化学肥料，真正做到低成本、高产出、高效益。

第一节 土壤pH和有机质状况

一、土壤pH

土壤的酸碱度是土壤形成过程综合因子作用的结果，土壤酸碱度参与土壤的许多化学反应，它是土壤肥力重要指标之一。土壤的酸碱度对土壤养分的转化，特别是对磷和微量元素的有效性，有很大影响。在酸性土壤或石灰性土壤中，磷常被铁、铝和钙固定为无效态。土壤过酸和过碱均不利于有益微生物的活动，从而影响到土壤中氮素和部分磷素养分的释放。

(一)土壤 pH 分级和分布

为了掌握莱州市不同土壤的酸碱度状况,将 pH 划分为≤4.5,4.5～5.5,5.5～6.5,6.5～7.5,7.5～8.5,>8.5 共 6 级,耕层土壤 pH 分级及面积见表 4-1。

表 4-1 耕层土壤 pH 分级及面积

级别	1	2	3	4	5	6
分级标准	>8.5	7.5～8.5	6.5～7.5	5.5～6.5	4.5～5.5	≤4.5
耕地面积(hm^2)	8.0	5452.9	25532.2	38955.8	10124.6	115.5
占总耕地比例(%)	0.01	6.80	31.84	48.58	12.63	0.14

按种植作物分为粮田、果园、菜田,对试样在各级出现的百分率进行统计分析,不同作物土壤 pH 及分布状况见表 4-2。

表 4-2 不同作物土壤 pH 及分布状况

项目		粮田		果园		菜田	
		样本	%	样本	%	样本	%
分级	≤4.5	4	0.13	4	0.6	0	0
	4.5～5.5	443	13.93	196	29.21	70	29.91
	5.5～6.5	1373	43.17	309	46.05	116	49.58
	6.5～7.5	1118	35.16	130	19.37	48	20.51
	7.5～8.5	238	7.48	32	4.77	0	0
	>8.5	4	0.13	0	0	0	0
	合计	3180	100	671	100	234	100
样本(个)		3180		671		234	
平均		6.4		6.0		5.9	
最小.		4.3		4.2		4.7	
最大		8.9		8.4		7.4	
标准差		0.763		0.755		0.64	
变异系数(%)		11.92		12.58		10.85	

莱州市耕地已经出现土壤酸化问题,部分果园、菜田比较严重。全市耕地平均值 6.3,与 1979 年第二次土壤普查时的 6.9 相比,降低了 0.6,呈现显著下降趋势。其中,粮田 pH 平均为 6.4,果园平均为 6.0,菜田平均为 5.9。

据 4085 个土壤样本测定表明,pH<5.5 的样本占了 17.55%。从种植作物来划分,菜田 pH 最低,果园次之,粮田较高。

(二)主要作物适宜的土壤 pH 范围

不同作物对土壤酸碱性的适应性有很大差异,但大部分作物适宜在中性至微酸性土壤条件下生长,表 4-3 列出了主要农作物的适宜 pH 范围。

表 4-3 主要农作物适宜的 pH 范围

作物	适宜 pH 范围	作物	适宜 pH 范围
小麦	5.5~7.0	黄瓜	5.5~6.5
玉米	5.5~7.0	胡萝卜	5.5~7.0
花生	6.5~7.5	番茄	5.5~6.5
苹果	5.5~7.5	马铃薯	5.0~5.5
大豆	5.5~7.0	菠菜	6.0~7.0
西瓜	6.5~7.5	芹菜	6.0~7.0

酸性土壤对作物的生长(特别是豆科作物)和土壤微生物的活动产生了极为不利的影响,酸性土壤是花生丰产、苹果优质高产的主要限制因子。强酸性的土壤既降低了肥料利用率,又降低了作物的产量,影响了农产品品质。

(三)影响土壤酸碱度的因素

土壤酸化是指土壤内部产生和外部输入的氢离子引起土壤 pH 降低和盐基饱和度减小的过程。土壤酸化是一个速度缓慢的自然过程。但是,最近几十年来,由于人为活动的影响,土壤的酸化进程大大加快。引起土壤酸化的因素主要有成土母质、气候、生物、植被、施肥、灌溉和酸沉降等。

其中酸沉降和不当的农田施肥措施是土壤酸化加快的主要原因。近二十年来的研究对酸沉降(或酸雨)给予了比较多的关注,但忽略了某些不当的农田施肥措施在土壤酸化中的作用。据调查了解,莱州市土壤酸化的主要原因有两个方面:一方面是自然因素,莱州市棕壤面积最大,成土母质以酸性岩类为主,土壤质地以轻壤、砂壤为主,土壤碱性盐基离子发生淋溶较强,上层土壤盐基饱和度下降,造成土壤 pH 下降;另一方面,农田施肥措施不当引起土壤酸化。在 20 世纪 80 年代以前,有机肥用量大,全市农田土壤以中性为主。后来化肥用量逐年上升,尤其是生理酸性肥料的大量施用,进一步加重了土壤酸化。据 2006 年调查,粮田、果园、菜田的代表作物小麦、玉米、苹果、生姜施化学纯氮量分别达到了 256.3kg/hm^2、247.9kg/hm^2、667.0kg/hm^2 和 1248.8kg/hm^2,并且主要以铵态氮肥形式施入土壤,加速了土壤酸化。

土壤酸化对农业生产造成许多不利影响。由于土壤酸化严重,从而使铝离子增多,K^+、Ca^{2+}、Mg^{2+} 等盐基离子流失。全市游离的铝离子含量范围为 0.29~1.21cmol/kg,均值 0.67cmol/kg,比临界值(0.2cmol/kg)高出 2.35 倍。土壤酸化还造成了一些生理性病害,例如,土壤酸化还导致缺钼及花生根瘤减少,产量下降;果园酸化造成土壤碱性钙离子的淋失和重金属锰的解析、释放,引发果树苦痘病、粗皮病(见表 4-4)。

表 4-4 土壤酸碱性对果树病害影响

pH	粗皮病发病率(%)	苦痘病发病率(%)
<4.5	83.5～96.3	59～96.6
4.5～5.5	76.1～82.5	47.5～69.8
5.5～6.5	51.4～66.7	19.2～29.3
6.5～7.5	9.6～13.9	9.2～12.4

(四)土壤酸碱性对土壤养分有效性的影响

土壤酸碱性通过影响矿质盐分的溶解度而影响养分的有效性,土壤中大、中微量元素的有效性均随土壤溶液酸碱度的不同而发生着明显变化。同时,土壤酸碱性还制约微生物的活动,对有机质的矿化过程也有一定的影响。有机质在酸性条件下分解较慢,以中性和微碱性最适宜。固氮根瘤菌在 pH 降至 6.0 以下时固氮能力明显下降。土壤酸碱性对磷酸盐的形态和有效性影响较大。土壤 pH<5.5 时,磷酸根与铁、铝离子结合形成闭蓄态磷酸铁、铝而失去有效性。土壤 pH 在 5.6～7.0 的范围内,磷酸盐的有效性最大。土壤酸碱性也影响着钾的吸附量,酸性土和盐基饱和度低的土壤其交换性钾含量低于中性土和盐基饱和度大的土壤。土壤酸碱性对土壤微量元素的有效性影响非常明显,钼的有效性随土壤 pH 的降低而减小,硼的有效性在 pH 的一定范围内随 pH 的升高而增加,铁、锰、锌的有效性随 pH 的降低而增加。

二、土壤有机质

土壤有机质是土壤的重要组成部分,与土壤的发生演变、肥力水平和许多属性都有密切的关系。土壤有机质中含有作物生长所需的各种养分,可直接或间接地为作物生长提供氮、磷、钾、钙、镁、硫和各种微量元素;有机质具有改善土壤理化性状,影响和制约土壤结构形成及通气性、渗透性、缓冲性、交换性和保水保肥性,是评价耕地地力的重要指标。对耕作土壤来说,培肥的中心环节就是增施各种有机肥,实行秸秆还田,提高土壤有机质含量。

(一)有机质含量及分级

检测结果表明,全市土壤有机质总体上仍呈较低水平,总平均只有 11.3g/kg,耕层土壤有机质含量分级及面积见表 4-5。

表 4-5 耕层土壤有机质含量分级及面积

级 别	1	2	3	4	5	6	7
分级标准(g/kg)	>20	15～20	12～15	10～12	8～10	6～8	≤6
耕地面积(hm^2)	211.6	3340.7	40984.6	28699.7	6864.2	73.6	14.6
占总耕地比例(%)	0.26	4.17	51.11	35.79	8.56	0.10	0.01

耕地中粮田有机质平均含量为 11.5g/kg,变化范围 3.4～23.0g/kg,21.27%的粮田有机质含量不足 10.0g/kg。果园有机质平均含量为 10.40g/kg,变化范围 3.4～23.5g/kg,52.45%的果园有机质含量不足 10.0g/kg。菜田有机质平均含量为 11.6g/kg,变化范围 6.1～24.3g/kg,32.77%的菜田有机质含量不足 10.0g/kg。不同作物耕地土壤有机质及分布状况见表 4-6。

表 4-6 不同作物耕地土壤有机质及分布状况

项目		粮田		果园		菜田	
		样本	%	样本	%	样本	%
分级	≤6	15	0.46	10	1.49	0	0
	6～8	108	3.32	41	6.09	2	0.84
	8～10	569	17.49	179	26.6	36	15.12
	10～12	785	24.13	201	29.87	66	27.73
	12～15	1180	36.28	168	24.96	99	41.6
	15～20	560	17.21	70	10.4	33	13.87
	＞20	36	1.11	4	0.59	2	0.84
	合计	3253	100	673	100	238	100
样本(个)		3253		673		238	
平均(g/kg)		11.5		10.4		11.6	
最小(g/kg)		3.4		3.4		6.1	
最大(g/kg)		23.0		23.5		24.3	
标准差(g/kg)		2.913		2.9		2.6	
变异系数(%)		25.37		27.88		22.41	

1979 年第二次土壤普查时,全市有机质平均值只有 8.7g/kg。现在与那时相比,粮田有机质有所上升,但仍属于较低水平。据 2006 年农田施肥状况调查,47.66%的麦田、40.25%的花生田、34.56%的果园不施有机肥,甚至于 18.87%的蔬菜田也不施有机肥,39.14%的果园有机肥施用量不足 500kg/666.7m^2。另外,所施有机肥种类大多是鸡粪、猪粪和土杂肥,碳氮比低,加之有机肥施用量低,是致使农田有机质增长缓慢的主要原因。菜田有机质相对较高,主要原因是有机肥投入与粮田、果园相比相对较多;粮田土壤有机质的维持依靠的是小麦、玉米秸秆还田;而果园土壤有机质较低,除与果园取土深度(0～40cm)、立地条件有关外,有机质得不到补充是主要原因。果园不仅有机肥料投入相对较少,做不到秸秆还田,还要及时清园,把落叶、落果全部清走,以防病虫害的发生。

土壤有机质含量较高的镇街有文昌路街道、永安路街道、三山岛街道、文峰路街道,有机质含量在 13.0mg/kg 以上;含量低的镇街有郭家店镇、柞村镇,含量为 11.0mg/kg 以下,最低的郭家店镇为 10.2mg/kg。

(二)土壤有机质垂直分布

耕地亚耕层(粮田 20～40cm,果园、菜田 25～50cm)分布着农作物根系的 20%～30%,是根系吸收活动的一个重要区域,其有机质及养分含量状况对农作物的产量与质量都发挥着重要作用。本次调查在土体厚度超过 100cm 的平原地区耕地上,采集了亚耕层及以下土层分析土壤有机质含量,粮田、果园、菜田耕作层有机质都有明显的富集现象,亚耕层及以下层次土壤有机质含量迅速下降,25～50cm 平均下降了 37%,50～75cm 平均下降了 41%,75～100cm 平均下降了 51%。粮田的下降速度大于果园、菜田,与粮田耕作层浅有关,而果园扩穴、施肥深度大于粮田,菜田耕作及施肥深度也大于粮田(见表 4-7)。

表 4-7　有机质的垂直分布

层次	深度(cm)	粮田		果园		菜田	
		样本数(个)	平均值(g/kg)	样本数(个)	平均值(g/kg)	样本数(个)	平均值(g/kg)
1	0～25	2	11.8	2	12.3	3	12.7
2	25～50	2	6.4	2	8.3	3	8.5
3	50～75	2	6.1	2	6.6	2	6.8
4	75～100	1	5.7	1	6.4	2	6.5

(三)增加土壤有机质含量的途径

土壤有机质含量的多少是土壤肥力高低的重要指标,它是肥料以外土壤中氮素的唯一来源,也是磷、硫等养分的重要来源,它直接影响到土壤容重、结构等一系列物理性状,所以对土壤的肥沃度、生产率影响极大,由于莱州市处在季风气候区,土壤干湿交替明显,夏季湿热,冬季干冷,在生物、气候活动及人为因素的作用下,土壤有机质易于分解而不易于积累。

土壤有机质的含量取决于年生成量和年矿化量的相对大小,当生成量大于矿化量时,有机质含量会逐步增加,反之,将会逐步降低。土壤有机质矿化量主要受土壤温度、湿度、通气状况、有机质含量等因素影响。一般来说,土壤温度低、通气性差、湿度大时,土壤有机质矿化量较低;相反,土壤温度高、通气性好、湿度适中时则有利于土壤有机质的矿化。农业生产中应注意创造条件,减少土壤有机质矿化量。日光温室、塑料大棚等保护地栽培条件下,土壤长期处于高温、多湿条件,有机质易矿化,含量提高缓慢,这是有机质含量偏低的一个主要原因,适时通风降温,减少盖膜时间将有利于土壤有机质的积累。

增加有机物质施入量是人为增加土壤有机质含量的主要途径。其方法主要有秸秆还田、增施有机肥、施用有机无机复混肥三种。

第二节 土壤大量营养元素状况

一、土壤氮素

(一)耕层土壤全氮含量

按照全省分级标准,把莱州市耕层土壤全氮含量划分为7个等级,耕层土壤全氮含量分级及面积见表4-8。

表4-8 耕层土壤全氮含量分级及面积

级别	1	2	3	4	5	6	7
分级标准(g/kg)	>1.5	1.2～1.5	1.0～1.2	0.75～1.0	0.5～0.75	0.3～0.5	≤0.3
耕地面积(hm^2)	76.9	340.1	3111.3	40519.5	33679.4	2429.7	32.1
占总耕地比例(%)	0.10	0.42	3.88	50.53	42.00	3.03	0.04

全市耕层土壤全氮含量平均为0.77g/kg,范围为0.10～2.16g/kg,其中98.20%的面积含量范围为0.40～1.50g/kg。粮田全氮平均含量为0.72g/kg,变化范围为0.10～1.95g/kg,93.86%的粮田面积含量范围低于1.00g/kg。果园全氮平均含量为0.92 g/kg,变化范围为0.20～2.16g/kg,65.97%的粮田面积含量低于1.00g/kg。菜田全氮平均含量为0.98g/kg,变化范围为0.41～1.79g/kg,60.50%的菜田面积含量范围低于1.00g/kg。不同作物耕地土壤全氮含量分布状况见表4-9。

表4-9 不同作物耕地土壤全氮含量分布状况

项目		粮田		果园		菜田	
		样本	%	样本	%	样本	%
分级	≤0.3	41	1.28	6	0.89	0	0
	0.3～0.5	345	10.74	36	5.35	2	0.84
	0.50～0.75	1494	46.53	140	20.8	32	13.45
	0.75～1.0	1134	35.32	262	38.94	110	46.22
	1.0～1.2	158	4.92	124	18.42	59	24.79
	1.2～1.5	35	1.09	82	12.18	29	12.18
	>1.5	4	0.12	23	3.42	6	2.52
	合计	3211	100	673	100	238	100
样本(个)		3211		673		238	
平均(g/kg)		0.72		0.92		0.98	
最小(g/kg)		0.10		0.20		0.41	

续表

最大(g/kg)	1.95	2.16	1.79
标准差(g/kg)	0.192	0.286	0.23
变异系数(%)	26.67	31.09	23.47

土壤全氮含量较高的镇街有文昌路街道、三山岛街道、沙河镇、土山镇、平里店镇，平均含量在0.75g/kg以上；全氮含量较低的镇街有柞村镇、程郭镇、永安路街道，平均含量不足0.64g/kg。

(二)耕层土壤碱解氮含量

土壤中的氮素主要以有机态存在，约占土壤全氮量的90%，而这些含量的土壤氮素主要以大分子化合物的形式存在于土壤有机质中，作物很难吸收利用，属迟效性氮。其余部分则以小分子有机态或铵态、硝态和亚硝态等形式的无机态存在，一般占土壤全氮含量的10%以下，可以被植物直接吸收利用。

土壤中铵态氮和硝态氮是被作物直接吸收的无机态氮，也称速效氮，通常用碱解法测定其含量，故又称碱解氮。它的含量水平常作为衡量土壤供氮水平的指标。耕地土壤碱解氮含量与全氮量有很大的相关性，但受人为施肥的影响较大，耕层土壤碱解氮含量分级及面积见表4-10。

表4-10　耕层土壤碱解氮含量分级及面积

级　别	1	2	3	4	5	6	7	8
分级标准(mg/kg)	>150	120～150	90～120	75～90	60～75	45～60	30～45	≤30
耕地面积(hm^2)	0	104.2	12629.8	41890.8	22444.9	3071.2	45.5	2.6
占总耕地比例(%)	0	0.13	15.75	52.24	27.99	3.83	0.05	0.01

采样检测结果表明，全市耕地土壤碱解氮含量平均为81mg/kg，变幅为27～147mg/kg。其中粮田土壤碱解氮含量范围为27～147mg/kg，平均为77mg/kg。果园土壤碱解氮含量范围为29～143mg/kg，平均为91mg/kg，菜田土壤碱解氮含量范围为46～148mg/kg，平均为97mg/kg。不同作物耕地土壤碱解氮含量及分布状况见表4-11。

表 4-11 不同作物耕地土壤碱解氮含量及分布状况

项目		粮田		果园		菜田	
		样本	%	样本	%	样本	%
分级	≤30	1	0.06	1	0.24	0	0
	30～45	34	2.2	3	0.73	0	0
	45～60	188	12.15	33	7.99	4	3.13
	60～75	549	35.49	49	11.86	8	6.25
	75～90	534	34.52	132	31.96	45	35.15
	90～120	229	14.8	157	38.01	59	46.09
	120～150	12	0.78	38	9.2	12	9.38
	＞150	0	0	0	0	0	0
	合计	1547	100	413	100	128	100
样本(个)		1547		413		128	
平均(mg/kg)		77		91		97	
最小(mg/kg)		27		29		46	
最大(mg/kg)		147		143		148	
标准差(mg/kg)		15.43		21.21		18.15	
变异系数(%)		20.04		23.31		18.71	

土壤碱解氮含量较高的镇街有程郭镇、金城镇、沙河镇、平里店镇，平均含量在83mg/kg以上；全氮含量较低的镇街有虎头崖镇、朱桥镇，平均含量均不足75mg/kg。

二、土壤有效磷

耕层土壤中的磷一般以无机磷和有机磷两种形态存在，通常有机磷占全磷量的20%～50%，无机磷占全磷的50%～80%。无机形态的磷中易溶性磷酸盐及土壤胶体吸附的磷酸根离子和有机形态磷中易矿化的部分被称为土壤有效磷，约占土壤总磷量的10%。土壤有效磷含量是衡量土壤养分容量和强度水平的重要指标，耕层土壤有效磷含量分级及面积见表4-12。

全市耕层土壤有效磷含量平均为29.8mg/kg，变幅为0.5～169.4mg/kg。其中粮田有效磷平均含量25.3mg/kg，变幅为0.5～166.0mg/kg，属相对丰富水平。果园土壤有效磷含量相当丰富，平均42.5mg/kg，变幅为2.2～169.4mg/kg，属较高丰富水平，是农田土壤有效磷平均值的1.7倍。其中处于丰富水平(40mg/kg以上)的样本占果园土壤总样本的56.47%，超过了半数以上。菜田土壤有效磷含量更加丰富，平均54.7mg/kg，变幅为5.9～143.9mg/kg，同样属较高丰富水平，是农田土壤有效磷平均值的2.2倍。不同作物耕地土壤有效磷含量及分布见表4-13。

表 4-12 耕层土壤有效磷含量分级及面积

级别	1	2	3	4	5	6	7	8	9
分级标准(mg/kg)	＞120	80～120	50～80	30～50	20～30	15～20	10～15	5～10	≤5
耕地面积(hm^2)	8.0	409.0	4995.8	23286.9	27344.4	15131.7	8580.2	270.3	162.7
占总耕地比例(%)	0.01	0.51	6.23	29.04	34.10	18.87	10.70	0.34	0.20

表 4-13 不同作物耕地土壤有效磷含量及分布

项目		粮田		果园		菜田	
		样本	%	样本	%	样本	%
分级	≤5	271	8.33	30	4.46	0	0
	5～10	441	13.55	55	8.17	4	1.68
	10～15	507	15.59	70	10.4	11	4.62
	15～20	412	12.67	53	7.88	10	4.2
	20～30	621	19.09	94	13.97	22	9.24
	30～50	657	20.2	151	22.43	64	26.89
	50～80	264	8.11	122	18.13	86	36.14
	80～120	79	2.43	83	12.33	32	13.45
	＞120	1	0.03	15	2.23	9	3.78
	合计	3253	100	673	100	238	100
样本(个)		3253		673		238	
平均(mg/kg)		25.3		42.5		54.7	
最小(mg/kg)		0.5		2.2		5.9	
最大(mg/kg)		166.0		169.4		143.9	
标准差(mg/kg)		19.63		32.515		28.94	
变异系数(%)		77.59		76.51		52.91	

全市农田土壤有效磷含量呈较丰富状态，其中平里店镇含量 48.2mg/kg、驿道镇含量 35.2mg/kg 为全市有效磷含量最高的两个镇街；永安路街道、虎头崖镇、文峰路街道的有效磷含量较低，最低的永安路街道为 13.0mg/kg。

1979 年土壤普查，全市速效磷平均含量为 9.0mg/kg，范围为 1～48mg/kg。经过近三十年的土壤管理，特别是过磷酸钙、磷酸二铵、钙镁磷肥以及高含磷复合肥的大量施用，导致磷素大量积累，显著地提升了土壤有效磷的含量，当前粮田有效磷的含量是1979年土壤普查时的2.81倍。果园、菜田施肥量大，土壤有效磷增长幅度更大，分别是1979年土壤普查时的4.73倍和6.07倍。

三、土壤钾素

土壤中的钾一般分为矿物态钾、缓效性钾和速效性钾三部分。矿物态钾约占土壤全钾的96%，存在于矿物晶格如钾长石、云母中，在短期内不能被植物吸收利用，只能经过物理、化学过程，被缓慢释放，补充缓效性钾和速效性钾。缓效性钾（缓效钾）主要是指2：1型层状硅酸盐矿物层间和颗粒边缘的一部分钾，通常占全钾量的5%，它能用1N的HNO_3提出，这部分钾与植物吸收的钾有密切关系。速效性钾（速效钾）包括被土壤胶体吸附的钾和土壤溶液中的钾，一般占全钾的1%～2%，能在短期内被作物吸收。

（一）耕层土壤速效钾含量

全市耕层土壤速效钾含量共划分为八个等级，含量分级及面积见表4-14。

表4-14　耕层土壤速效钾含量分级及面积

级　别	1	2	3	4	5	6	7	8
分级标准（mg/kg）	＞300	200～300	150～200	120～150	100～120	75～100	50～75	≤50
耕地面积（hm^2）	360.9	2894.8	7313.2	13952.9	17080.3	23254.8	13471.7	1860.4
占总耕地比例（%）	0.45	3.61	9.12	17.40	21.30	29.00	16.80	2.32

耕层土壤速效钾含量平均为113mg/kg，范围为16～820mg/kg。其中粮田土壤速效钾含量范围为16～580mg/kg，平均为91mg/kg。果园、菜田属中等水平，果园土壤速效钾含量范围为25～820mg/kg，平均为199mg/kg，是农田土壤速效钾平均值的2.18倍。菜田土壤速效钾含量范围为40～680mg/kg，平均为165mg/kg，是农田土壤速效钾平均值的1.81倍。不同作物耕层土壤速效钾含量及分布见表4-15。

表4-15　不同作物耕层土壤速效钾含量及分布

项　目		粮田		果园		菜田	
		样本	%	样本	%	样本	%
分级	≤50	585	17.98	36	5.35	5	2.1
	50～75	975	29.97	95	14.12	26	10.92
	75～100	755	23.21	78	11.59	40	16.81
	100～120	342	10.51	56	8.32	31	13.03
	120～150	257	7.9	79	11.74	37	15.55
	150～200	223	6.86	105	15.6	53	22.27
	200～300	68	2.09	96	14.26	23	9.66
	＞300	48	1.48	128	19.02	23	9.66
	合计	3253	100	673	100	238	100

续表

样本(个)	3253	673	238
平均(mg/kg)	91	199	165
最小(mg/kg)	16	25	40
最大(mg/kg)	580	820	680
标准差(mg/kg)	57.55	155.91	111.10
变异系数(%)	63.24	78.35	67.33

土壤速效钾含量是衡量土壤供钾水平的重要指标。土壤速效钾含量受人为耕作的影响较大,不同土壤类型间差异比较明显。地势平坦,耕层质地适宜,有良好水浇条件的土壤,由于大量施用化肥,速效钾含量相对较高。分布于山丘地区的土壤,无水浇条件,肥料使用少,含量较低。三山岛镇、土山镇、夏邱镇、金城镇速效钾含量较高,均在100mg/kg以上,三山岛镇最高为128mg/kg;永安路街道、郭家店镇、文峰路街道速效钾含量较低,均不足80mg/kg,郭家店镇只有56mg/kg。

1979年全市土壤普查速效钾含量幅度为22～192mg/kg,平均值为73mg/kg。与1979年相比,全市土壤耕层土壤速效钾含量大体上呈上升趋势。33.29%的果园土壤速效钾含量超过200mg/kg,处于相对丰富水平。同时有31.06%的果园土壤速效钾含量不足100mg/kg,处于低等水平和缺乏水平。粮田土壤速效钾含量超过200mg/kg的仅占粮田土壤总样本的3.57%,而含量低于100mg/kg处于低等水平和缺乏水平的样本达71.16%。

(二)耕层土壤缓效钾含量

土壤缓效钾含量主要受成土母质、土壤质地和土壤黏粒组成的影响,不同类型间差距不大,耕层土壤缓效钾含量分级及面积见表4-16。

表4-16 耕层土壤缓效钾含量分级及面积

级别	1	2	3	4	5
分级标准(mg/kg)	>1200	900～1200	750～900	500～750	300～500
耕地面积(hm^2)	473.1	4450.5	11611.4	50310.6	13094.8
占总耕地比例(%)	0.59	5.55	14.48	62.74	16.33

全市耕层土壤缓效钾平均含量为596mg/kg,变幅为48～3276mg/kg。其中粮田土壤缓效钾含量平均为549mg/kg,变幅为48～2528mg/kg;果园土壤含量平均771mg/kg,变幅为64～3276mg/kg;菜田土壤速效钾含量平均584mg/kg,变幅为89～1936mg/kg。不同作物土壤缓效钾含量及分布见表4-17。

表 4-17 不同作物土壤缓效钾含量及分布

项目		粮田		果园		蔬菜	
		样本	%	样本	%	样本	%
分级	≤300	234	15.76	72	17.48	37	32.17
	300～500	468	31.52	57	13.83	11	9.57
	500～750	513	34.55	96	23.3	24	20.87
	750～900	127	8.55	40	9.71	19	16.52
	900～1200	96	6.46	75	18.2	18	15.65
	>1200	47	3.16	72	17.48	6	5.22
	合计	1485	100	412	100	115	100
样本(个)		1485		412		115	
平均(mg/kg)		549		771		584	
最小(mg/kg)		48		64		89	
最大(mg/kg)		2528		3276		1936	
标准差(mg/kg)		297.67		489.98		402.81	
变异系数(%)		54.22		63.55		68.97	

第三节 土壤中量营养元素状况

中量元素是指在植物体内含量相对较高的营养元素，通常包括钙、镁、硫三种。土壤中中量元素含量较高，基本能够满足作物生长需要。但随着大量元素、微量元素肥料的大量施用，尤其是在酸性土壤条件下，钙、镁、硫等元素也出现了缺素现象，适量施用具有较明显的增产效果，开始成为土壤肥料研究的内容。

一、土壤交换性钙

土壤中的钙以多种形态存在，主要以碳酸盐形式为主，其含量高低与土壤的酸碱性、盐基饱和度、土壤结构、土壤交换性能、各种养分的有效性有密切关系，是划分土壤类型的重要指标之一，在生产实际中有重要作用。

(一)土壤交换性钙含量分级与分布

生产中通常用交换性钙作为土壤钙有效性的划分标准，耕层土壤交换性钙含量分级及面积见表 4-18。

表 4-18 耕层土壤交换性钙含量分级及面积

级别	1	2	3	4	5	6	7	8	9
分级标准(mg/kg)	＞6000	4000～6000	3000～4000	2500～3000	2000～2500	1500～2000	1000～1500	500～1000	≤500
耕地面积(hm^2)	463.5	1854.0	11434.9	10681.2	7971.0	20608.5	14993.6	9683.3	2499.0
占总耕地比例(%)	0.58	2.31	14.26	13.32	9.94	25.70	18.69	12.08	3.12

全市土壤交换性钙含量平均为1900mg/kg，其中，粮田土壤交换性钙含量平均为2188mg/kg，变幅为344～8831mg/kg；果园土壤交换性钙含量平均为2111mg/kg，变幅为256～9131mg/kg；菜田土壤交换性钙含量平均为1906mg/kg，变幅为794～4306mg/kg。不同作物土壤交换性钙含量及分布见表4-19。

表 4-19 不同作物土壤交换性钙含量及分布

项目		粮田		果园		蔬菜	
		样本	%	样本	%	样本	%
分级	≤500	4	2.45	4	6.45	0	0
	500～1000	21	12.87	8	12.9	2	11.11
	1000～1500	34	20.86	9	14.51	5	27.77
	1500～2000	33	20.25	18	29.03	6	33.33
	2000～2500	13	7.98	7	11.29	1	5.56
	2500～3000	19	11.66	3	4.84	1	5.56
	3000～4000	24	14.72	9	14.52	2	11.11
	4000～6000	13	7.98	2	3.23	1	5.56
	＞6000	2	1.23	2	3.23	0	0
	合计	163	100	62	100	18	100
样本(个)		154		70		19	
平均(mg/kg)		2188		2111		1906	
最小(mg/kg)		344		256		794	
最大(mg/kg)		8831		9131		4306	
标准差(mg/kg)		1298.98		1564.80		1023.54	
变异系数(%)		59.37		74.13		53.70	

同一地区交换性钙含量随质地的加重而降低，轻壤土则低、重壤土则高。土壤交换性钙含量与酸碱度也有密切关系，pH 低、酸化严重的土壤有效钙含量一般较低。一般把土壤交换性钙的临界值确定为 400mg/kg，含量低于 400mg/kg 为缺乏，含量高于 600mg/kg 为丰富。

（二）土壤交换性钙在农业生产中的作用

钙是作物生长必需的营养元素之一，从土壤交换性钙含量看，缺钙土壤仅占 0.02%，绝大部分耕地处于丰富状态。据研究报道，土壤交换性钙对防治苹果的腐烂病和保鲜储存有重要作用，但是在土壤交换性钙含量过高的情况下，钙营养过剩，导致土壤中其他营养元素有效性降低和 pH 的升高，则不利于某些嗜酸作物的生长。

土壤交换性钙对磷素和微量元素的有效性以及存在形态有很大影响，在石灰性土壤上，磷以磷酸钙盐为主，其含量一般占无机磷总量的 50%以上，并且土壤交换性盐含量愈高，磷酸钙盐含量也高，无机磷总量也高。在富含交换性钙的土壤里，磷酸钙盐以磷酸三钙、磷酸八钙、磷酸十钙形式存在，磷素养分被固定量也就愈大。所以在富含交换性钙的土壤上，应采取穴施或沟施磷肥，以减少磷素养分的固定。土壤交换性钙含量增加可使土壤 pH 提高，除了可以提高钼的有效性以外，其他微量元素都降低了有效性。另外，交换性盐含量增加，土壤中的铁、锰、锌、铜都可以和交换性钙结合，生成难溶性的交换性盐，降低了它们的有效性。钙对硼的影响，除了生成溶解度很小的含钙硼酸盐外，更重要的是钙的存在促进了其他元素对硼的固定。

二、土壤交换性镁

交换性镁是判定土壤镁素供应水平的一个重要指标，耕层土壤交换性镁含量分级及面积见表 4-20。

表 4-20 耕层土壤交换性镁含量分级及面积

级　别	1	2	3	4	5	6
分级标准（mg/kg）	＞600	400～600	300～400	250～300	200～250	150～200
耕地面积（hm^2）	1970.6	9360.2	32332.2	18956.7	14778.8	2734.4
占总耕地比例（%）	2.46	11.67	40.32	23.64	18.43	3.41

全市土壤交换性镁含量平均为 300mg/kg。其中粮田土壤交换性镁含量平均为 304mg/kg，变幅为 94～538mg/kg；果园土壤交换性镁含量平均为 293mg/kg，变幅为 100～550mg/kg；菜田土壤交换性镁含量平均为 292mg/kg，变幅为 156～456mg/kg。不同作物土壤交换性镁含量及分布见表 4-21。

表 4-21 不同作物土壤交换性镁含量及分布

项 目		粮田		果园		菜田	
		样本	%	样本	%	样本	%
分级	≤150	2	1.23	1	1.61	1	5.56
	150～200	7	4.29	2	3.23	2	11.11
	200～250	29	17.79	16	25.81	4	22.22
	250～300	62	38.04	23	37.10	6	33.33
	300～400	48	29.45	14	22.58	3	16.67
	400～600	12	7.36	5	8.06	2	11.11
	＞600	3	1.84	1	1.61	0	0
	合计	163	100	62	100	18	100
样本(个)		154		70		19	
平均(mg/kg)		304		293		292	
最小(mg/kg)		94		100		156	
最大(mg/kg)		538		550		456	
标准差(mg/kg)		92.15		84.43		86.24	
变异系数(%)		30.31		28.82		29.53	

土壤中交换性镁的含量差异较大，一般认为含量 50mg/kg 为临界值，低于 50mg/kg 产生缺镁的可能性较大，大于 250mg/kg 为丰富。从化验结果看，莱州市耕地不缺镁，一方面，土壤交换性镁与交换性钙有密切关系，如果交换性钙的含量高，其交换性镁含量也较高；另一方面，莱州市菱镁矿($MgCO_3$)基础储量丰富。莱州市菱镁矿储量占全国第二位。但镁较易从土壤中淋失，有研究认为，其淋失量为每公顷每年 1.95～30.00kg。

三、土壤有效硫

土壤含硫量依土壤形成条件、土壤中黏土矿物和有机质的含量不同而有很大的变化。在温暖多湿地区，含硫矿物中的可溶性硫酸盐因淋失而很少聚集，土壤硫主要存在于有机质中。干旱地区土壤中钙、镁、钾、钠的硫酸盐常大量沉积在土层中。耕层土壤有效硫含量分级及面积见表 4-22。

表 4-22 耕层土壤有效硫含量分级及面积

级 别	1	2	3	4	5	6
分级标准(mg/kg)	＞100	75～100	60～75	45～60	30～45	15～30
耕地面积(hm^2)	3299.5	6840.3	12607.9	23484.5	28748.5	5208.3
占总耕地比例(%)	4.11	8.53	15.72	29.29	35.85	6.50

全市土壤有效硫含量平均为61.9mg/kg。其中粮田土壤有效硫含量平均为54.3mg/kg，变幅为17.2～402.0mg/kg；果园土壤有效硫含量平均为83.4mg/kg，变幅为21.0～835.0mg/kg；菜田土壤有效硫含量平均为76.3mg/kg，变幅为18.9～160.4mg/kg。不同作物土壤有效硫含量及分布见表4-23。

表4-23 不同作物土壤有效硫含量及分布

项目		粮田		果园		菜田	
		样本	%	样本	%	样本	%
分级	≤15	0	0	0	0	0	0
	15～30	51	31.29	6	9.68	1	5.56
	30～45	63	38.65	19	30.65	3	16.67
	45～60	31	19.02	15	24.19	6	33.33
	60～75	5	3.07	2	3.23	0	0
	75～100	6	3.68	5	8.06	1	5.56
	>100	7	4.29	15	24.19	7	38.88
	合计	163	100	62	100	18	100
样本(个)		154		70		19	
平均(mg/kg)		54.3		83.4		76.3	
最小(mg/kg)		17.2		21.0		19.0	
最大(mg/kg)		402.0		835.0		160.4	
标准差(mg/kg)		48.81		109.87		50.23	
变异系数(%)		89.89		131.74		65.83	

影响土壤硫的因素有几个方面：工业向大气中排放大量的SO_2随降水回到土壤；施用含硫肥料如硫酸铵(含硫24%)、过磷酸钙(含硫12%)、硫酸钾(含硫18%)、硫基复合肥等对土壤硫的影响；90%以上的硫存在于有机质中，因此有机质高的土壤含硫就高；质地松散的沙质土对硫酸根的吸附能力差，易引起缺硫。另外，十字花科作物需硫最高，容易缺硫。莱州市土壤含硫比较丰富，作物对硫不太敏感。硫含量高，会导致土壤酸化，这也是造成近几年来土壤酸化的主要原因之一。

第四节 土壤微量元素状况

这次耕地地力调查与评价主要分析了土壤有效铁、锰、铜、硼、锌、钼6种微量元素，这些元素虽然作物吸收量较小，但其作用是其他元素不可代替的，它们与大、中量元素一样，对耕地地力和环境质量起着重要作用。

一、土壤有效铁、锰、铜

(一)土壤有效铁、锰、铜含量和分级

1. 有效铁。铁是土壤中含量较高的元素之一，耕层土壤有效铁含量分级及面积见表4-24。

表 4-24　耕层土壤有效铁含量分级及面积

级　别	1	2	3	4	5
分级标准(mg/kg)	＞20	10～20	4.5～10	2.5～4.5	≤2.5
水平	丰富	较丰富	中等	缺乏	极缺
耕地面积(hm^2)	64744.6	10408.5	5011.8	24.1	0
占总耕地比例(%)	80.74	12.98	6.25	0.03	0

全市耕层土壤有效铁含量平均为42.25mg/kg。其中粮田耕层土壤有效铁含量平均为36.84mg/kg，变幅为2.81～124.32mg/kg；果园耕层土壤有效铁含量平均为47.5mg/kg，变幅为3.44～134.29mg/kg，差异相当悬殊；菜田耕层土壤有效铁含量平均为53.84mg/kg，变幅为11.01～140.94mg/kg。不同作物耕地土壤有效铁含量及分布见表4-25。

表 4-25　不同作物土壤有效铁含量及分布

项　目		粮田		果园		菜田	
		样本	%	样本	%	样本	%
分级	≤4.5	11	0.75	2	0.47	0	0.00
	4.5～10	165	11.32	28	6.64	0	0.00
	10～20	241	16.53	60	14.22	15	10.64
	20～30	225	15.43	52	12.32	12	8.51
	30～40	193	13.24	39	9.24	12	8.51
	＞40	623	42.73	241	57.11	102	72.34
	合计	1458	100	422	100	141	100
样本(个)		1458		422		141	
平均(mg/kg)		36.84		47.50		53.84	
最小(mg/kg)		2.81		3.44		11.01	
最大(mg/kg)		124.32		134.29		140.94	
标准差(mg/kg)		22.49		27.94		24.76	
变异系数(%)		61.04		58.82		45.99	

2. 有效锰。全市土壤中锰的含量很高，耕层土壤有效锰含量分级及面积见表 4-26。

表 4-26 耕层土壤有效锰含量分级及面积

级 别	1	2	3	4	5
分级标准(mg/kg)	＞30	15～30	10～15	5～10	≤5
水平	丰富	较丰富	中等	缺乏	极缺
耕地面积(hm^2)	45924.1	23262.8	5105.1	3042.3	2854.7
占总耕地比例(%)	57.27	29.01	6.37	3.79	3.56

全市耕层土壤有效锰含量平均为 37.74mg/kg。其中粮田耕层土壤有效锰含量平均为 35.26mg/kg，变幅为 1.76～301.30mg/kg；果园耕层土壤有效锰含量平均为 33.56mg/kg，变幅为2.32～311.20mg/kg；菜田耕层土壤有效锰含量平均为 32.87mg/kg，变幅为 3.34～170.79mg/kg。不同作物耕地土壤有效锰含量及分布见表 4-27。

表 4-27 不同作物土壤有效锰含量及分布

项 目		粮田		果园		菜田	
		样本	%	样本	%	样本	%
分级	≤5	63	4.32	6	1.42	1	0.71
	5～15	236	16.19	73	17.30	21	14.89
	15～30	393	26.95	169	40.05	45	31.91
	30～45	377	25.86	93	22.04	50	35.46
	45～60	223	15.29	42	9.95	17	12.06
	＞60	166	11.39	39	9.24	7	4.96
	合计	1458	100	422	100	141	100
样本(个)		1458		422		141	
平均(mg/kg)		35.26		33.56		32.87	
最小(mg/kg)		1.76		2.32		3.34	
最大(mg/kg)		301.30		311.20		170.79	
标准差(mg/kg)		26.59		30.87		19.90	
变异系数(%)		75.41		91.98		60.54	

3. 有效铜。全市耕层土壤有效铜含量分级及面积见表 4-28。

表 4-28 耕层土壤有效铜含量分级及面积

级 别	1	2	3	4	5
分级标准(mg/kg)	＞1.8	1.0～1.8	0.2～1.0	0.1～0.2	≤1.0
水平	丰富	较丰富	中等	缺乏	极缺
耕地面积(hm^2)	45266.7	25548.2	9197.7	100.4	76.0
占总耕地比例(%)	56.45	31.86	11.47	0.13	0.09

全市耕层土壤有效铜含量平均为 2.81mg/kg。其中粮田耕层土壤有效铜含量平均为 1.80mg/kg，变幅为 0.12 ～ 39.43mg/kg；果园耕层土壤有效铜含量平均为 6.16mg/kg，变幅为 0.25～38.13mg/kg；菜田耕层土壤有效铜含量平均为 3.21mg/kg，变幅为 0.63～16.33mg/kg。不同作物土壤有效铜含量及分布见表 4-29。

表 4-29 不同作物土壤有效铜含量及分布

项 目		粮田		果园		菜田	
		样本	%	样本	%	样本	%
分级	≤1.0	462	31.69	31	7.35	10	7.09
	1.0～1.8	667	45.75	57	13.51	44	31.21
	1.8～2.6	168	11.52	55	13.03	31	21.99
	2.6～3.4	48	3.29	38	9.00	15	10.64
	＞3.4	113	7.75	241	57.11	41	29.08
	合计	1458	100	422	100	141	100
样本(个)		1458		422		141	
平均(mg/kg)		1.80		6.16		3.21	
最小(mg/kg)		0.12		0.25		0.63	
最大(mg/kg)		39.43		38.13		16.33	
标准差(mg/kg)		2.39		5.97		2.70	
变异系数(%)		132.78		96.92		84.11	

(二)土壤有效铁、锰、铜评价

从农田土壤总体看，土壤微量元素有效铁、有效锰和有效铜含量均较第二次土壤普查时提高，分别是 1979 年的 3.1 倍、14.1 倍和 3.2 倍。土壤有效铁、锰、铜平均含量均高于适宜值的上限，分别是适宜值上限的 2.68 倍、2.32 倍和 2.81 倍(见表 4-30)。

表 4-30　不同作物土壤微量元素养分状况

作物	有效铁(mg/kg)	有效锰(mg/kg)	有效铜(mg/kg)
粮田	36.84	35.26	1.80
果园	47.50	33.56	6.16
菜田	53.84	32.87	3.21
总体	40.25	34.74	2.81
1979 年	13.12	2.47	0.87
适宜值下限	10.00	10.00	0.20
适宜值上限	20.00	20.00	5.00
临界值	5.00	5.00	0.20

有效铁、锰、铜含量高，主要与当地农田土壤酸化严重有关，酸化促进了土壤重金属的解析、释放。果园土壤锰、铜积累严重，不仅与土壤酸化有关，而且与施用含锰、含铜杀菌剂防治病害有关。近些年，为了防治果树病害，含锰（如代森锰锌）和含铜杀菌剂（如波尔多液、碱式硫酸铜）施用频繁，且用量很大。据调查，苹果果树每年喷含铜、锰杀菌剂 3～5 次，大量杀菌剂直接或间接进入土壤，形成了锰、铜的积累。这是近几年来莱州市苹果粗皮病严重发生的最主要原因。

二、土壤有效硼、锌、钼

（一）有效硼、锌和钼的含量和分级

1. 有效硼。全市耕层土壤有效硼含量平均为 0.51mg/kg，耕层土壤有效硼含量分级及面积见表 4-31。

表 4-31　耕层土壤有效硼含量分级及面积

级　别	1	2	3	4	5
分级标准(mg/kg)	＞2.0	1.0～2.0	0.5～1.0	0.2～0.5	≤0.2
水平	丰富	较丰富	中等	缺乏	极缺
耕地面积(hm^2)	16.0	2165.1	35547.8	41995.0	465.1
占总耕地比例(%)	0.02	2.70	44.33	52.37	0.58

按种植作物划分，粮田耕层土壤有效硼含量平均为 0.51mg/kg，变幅为 0.03～3.05mg/kg；果园耕层土壤有效硼含量平均为 0.52mg/kg，变幅为 0.01～3.30mg/kg；菜田耕层土壤有效硼含量平均为 0.45mg/kg，变幅为 0.01～2.17mg/kg。不同作物土壤有效硼含量及分布见表 4-32。

表 4-32 不同作物土壤有效硼含量及分布

项目		粮田 样本	粮田 %	果园 样本	果园 %	菜田 样本	菜田 %
分级	≤0.2	107	7.33	29	6.89	12	8.51
	0.2～0.5	705	48.29	211	50.12	87	61.70
	0.5～1.0	602	41.23	160	38.00	38	26.95
	1.0～2.0	39	2.67	17	4.04	3	2.13
	＞2.0	7	0.48	4	0.95	1	0.71
	合计	1460	100	421	100	141	100
样本(个)		1460		421		141	
平均(mg/kg)		0.51		0.52		0.45	
最小(mg/kg)		0.03		0.01		0.01	
最大(mg/kg)		3.05		3.30		2.17	
标准差(mg/kg)		0.27		0.35		0.27	
变异系数(%)		52.94		67.31		60	

2. 有效锌。全市耕层土壤有效锌含量平均为1.92mg/kg,耕层土壤有效锌含量分级及面积见表4-33。

表 4-33 耕层土壤有效锌含量分级及面积

级别	1	2	3	4	5
分级标准(mg/kg)	＞3.0	1.0～3.0	0.5～1.0	0.3～0.5	≤0.3
水平	丰富	较丰富	中等	缺乏	极缺
耕地面积(hm^2)	6014.2	58766.5	10103.8	5224.3	80.2
占总耕地比例(%)	7.50	73.29	12.60	6.51	0.10

按种植作物划分,其中粮田耕层土壤有效锌含量平均1.46mg/kg,变幅为0.16～16.28mg/kg;果园耕层土壤有效锌含量平均为3.24mg/kg,变幅为0.18～53.45mg/kg;菜田耕层土壤有效锌含量平均为2.74mg/kg,变幅为0.51～12.69mg/kg。不同作物土壤有效锌含量及分布见表4-34。

表 4-34 不同作物土壤有效锌含量及分布

项目		粮田		果园		菜田	
		样本	%	样本	%	样本	%
分级	≤0.3	17	1.17	2	0.47	0	0.00
	0.3～0.5	51	3.50	15	3.55	0	0.00
	0.5～1.0	476	32.65	68	16.11	17	12.06
	1.0～3.0	827	56.72	223	52.85	85	60.28
	>3.0	87	5.96	114	27.02	39	27.66
	合计	1458	100	422	100	141	100
样本(个)		1458		422		141	
平均(mg/kg)		1.46		3.24		2.74	
最小(mg/kg)		0.16		0.18		0.51	
最大(mg/kg)		16.28		53.45		12.69	
标准差(mg/kg)		1.29		4.78		2.24	
变异系数(%)		88.36		147.53		81.75	

3. 有效钼。全市耕层土壤有效钼含量平均为 0.14mg/kg，耕层土壤有效硼含量分级及面积见表 4-35。

表 4-35 耕层土壤有效钼含量分级及面积

级别	1	2	3	4	5
分级标准(mg/kg)	>0.3	0.2～0.3	0.15～0.2	0.1～0.15	≤0.1
水平	丰富	较丰富	中等	缺乏	极缺
耕地面积(hm^2)	0	1335.2	12831.0	60488.0	5534.8
占总耕地比例(%)	0	1.67	16.00	75.43	6.90

按种植作物划分，粮田耕层土壤有效钼含量平均为 0.14mg/kg，变幅为 0.04～0.27mg/kg；果园耕层土壤有效钼含量平均为 0.15mg/kg，变幅为 0.08～0.35mg/kg；菜田耕层土壤有效钼含量平均为 0.17mg/kg，变幅为 0.08～0.65mg/kg。不同作物土壤有效钼含量及分布见表 4-36。

表 4-36　　不同作物土壤有效钼含量及分布

项　目		粮田		果园		菜田	
		样本	%	样本	%	样本	%
分级	≤0.10	44	15.55	11	11.70	5	14.29
	0.10～0.15	165	58.30	57	60.64	12	34.29
	0.15～0.20	53	18.73	12	12.77	10	28.56
	0.20～0.30	21	7.42	11	11.70	6	17.14
	>0.3	0	0	3	3.19	2	5.72
	合计	283	100	94	100	35	100
样本(个)		283		94		35	
平均(mg/kg)		0.14		0.15		0.17	
最小(mg/kg)		0.04		0.08		0.08	
最大(mg/kg)		0.27		0.35		0.65	
标准差(mg/kg)		0.041		0.055		0.102	
变异系数(%)		29.29		36.67		60.00	

(二)有效硼、锌和钼的评价

与土壤有效铁、锰、铜截然不同,从土壤测试结果看,全市土壤有效硼、锌、钼含量均表现为不足,不论是粮田、果园,还是菜田。土壤有效硼含量同1979年第二次土壤普查时基本持平,维持在临界值水平。菜田含量甚至下降了10%,低于临界值。莱州市花生种植面积较大,十字花科蔬菜良种繁育在全国有名,而有效硼不足会造成"花而不实"。

土壤有效锌平均值略高于第二次土壤普查结果,总体处于适宜水平,但是粮田土壤有效锌平均为1.46mg/kg,低于临界值。因为粮田面积远远大于果园、菜田,因此说,总体上看土壤有效锌缺乏。特别是小麦、玉米等作物需锌量较高,对锌较为敏感有关,缺锌易发生"白化苗"。

土壤有效钼含量较第二次土壤普查时有较大幅度增加,但平均值仍偏低,在临界值上下波动,粮田中有73.85%、果园中有72.34%、菜田中有48.58%低于临界值0.15mg/kg,有效钼极缺(见表4-37)。

表 4-37　　不同作物土壤微量元素养分状况

作物	有效硼(mg/kg)	有效锌(mg/kg)	有效钼(mg/kg)
粮田	0.51	1.46	0.14
果园	0.52	3.24	0.15
菜田	0.45	2.74	0.17
总体	0.51	1.92	0.14

续表

作物	有效硼(mg/kg)	有效锌(mg/kg)	有效钼(mg/kg)
1979年	0.51	1.77	0.05
适宜值下限	0.50	1.6	
适宜值上限	1.50	3.0	
临界值	0.50	1.0	0.15

第五节 其他土壤化学性状

一、土壤全盐量

土壤盐渍化是影响农业的一个重要问题，土壤全盐量是评价土壤盐渍化程度的重要指标，莱州市地处沿海，部分耕地土壤可溶性盐分偏高，为此，对土壤全盐量进行了测试，耕层土壤全盐含量分级及面积见表4-38。

表4-38 耕层土壤全盐含量分级及面积

分级标准(mg/kg)	＞2.0	1.5～2.0	1.0～1.5	0.5～1.0	≤0.5
耕地面积(hm^2)	256.6	312.7	2028.8	15067.5	62523.4
占总耕地比例(%)	0.32	0.39	2.53	18.79	77.97

全市土壤可溶性盐分含量平均为0.39g/kg。其中粮田耕层土壤全盐量平均为0.35g/kg，变幅为0.01～2.70g/kg；果园耕层土壤全盐量平均为0.52g/kg，变幅为0.01～2.60g/kg；菜田耕层土壤全盐量平均为0.58g/kg，变幅为0.01～1.70mg/kg。按照第二次土壤普查划分标准，土壤全盐量大于1.0g/kg(氯化物)或2.0g/kg(硫酸盐)为盐渍化土壤。莱州市土壤的可溶性盐分以氯化物为主，可以将临界值确定为1.0g/kg。全市土壤全盐量大于1.0g/kg的耕地2598.1hm^2，占耕地总面积3.24%。按不同利用类型划分，土壤全盐量菜田＞果园＞粮田。不同作物土壤全盐量及分布见表4-39。

表4-39 不同作物土壤全盐量及分布

项目		粮田		果园		菜田	
		样本	%	样本	%	样本	%
分级	≤0.5	2685	84.44	394	58.72	110	46.81
	0.5～1.0	445	13.99	215	32.04	105	44.68
	1.0～1.5	37	1.16	49	7.30	17	7.23
	1.5～2.0	8	0.25	6	0.89	2	0.85
	＞2.0	5	0.16	7	1.04	1	0.42
	合计	3180	100	671	100	234	100

续表

样本(个)	3180	671	235
平均(g/kg)	0.35	0.52	0.58
最小(g/kg)	0.01	0.01	0.01
最大(g/kg)	2.70	2.60	1.70
标准差(g/kg)	0.22	0.37	0.29
变异系数(%)	62.86	71.15	50.00

莱州市由于地处沿海，盐化土地面积较大，有滨海盐化潮土和滨海潮滩盐土两个土属，其中滨海盐化潮土土属约有耕地3800hm^2。加之施肥不当，部分耕地已发生盐渍化，应注意控制。目前，控制土壤盐分含量的措施有以下几种：一是沿海海水倒灌区不用当地地下水灌溉，从倒灌区以外引水灌溉，或者减少灌溉定额，充分利用自然降水，发展旱作节水农业。二是增加有机肥施用量，实行秸秆还田。增施有机肥和秸秆还田，有利于提高土壤有机质含量，改良土壤结构，便于盐分向下淋洗，抑制耕作层土壤盐分聚集。三是减少化肥施用数量。采用科学的施肥方法和技术，如微灌施肥、有机无机配合、肥料增效剂等，减少化肥施用量，提高肥料利用率，从而抑制土壤盐分的积累。

二、土壤石灰需要量

土壤石灰需要量不仅与土壤pH有关，而且与土壤缓冲能力或阳离子交换量有关。土壤缓冲能力强，则石灰需要量高。土壤缓冲能力及交换量与其黏粒和有机质含量有关，两者含量越高，土壤缓冲能力越强。因此，黏土、泥炭土和腐殖土等土壤缓冲能力较强。若这类土壤呈酸性，则石灰需要量就高；而有机质含量低的土壤缓冲能力弱。即使呈酸性，石灰需要量也低，耕层土壤石灰需要量分级及面积见表4-40。

表4-40 耕层土壤石灰需要量分级及面积

级 别	1	2	3	4
分级标准(mg/kg)	>800	400～800	100～400	≤100
耕地面积(hm^2)	15907.9	23050.3	37984.3	3246.5
占总耕地比例(%)	19.84	28.74	47.37	4.05

全市耕层土壤石灰需要量平均为496kg/hm^2。其中粮田耕层土壤石灰需要量平均为438kg/hm^2，变幅为85～1961kg/hm^2；果园耕层土壤石灰需要量平均为652kg/hm^2，变幅为101～1792kg/hm^2；菜田耕层土壤石灰需要量平均为517kg/hm^2，变幅为254～1149kg/hm^2。不同作物土壤石灰需要量及分布见表4-41。

表 4-41 不同作物土壤石灰需要量及分布

项目		粮田		果园		菜田	
		样本	%	样本	%	样本	%
分级	≤100	8	4.71	2	3.28	0	0
	100～400	86	50.59	26	42.63	5	31.25
	400～800	54	31.76	8	13.11	9	56.25
	>800	22	12.94	25	40.98	2	12.5
	合计	170	100	61	100	16	100
样本(个)		170		61		16	
平均(kg/hm²)		438		652		517	
最小(kg/hm²)		85		101		254	
最大(kg/hm²)		1961		1792		1150	
标准差(kg/hm²)		322.26		466.88		245.66	
变异系数(%)		73.66		71.60		47.50	

三、土壤吸附能力

全市的地形起伏大，干旱时间长，土壤通气状况良好，有利于好气性微生物的活动，平均土壤氮素矿化率 8.73%，变幅为 7.1%～10.3%，不利于有机质的积累。土壤表层黏粒含量低，阳离子交换性能差，阳离子交换量（CEC 值）不高于 10cmol/kg 的耕地占全市的 49.8%，10～20cmol/kg 的占 36.5%，而高于 20cmol/kg 的仅占 13.7%，而一般认为阳离子交换量为 20cmol/kg 以上的土壤保肥能力强，10～20cmol/kg 中等，小于 10cmol/kg 则土壤保肥能力弱。因而土壤养分流失严重，特别是钾素含量低，成为全市农作物产量提高的限制因素之一。

第六节 土壤主要物理性状

土壤的物理性状直接影响着水、肥、气、热状况，是决定耕地地力的重要因素。它主要包括土壤质地、土体厚度、剖面构型、土壤容重、土壤孔隙、田间持水量等方面。

一、表层质地

按照第二次土壤普查技术规程，莱州市土壤表层质地划分为粗砂土、石碴土、马牙砂土、壤质土、松砂土、紧砂土、砂壤土、轻壤土、中壤土 9 种类型。从生产性能看，大致可分为良好、一般、较差三种。表层质地及面积见表 4-42。

表 4-42　　莱州市土壤表层质地及面积

质　地	土地面积		耕地面积	
	hm^2	%	hm^2	%
粗砂土	11916	7.93	1844	2.30
马碴土	5274	3.51	1002	1.25
马牙砂土	766	0.51	265	0.33
壤质土	13418	8.93	5477	6.83
松砂土	6296	4.19	513	0.64
紧砂土	8264	5.50	1307	1.63
砂壤土	9842	6.55	5830	7.27
轻壤土	65363	43.50	43535	54.29
中壤土	29120	19.38	20416	25.46
合　计	150259	100	80189	100

轻壤和中壤是耕性较好的质地，共有土地面积 94500hm²，占全市土地面积的 62.88%，有耕地面积 64000hm²，占全市耕地面积的 79.75%。其特点是砂黏比例适宜，中壤土砂粒和黏粒的比例基本相等，轻壤土砂粒所占比例稍大，前者地有后劲，后者耕性好，但保肥、供肥性能稍差，全市的高产地块都是这两种质地类型，适宜作物的生长发育，是莱州市小麦、玉米一年二熟制高产区和种植生姜、圆葱以及西尹家韭菜、连个庄西瓜、吴家庄子甜瓜等优质蔬菜瓜果的主要土壤，在各个镇街都有分布。

砂壤土属于一般质地类型，共有耕地面积 5830hm²，占全市耕地面积的 7.27%。特点是因含砂量大，保肥、供肥性能较差，肥水易渗漏，养分含量低，不抗旱，但疏松易耕，因其昼夜温差大，有利于糖分积累，是莱州市优质果品的主产地。除朱桥镇、文峰路街道外，各个镇街都有分布。

壤质土是石质土、粗骨土中的一种质地类型，位于山丘的中上部，由于其本身土体构造太差，不如其他土类同样质地的生产性能好，但在山丘区是一种较好的土壤质地，适合种植花生、甘薯等。分布在除沙河、土山、城港路、三山岛镇街外的其他镇街。

最差的质地类型是砾质土和砂质土，如粗砂土、石碴土、马牙砂土、松砂土、紧砂土等，砾质土、砂质土共有土地面积 32500hm²，占全市土地面积的 21.64%，耕地面积只有 4931hm²，占全市耕地面积的 6.15%，广泛分布在东南山区的郭家店、驿道、程郭、朱桥、柞村、虎头崖等镇街的低山丘陵中上部。它们的共同特点是砂粒多，砾石含量高，砂、砾二者合计含量达 90%以上。质地粗、土体松、粒间孔隙大，对肥水的保蓄能力差，有机质分解快，极不抗旱，不利于养分积累，生产力很低。

二、土体厚度

莱州市由于所处地形的原因，市域内土壤的土体厚度相差悬殊，最薄的不足 10cm，分布在低山、丘陵的上中部；厚的可达20～30m，分布在山前冲积平原、河谷地和沿海地区。具体可分为极薄层(15cm以下)、薄层(15～30cm)、中层(30～60cm)、厚层(60～100cm)、深层(100cm以上)5种类型(见表4-43)。

表4-43　莱州市土体厚度及面积

质地	土地面积		耕地面积	
	hm²	%	hm²	%
极薄层(<15cm)	7032	4.68	361	0.45
薄层(15～30cm)	13674	9.10	4755	5.93
中层(30～60cm)	19098	12.71	8235	10.27
厚层(60～100cm)	27467	18.28	15693	19.57
深厚层(>100cm)	82988	55.23	51145	63.78
合计	150259	100	80189	100

土体厚度是影响耕地资源利用的重要因素之一。在山丘地区，林地主要分布在极薄层、薄层土体的土壤上。果树、花生以及甘薯、谷子等杂粮主要分布在薄层、中层土体的土壤上。小麦、玉米、瓜菜类作物主要分布在深厚层土体的土壤上。土层厚度既影响着根系的分布，又影响着养分和水分的供应。从产量水平看，深、厚层土体的土壤产量最高，中层高于薄层，薄层高于极薄层。当土体厚度不足60cm时，土壤的生产力随土体厚度的增加而提高；土体厚度大于60cm的土壤，其生产力除受土体厚度的影响外，主要取决于土体构型及科学种田水平的高低。

三、土体构型

土体构型是农作物布局的主要依据，也是影响产量高低的重要因素。按土体内部的夹层可分为夹黏、夹砂、夹铁板砂、夹砂姜、夹砾石、夹壤、均壤、均砂8种类型(见表4-44)。

石底型包括极薄层、薄层、中层厚度的硬石底和酥石底，广泛分布在各镇街低山丘陵的中上部。由于石底一般出现在60cm以内，所以土层浅薄，生产性能差，产量很低。

夹砂型除文峰路、虎头崖镇外，其他各镇街都有分布。此类型在20～100cm土体内夹有大于10cm的砂层，保水能力差，易造成水肥流失，灌溉或降雨后，土壤易干，旱情发生重，产量低而不稳。

夹黏型各镇街都有分布。此类型在20～100cm土体内夹有大于10cm的黏土层，土壤通透性差，易涝涝，保水性好。

夹砂姜型主要分布在土山、城港路、金城、沙河、虎头崖、平里店等镇街。浅位夹砂姜保肥水能力差，砂姜层影响作物的根系发育；中位夹砂姜多为砂姜黑土，表层黏重，耕性差，通透性不良，易发生涝涝。

夹壤型主要分布在三山岛、土山、沙河等镇街。表层和夹层以下质地较粗，壤质夹层保肥保水能力较强，利于作物根系发育。

表 4-44 莱州市土体构型及面积

构 型	土地面积		耕地面积		构型特点
	hm^2	%	hm^2	%	
极薄层石底	7032	4.68	361	0.45	土体厚度小于 15cm，以下为酥(硬)石底
薄层石底	13674	9.10	4755	5.93	15～30cm 土体下为酥(硬)石底
中层石底	19098	12.71	8235	10.27	30～60cm 土体下为酥(硬)石底
浅位夹砂	2975	1.98	1876	2.34	20～60cm 土体内，夹有 10～30cm 的砂层
中位夹砂	2945	1.96	1780	2.22	60～100cm 土体内，夹有 10～30cm 的砂层
浅位夹黏	42642	28.38	28701	35.79	20～60cm 土体内，夹有 10～30cm 的黏土层
中位夹黏	12126	8.07	8300	10.35	60～100cm 土体内，夹有 10～30cm 的黏土层
浅位夹砂姜	3020	2.01	2309	2.88	20～60cm 土体内，夹有砂姜层
中位夹砂姜	2344	1.56	1796	2.24	60～100cm 土体内，夹有砂姜层
浅位夹壤	2044	1.36	1339	1.67	20～60cm 土体内，夹有大于 30cm 的壤土层
中位夹壤	301	0.2	217	0.27	60～100cm 土体内，夹有大于 30cm 的壤土层
浅位夹砾石	105	0.07	64	0.08	20～60cm 土体内，夹有砾石层
中位夹砾石	60	0.04	40	0.05	60～100cm 土体内，夹有砾石层
、均砂质	17205	11.45	3440	4.29	100cm 土体内为松砂、紧砂或与砂壤相间
均壤质	24688	16.43	16976	21.17	100cm 土体内为轻壤或中壤
合 计	150259	100	80189	100	

夹砾石型面积很小，只在局部有零散分布。砾石夹层肥水易渗漏，不抗旱，产量低而不稳。

均砂质型除朱桥、驿道、程郭、文峰路镇街外，其他镇街都有分布。此类型肥水极易渗漏，保肥保水能力差，肥力低，极不抗旱，产量低而不稳。

均壤质型各镇街都有分布。100cm 土体内土壤质地均为轻壤或中壤，保肥水和供肥水能力强，易耕易种，耐旱抗涝，生产性能好，适种性广，产量较高。

综上所述，在莱州市均壤质和中位夹黏土体生产性能最好，其优点是通体或 60cm 以内无障碍层次或障碍因素，砂、黏比例适中，理化形状好，耕性好。这两种构型土体土壤的耕地面积共有 25276hm^2，占全市耕地面积的 31.52%；其次是浅位夹黏型，有耕地面积 28701hm^2，占全市耕地面积的 35.79%。

四、土壤容重

土壤容重是土壤松紧程度和耕性好坏的主要标志，是土壤质地、结构、空隙、松紧状况的综合反映。据测定，全市土壤的表层容重为 1.10～1.51g/cm^3，一般认为 1.10～1.35g/cm^3 比较适宜，全市在此范围内的占 59.4%；亚耕层容重较大，平均为 1.49g/cm^3，变幅为

1.30～1.68g/cm³，亚耕层结构紧密对保水保肥有利。土壤容重与土壤质地关系密切，耕层轻壤土平均容重 1.27g/cm³，中壤土 1.34g/cm³，重壤土 1.38g/cm³。同一质地不同耕种历史、有机肥用量和秸秆还田量的土壤，容重有一定差异。耕种历史长、秸秆还田量及有机肥用量大的农田，容重较小，反之则较大。

五、土壤孔隙度

全市农田表层总孔隙度为 48%左右，其中大于 50%的占 45.5%；表层空气孔隙度为 11%左右，其中大于 10%的占 81.8%。亚耕层空气孔隙度大于 7%的占 72.7%。莱州市土壤总体情况较好，尤其表层质地、通气状况等比较理想，但由于砂、砾含量高，土壤有机胶体数量少，容重偏高。

第五章　耕地地力评价

耕地是土地的精华，是农业生产中不可替代的重要生产资料，是保持社会和国民经济可持续发展的重要资源。保护耕地是基本国策之一，因此，及时掌握耕地资源的数量、质量及其变化对于合理规划和利用耕地，切实保护耕地有十分重要的意义。在全面的野外调查和室内化验分析，获取大量耕地地力相关信息的基础上，我们进行了莱州市耕地地力的综合评价，评价结果对于摸清全市耕地地力的现状及问题，为耕地资源的高效和可持续利用提供了重要的科学依据。

第一节　评价的原则依据及流程

一、评价原则依据

(一)评价的原则

耕地地力就是耕地的生产能力，是在一定区域内一定的土壤类型上，耕地的土壤理化性状、所处自然环境条件、农田基础设施及耕作施肥管理水平等因素的总和。根据评价的目的要求，在耕地地力评价中，遵循的基本原则是：

1. 综合因素研究与主导因素分析相结合原则。土地是一个自然经济综合体，是人们利用的对象，对土地质量的鉴定涉及到自然和社会经济多个方面，耕地地力也是各类要素的综合体现。所谓综合因素研究是指对地形地貌、土壤理化性状、相关社会经济因素之总体进行全面的研究、分析与评价，以全面了解耕地地力状况。主导因素是指对耕地地力起决定作用的、相对稳定的因子，在评价中要着重对其进行研究分析。因此，把综合因素与主导因素结合起来进行评价则可以对耕地地力作出科学准确的评定。

2. 共性评价与专题研究相结合原则。莱州市耕地利用存在农田、果园、菜地等多种类型，土壤理化性状、环境条件、管理水平等等不一，因此耕地地力水平有较大的差异。考虑市域内耕地地力的系统性、可比性，针对不同的耕地利用等状况，应选用统一的共同的评价指标和标准，即耕地地力的评价不针对某一特定的利用类型。另外，为了了解不同利用类型的耕地地力状况及其内部的差异情况，则对有代表性的主要类型如蔬菜地等进行专题的深入研究。这样，共性的评价与专题研究相结合，使整个评价和研究具有更大的应用价值。

3. 定量和定性相结合的原则。土地系统是一个复杂的灰色系统，定量和定性要素共存，相互作用，相互影响。因此，为了保证评价结果的客观合理，宜采用定量和定性评价相结合的方法。在总体上，为了保证评价结果的客观合理，尽量采用定量评价方法，对可定量化的评价因子如有机质等养分含量、土层厚度等按其数值参与计算，对非数量化的定性因子如土壤表层质地、土体构型等则进行非量化处理，确定其相应的指数，并建立评价数据库，以计算机进行运算和处理，尽量避免人为随意性因素影响。在评价因素筛选、权重确定、评价标准、等级确定等评价过程中，尽量采用定量化的数学模型，在此基础上则充分运用人工智能和专家知识，对评价的中间过程和评价结果进行必要的定性调整，定量与定性相结合，从而保证了评价结果的准确合理。

4. 采用卫星遥感和GIS支持的自动化评价方法原则。自动化、定量化的土地评价技术方法是当前土地评价的重要方向之一。近年来，随着计算机技术，特别是GIS技术在土地评价中的不断应用和发展，基于GIS技术进行自动定量化评价的方法已日渐成熟，使土地评价的精度和效率大大提高。本次耕地地力评价工作将采用最新SPOT5卫星遥感数据提取和更新耕地资源现状信息，通过数据库建立、评价模型及其与GIS空间叠加等分析模型的结合，实现了全数字化、自动化的评价流程，在一定的程度上代表了当前土地评价的最新技术方法。

（二）评价的依据

耕地地力是耕地本身的生产能力，因此耕地地力的评价则依据与此相关的各类自然和社会经济要素，具体包括三个方面：

1. 耕地地力的自然环境要素。其包括耕地所处的地形地貌条件、水文地质条件、成土母质条件以及土地利用状况等。

2. 耕地地力的土壤理化要素。其包括土壤剖面与土体构型、耕层厚度、质地、容重等物理性状，有机质、N、P、K等主要养分、微量元素、pH、交换量等化学性状等。

3. 耕地地力的农田基础设施条件。其包括耕地的灌排条件、水土保持工程建设、培肥管理条件等。

二、评价流程

整个评价可分为三个方面的主要内容，按先后的次序分别为：

1. 资料工具准备及数据库建立。即根据评价的目的、任务、范围、方法，收集准备与评价有关的各类自然及社会经济资料，进行资料的分析处理。选择适宜的计算机硬件和GIS等分析软件，建立耕地地力评价基础数据库。

2. 耕地地力评价。划分评价单元，提取影响地力的关键因素并确定权重，选择相应评价方法，制定评价标准，确定耕地地力等级。

3. 评价结果分析。依据评价结果，量算各等级耕地面积，编制耕地地力分布图。分析耕地地力问题，提出耕地资源可持续利用的措施建议。

评价的工作流程如图5-1所示。

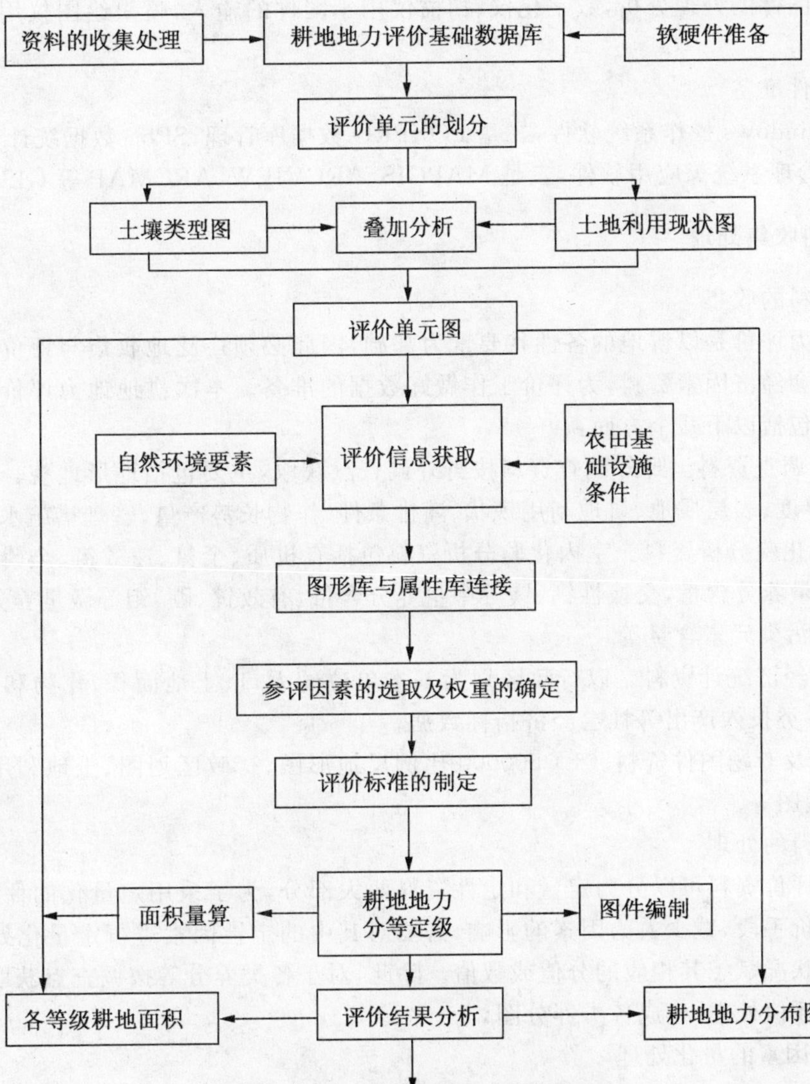

图 5-1　莱州市耕地地力评价流程图

第二节　软硬件准备、资料收集处理及基础数据库的建立

一、软硬件准备

(一)硬件准备

主要包括高配置微机、A0 幅面数字化仪、A0 幅面扫描仪、喷墨绘图仪等。微机主要

用于数据和图件的处理分析，数字化仪、扫描仪用于图件的输入，喷墨绘图仪用于成果图的输出。

(二)软件准备

一是 Windows 操作系统软件，二是 FOXPRO 数据库管理、SPSS 数据统计分析/ACCESS 数据管理系统等应用软件，三是 MAPGIS、ARCVIEW、ARCMAP 等 GIS 软件。

二、资料收集处理

(一)资料的收集

耕地地力评价是以耕地的各性状要素为基础，因此必须广泛地收集与评价有关的各类自然和社会经济因素资料，为评价工作做好数据的准备。本次耕地地力评价收集获取的资料主要包括以下几个方面：

1. 野外调查资料。野外调查资料按野外调查点获取，主要包括地形地貌、土壤母质、水文、土层厚度、表层质地、耕地利用现状、灌排条件、作物长势产量、管理措施水平等。

2. 室内化验分析资料。室内化验分析资料包括有机质、全氮、速效氮、全磷、速效磷、速效钾等大量养分含量，交换性钙、镁等中量养分含量，有效锌、硼、钼等微量养分含量，以及 pH、土壤污染元素含量等。

3. 社会经济统计资料。以行政区划为基本单位的人口、土地面积、作物和蔬菜瓜果面积，以及各类投入产出等社会经济指标数据。

4. 基础及专题图件资料。1∶500000 比例尺地形图、行政区划图、土地利用现状图、地貌图、土壤图等。

(二)资料的处理

获取的评价资料可以分为定量和定性资料两大部分，为了采用定量化的评价方法和自动化的评价手段，减少人为因素的影响，需要对其中的定性因素进行定量化处理，根据因素的级别状况赋予其相应的分值或数值。除此，对于各类养分等按调查点获取的数据，则需要进行插值处理，生成各类养分图。

1. 定性因素的量化处理

(1)土壤表层质地：考虑不同质地类型的土壤肥力特征，以及与植物生长发育的关系，赋予不同质地类别以相应的分值(见表 5-1)。

表 5-1　土壤表层质地的量化处理

质地类别	中壤	轻壤	重壤	砂壤	砂土
分　值	100	95	80	70	55

(2)土体构型：首先以土层质地类别和其在土体中的部位对各类土体构型进行归纳，根据不同的土体构型对植物生长发育的影响，赋予不同土体构型以相应的分值(见表 5-2)。

表 5-2　　土体构型的量化处理

土体构型	中壤均质	中壤黏腰	轻壤黏腰	轻壤均质	中壤黏心	中壤砂姜腰	中壤砂腰	重壤均质	轻壤砂心	砂壤砂心	中层	薄层
分值	100	95	95	90	85	85	80	60	60	50	30	10

(3)地貌类型:根据不同的地貌类型对耕地地力及作物生长的影响,赋予其相应的分值(见表 5-3)。

表 5-3　　地貌类型的量化处理

地貌类型	缓平坡地	山前倾斜平地	山前缓平地	缓岗	浅平洼地	槽状洼地	河谷高地	河漫滩	河谷梯田	近山阶地	坡麓梯田	荒坡岭
分值	100	97	95	93	90	87	84	80	60	40	20	10

(4)障碍状况:考虑影响莱州市耕地地力的主要障碍状况,将其障碍状况归纳为不同的类型,并根据其对耕地地力的影响程度进行量化处理(见表 5-4)。

表 5-4　　障碍状况的量化处理

障碍状况	无障碍	浅黏	夹砂或砂姜	砾质	石碴土
分值	100	90	80	60	40

2. 各类养分专题图层的生成

对于土壤有机质、氮、磷、钾、锌、硼、钼等养分数据,首先按照野外实际调查点进行整理,建立了以各养分为字段,以调查点为记录的数据库。之后,进行了土壤采样样点图与分析数据库的连接,在此基础上对各养分数据进行自动的插值处理。

对比了分别在 MAPGIS 和 ARCVIEW 环境中的插值结果,发现 ARCVIEW 环境中的插值结果线条更为自然圆滑,符合实际。因此,本研究中所有养分采样点数据均在 ARCVIEW 环境下操作,利用其空间分析模块功能对各养分数据进行自动的插值处理,经编辑处理,自动生成各土壤养分专题栅格图层。后续的耕地地力评价也以栅格形式进行,与矢量形式相比,能够将各评价要素信息精确到栅格(像元)水平,保证了评价结果的准确。图 5-2 和图 5-3 为在 ARCVIEW 下插值生成的莱州土壤有机质、全氮含量分布栅格图。

图 5-2 莱州市土壤有机质含量栅格图

图 5-3 莱州市土壤全氮含量栅格图

3. 莱州市数字高程模型和坡度图的生成

利用莱州市 1：500000 地形图，扫描输入后进行矢量化，获得等高线及高程信息，自动插值生成莱州市数字高程模型(DEM)，在此基础上生成莱州市地形坡度，经编辑处理后形成坡度图和三维地势图(见图 5-4)。

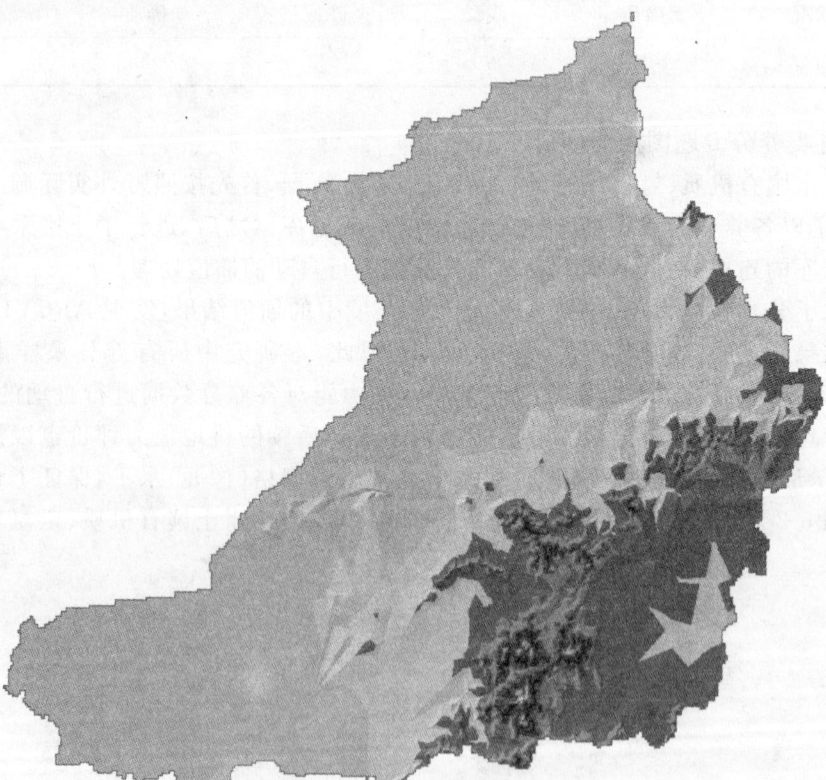

图 5-4 莱州市三维地势图

三、基础数据库的建立

(一)基础属性数据库建立

为更好的对数据进行管理和为后续工作提供方便,将采样点基本情况信息、农业生产情况信息、土壤理化性状化验分析数据、土壤污染元素化验分析数据等信息,以调查点为基本数据库记录,进行属性数据库的建立,作为后续耕地地力评价工作的基础。

(二)基础专题图图形库建立

将扫描矢量化及插值等处理生成的各类专题图件,在 ARCVIEW 和 MAPGIS 软件的支持下,分别以栅格形式和点、线、区文件的形式进行存储和管理,同时将所有图件统一转换到相同的地理坐标系统下,以进行图件的叠加等空间操作,各专题图图斑属性信息通过键盘交互式输入或通过与属性库挂接读取,构成基本专题图图形数据库。图形库与基础属性库之间通过调查点相互连接。

第三节　评价单元的划分及评价信息的提取

一、评价单元的划分

评价单元是由对土地质量具有关键影响的各土地要素组成的空间实体,是土地评价的最基本单位、对象和基础图斑。同一评价单元内的土地自然基本条件、土地的个体属性和经济属性基本一致,不同土地评价单元之间,既有差异性,又有可比性。耕地地力评价就是要通过对每个评价单元的评价,确定其地力级别,把评价结果落实到实地和编绘的土地资源图上。因此,土地评价单元划分的合理与否,直接关系到土地评价的结果以及工作量的大小。

目前,对土地评价单元的划分尚无统一的方法,有以土壤类型、土地利用类型、行政区划单位、方里网等多种方法。本次莱州市耕地地力评价土地评价单元的划分采用土壤图、土地利用现状图的叠置划分法,相同土壤单元及土地利用现状类型的地块组成一个评价单元,即“土地利用现状类型—土壤类型”的格式。其中,土壤类型划分到土种,土地利用现状类型划分到二级利用类型,制图区界以基于遥感影像的莱州市最新土地利用现状图为准。为了保证土地利用现状的现实性,基于野外的实地调查对耕地利用现状进行了修正,其中菜地进行了进一步的细分,到三级类型。同一评价单元内的土壤类型相同,利用方式相同,交通、水利、经营管理方式等基本一致,用这种方法划分评价单元可以反映单元之间的空间差异性,即使土地利用类型有了土壤基本性质的均一性,又使土壤类型有了确定的地域边界线,使评价结果更具综合性、客观性,可以较容易地将评价结果落实到实地。

通过图件的叠置和检索,将莱州市耕地地力划分为 8233 个评价单元。

二、评价信息的提取

影响耕地地力的因子非常多,并且它们在计算机中的存储方式也不相同,因此如何准确地获取各评价单元评价信息是评价中的重要一环,鉴于此,舍弃直接从键盘输入参评因子值的传统方式，采取将评价单元与各专题图件叠加采集各参评因素的信息。具体的做法是：(1)按唯一标识原则为评价单元编号；(2)在 ARCVIEW 环境下生成评价信息空间库和属性数据库；(3)在 ARCMAP 环境下从图形库中调出各化学性状评价因子的专题图，与评价单元图进行叠加计算出各因子的均值；(4)保持评价单元几何形状不变，在耕地资源管理信息系统中，直接对叠加后形成的图形的属性库进行"属性提取"操作，以评价单元为基本统计单位，按面积加权平均汇总评价单元立地条件评价因子的分值。

由此，得到图形与属性相连的、以评价单元为基本单位的评价信息，为后续耕地地力的评价奠定了基础。

第四节 参评因素的选取及其权重确定

正确地进行参评因素的选取并确定其权重，是科学地评价耕地地力的前提，直接关系到评价结果的正确性、科学性和社会可接受性。

一、参评因素的选取

参评因素是指参与评定耕地地力等级的耕地的诸属性。影响耕地地力的因素很多，在本次莱州市耕地地力评价中，根据莱州市的区域特点，遵循主导因素原则、差异性原则、稳定性原则、敏感性原则，采用定量和定性方法相结合，进行了参评因素的选取。

(一)系统聚类方法

系统聚类方法用于筛选影响耕地地力的理化性质等定量指标，通过聚类将类似的指标进行归并，辅助选取相对独立的主导因子。利用 SPSS 统计软件进行了土壤养分等化学性状的系统聚类，结果如图 5-5 所示。

从图 5-5 中可以看出，氯离子、全盐、硝态氮、全氮、交换性钙、有效硅、交换性镁、有效硼、有效钼、有效铁、有效锰、有效锌、有效铜、有效硫聚为一组，有效磷、速效钾、碱解氮、缓效钾聚为一组，有机质为一组，pH 为一组。

(二)DELPHI 法

用 DELPHI 法进行了影响耕地地力的立地条件、物理性状等定性指标的筛选。确定了由土壤农业化学学者、专家及莱州市土肥站专业技术人员组成的专家组，首先对指标进行分类，在此基础上进行指标的选取，并讨论确定最终的选择方案。

综合以上两种方法，在定量因素中根据各因素对耕地地力影响的稳定性，以及营养元素的全面性，在聚类分析第一组中选取有效锌、有效硼为参评因素，第二组中选取有效磷、速效钾为参评因素，第三组选取有机质为参评因素。结合专家组选择结果，最后确定灌溉保证率、坡度、地形地貌、耕层质地、剖面构型、障碍层状况、土层厚度、有机质、大量元素(有效磷、速效钾)、微量元素(有效锌、有效硼)等 12 项因素作为耕地地力评价的参评指标。

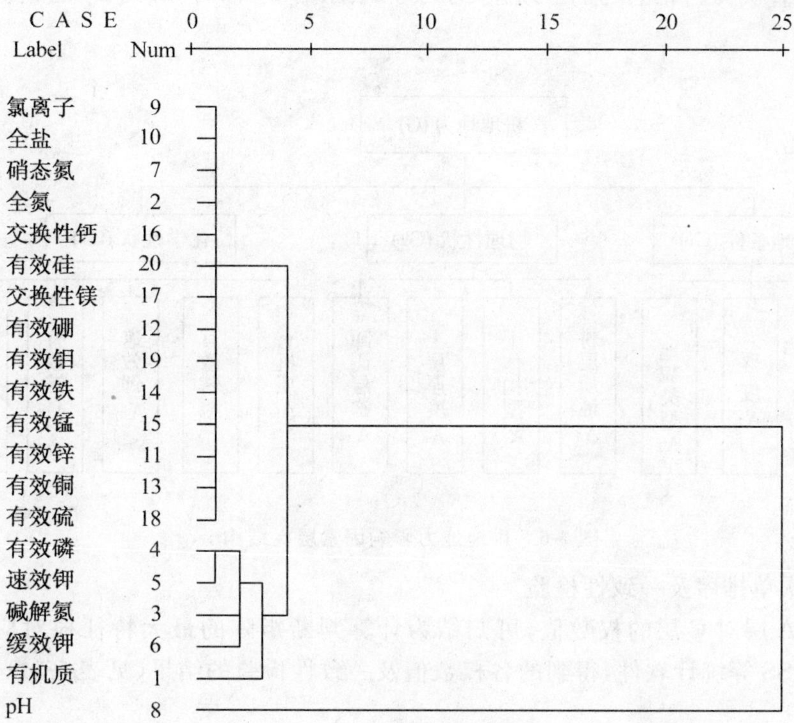

图 5-5 土壤养分等化学性状的聚类分析

二、权重的确定

在耕地地力评价中，需要根据各参评因素对耕地地力的贡献确定权重，确定权重的方法很多，本评价中采用层次分析法（AHP）来确定各参评因素的权重。

层次分析法（AHP）是在定性方法基础上发展起来的定量确定参评因素权重的一种系统分析方法，这种方法可将人们的经验思维数量化，用以检验决策者判断的一致性，有利于实现定量化评价。AHP 法确定参评因素的步骤如下：

（一）建立层次结构

耕地地力为目标层（G 层），影响耕地地力的立地条件、物理性状、化学性状为准则层（C 层），再把影响准则层中各元素的项目作为指标层（A 层），其结构关系如图 5-6 所示。

（二）构造判断矩阵

根据专家经验，确定 C 层对 G 层以及 A 层对 C 层的相对重要程度，共构成 A、C_1、C_2、C_3 共 4 个判断矩阵。例如，耕层质地、土体构型、有效土层厚度、障碍层次状况对耕地物理性状的判断矩阵表示为：

$$C_2=\begin{bmatrix} a_{11} & a_{12} & a_{13} & a_{14} \\ a_{21} & a_{22} & a_{23} & a_{24} \\ a_{31} & a_{32} & a_{33} & a_{34} \\ a_{41} & a_{42} & a_{43} & a_{44} \end{bmatrix}=\begin{bmatrix} 1 & 1.25 & 0.7143 & 1.6667 \\ 0.8 & 1 & 0.5714 & 1.3333 \\ 1.4 & 1.75 & 1 & 2.3333 \\ 0.6 & 0.75 & 0.4286 & 1 \end{bmatrix}$$

其中，a_{ij}（i 为矩阵的行号，j 为矩阵的列号）表示对 C_2 而言，a_i 对 a_j 的相对重要性的数值。

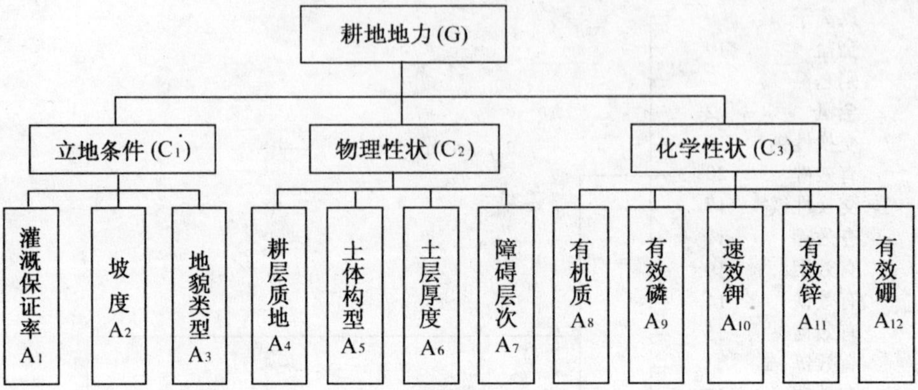

图 5-6 耕地地力影响因素层次结构

（三）层次单排序及一致性检验

即求取 A 层对 C 层的权数值，可归结为计算判断矩阵的最大特征根对应的特征向量。利用 SPSS 等统计软件，得到的各权数值及一致性检验的结果（见表 5-5）。

表 5-5 权数值及一致性检验结果

矩阵	特征向量					C_I	C_R
矩阵 A		0.4186	0.3488	0.2326		−0.00000537	0.00000926＜0.1
矩阵 C_1		0.1980	0.3564	0.4455		−0.00000369	0.00000575＜0.1
矩阵 C_2	0.2159	0.2699	0.1542	0.3599		0.00000621	0.000069＜0.1
矩阵 C_3	0.0787	0.0945	0.1181	0.2362	0.4724	0.00000549	0.00000491＜0.1

从表中可以看出，$C_R<0.1$，具有很好的一致性。

（四）层次总排序及一致性检验

经层次总排序，并进行一致性检验，结果为 $C_I=0.00000369$，$C_R=0.00000402$，具有满意的一致性，最后计算 A 层对 G 层的组合权数值，得到各因子的权重，最终结果见表 5-6。

表 5-6 各因子的权重

因子	权重	因子	权重	因子	权重	因子	权重
灌溉保证率	0.2248	质地	0.0790	障碍层	0.0474	速效钾	0.0556
坡度	0.1252	土体构型	0.0632	有机质	0.0834	有效锌	0.0278
地形地貌	0.0996	土层厚度	0.1106	有效磷	0.0694	有效硼	0.0139

第五节 耕地地力等级的确定

土地是一个灰色系统,系统内部各要素之间与耕地的生产能力之间关系十分复杂。此外,评价中也存在着许多不严格、模糊性的概念,因此在评价中引入了模糊数学方法,采用模糊评价方法来进行耕地地力等级的确定。

一、参评因素隶属函数的建立

用 DELPHI 法根据一组分布均匀的实测值评估出对应的一组隶属度,然后在计算机中绘制这两组数值的散点图,再根据散点图进行曲线模拟,寻求参评因素实际值与隶属度关系方程,从而建立起隶属函数。各参评因素的分级及其相应的专家赋值和隶属度如表5-7 所示。

表 5-7 参评因素的分级及其分值

坡度	0	0.2	0.5	1	3	5	7	10	15	25		
分值	98	100	98	95	90	80	60	30	10	1		
隶属度	0.98	1.00	0.98	0.95	0.90	0.80	0.60	0.30	0.10	0.01		
地形地貌	缓平坡地	山前倾斜平地	山前缓平地	缓岗	浅平洼地	槽状洼地	河谷高地	河漫滩	河谷梯田	近山阶地	坡麓梯田	荒坡岭
分值	100	97	95	93	90	87	84	80	60	40	20	10
隶属度	1.00	0.97	0.95	0.93	0.90	0.87	0.84	0.80	0.60	0.40	0.20	
灌溉保证率	80	70	60	50	30	10	0					
分值	100	90	80	65	40	10	0					
隶属度	1.00	0.90	0.80	0.65	0.40	0.10	0					
有机质	20	18	16	14	12	10	8	6				
分值	100	98	95	90	84	78	65	50				
隶属度	1.00	0.98	0.95	0.90	0.84	0.78	0.65	0.50				
有效磷	400	300	200	110	80	60	40	30	20	15	10	5
分值	70	80	90	100	98	96	92	90	85	80	60	40
隶属度	0.70	0.80	0.90	1.00	0.98	0.96	0.92	0.90	0.85	0.80	0.60	0.40
速效钾	400	320	240	160	120	100	80	60				
分值	100	98	93	85	82	78	70	50				
隶属度	1.00	0.98	0.93	0.85	0.82	0.78	0.70	0.50				

续表

有效锌	2.0	1.5	1.2	1.0	0.8	0.5	0.3					
分值	100	92	87	85	80	70	55					
隶属度	1.00	0.92	0.87	0.85	0.80	0.70	0.55					
有效硼	1.8	1.5	1.2	1.0	0.8	0.5	0.2					
分值	100	95	87	85	80	70	55					
隶属度	1.00	0.95	0.87	0.85	0.80	0.70	0.55					
耕层质地	中壤	轻壤	重壤	砂壤	砂土							
分值	100	95	80	70	55							
隶属度	1.00	0.95	0.80	0.70	0.55							
障碍层状况	其他	浅黏	夹砂砂姜	砾质	石碴土							
分值	100	90	80	60	40							
隶属度	1.00	0.90	0.80	0.60	0.40							
剖面构型	中壤均质	中壤黏腰	轻壤黏腰	轻壤均质	中壤黏心	中壤砂姜腰	中壤砂腰	重壤均质	轻壤砂心	砂壤砂心	中层	薄层
分值	100	95	95	90	85	85	80	60	60	50	30	10
隶属度	1.00	0.95	0.95	0.90	0.85	0.85	0.80	0.60	0.60	0.50	0.30	0.10
有效土层	150	130	110	90	70	50	30					
分值	100	95	88	70	55	35	10					
隶属度	1.00	0.95	0.88	0.70	0.55	0.35	0.10					

通过模拟共得到直线型、戒上型、戒下型三种类型的隶属函数，其中有效磷属于以上两种或两种以上的复合型隶属函数，地貌类型、质地等描述性的因素属于直线型隶属函数，然后根据隶属函数计算各参评因素的单因素评价评语。以有机质为例绘制的散点图和模拟曲线如图 5-7、5-8 所示。

其隶属函数为戒上型，形式为：

$$y=\begin{cases}0 & x\leqslant x_t\\ 1/[1+A\times(x-C)^2] & x_t<x<C\\ 1 & C\leqslant x\end{cases}$$

各参评因素类型及其隶属函数如表 5-8 所示。

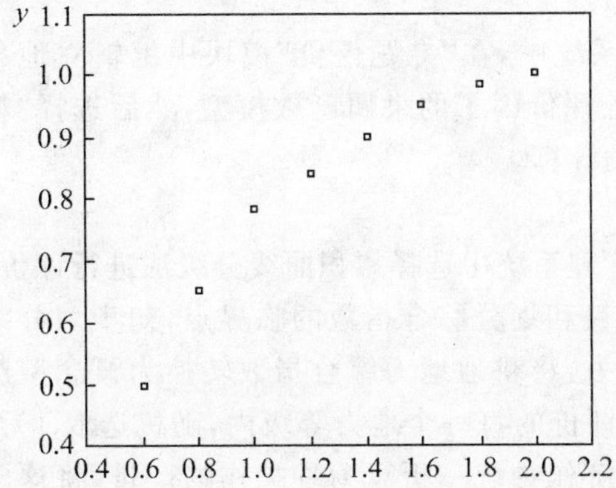

图 5-7　有机质与隶属度关系散点图

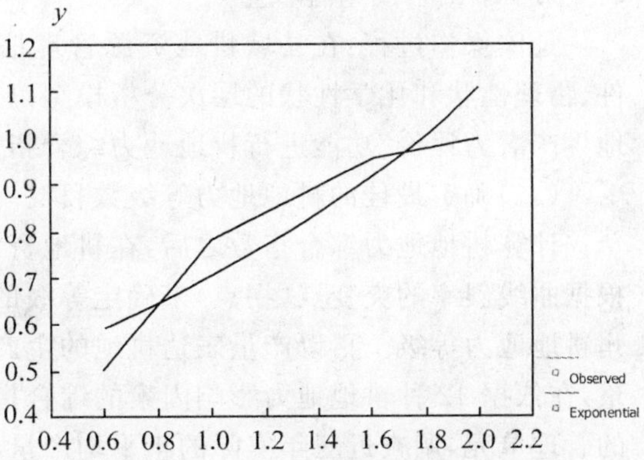

图 5-8　有机质与隶属度关系曲线

表 5-8　　参评因素类型及其隶属函数

函数类型	参评因素	隶属函数	A	C	U_t
戒上型	有机质(%)	$y=1/[1+A\times(x-C)^2]$	0.543	1.822	0.35
戒上型	速效钾(mg/kg)	$y=1/[1+A\times(x-C)^2]$	0.00000760	327.836	15
戒上型<110	有效磷(mg/kg)	$y=1/[1+A\times(x-C)^2]$	0.0000992	80.159	3
戒下型>110			0.00000742	111.967	450
戒上型	有效锌(mg/kg)	$y=1/[1+A\times(x-C)^2]$	0.245	1.924	0.1
戒上型	有效硼(mg/kg)	$y=1/[1+A\times(x-C)^2]$	0.251	1.879	0.1
正直线型	地貌类型(分值)	$y=A\times x$	0.01	100	0
正直线型	剖面构型(分值)	$y=A\times x$	0.01	100	0
正直线型	障碍层状况(分值)	$y=A\times x$	0.01	100	0
正直线型	耕层质地(分值)	$y=A\times x$	0.01	100	0
正直线型	坡度(分值)	$y=A\times x$	0.01	100	0
正直线型	灌溉保证率(分值)	$y=A\times x$	0.01	100	0
正直线型	有效土层(分值)	$y=A\times x$	0.01	100	0

二、耕地地力等级的确定

(一)计算耕地地力综合指数

用指数和法来确定耕地的综合指数，公式为：

$$IFI = \sum F_i \times C_i$$

式中：IFI(Integrated Fertility Index)代表耕地地力综合指数；F=第 i 个因素评语；

C_i＝第 i 个因素的组合权重。

具体操作过程：在县域耕地资源管理信息系统中，在“专题评价”模块中编辑立地条件、物理性状和化学性状的层次分析模型以及各评价因子的隶属函数模型，然后选择“耕地生产潜力评价”功能进行耕地地力综合指数的计算。

（二）确定最佳的耕地地力等级数目

计算耕地地力综合指数之后，在耕地资源管理系统中选择累积曲线分级法进行评价，根据曲线斜率的突变点（拐点）来确定等级的数目和划分综合指数的临界点，初步划分莱州耕地地力等级。再以产量表达耕地的生产能力，将耕地地力综合指数转换为概念型产量，在依据 12 种耕地地力影响因素的综合指数评价的每一个地力等级内，随机选取 10％的管理单元，调查近三年实际的年平均产量，经济作物统一折算为谷类作物产量，将这两组数据进行相关分析，根据其对应关系，把用综合指数评价的耕地地力等级分别归入相应的概念型产量表示的地力等级体系，将莱州耕地地力共划分为六级。各等级耕地地力综合指数以及年粮食产量生产能力见表 5-9，综合指数分布见图 5-9。

表 5-9 莱州市耕地地力等级综合指数

IFI	＞0.888	0.817～0.888	0.738～0.817	0.636～0.738	0.499～0.636	＜0.499
耕地地力等级	一等	二等	三等	四等	五等	六等
产量水平（kg/hm^2）	＞15000	12000～15000	9000～12000	6000～9000	4500～6000	＜4500

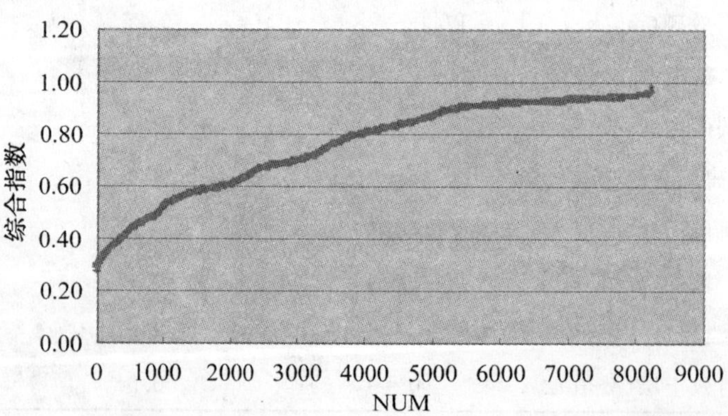

图 5-9 莱州市综合指数分布图

第六节　成果图编制及面积量算

一、图件的编制

为了提高制图的效率和准确性，在地理信息系统软件 MAPGIS 的支持下，进行莱州市耕地地力评价图及相关图件的自动编绘处理，其步骤大致分以下几步：扫描矢量化各基础图件→编辑点、线→点、线校正处理→统一坐标系→区编辑并对其赋属性→根据属性赋颜色→根据属性加注记→图幅整饰输出。另外还充分发挥 MAPGIS 强大的空间分析功能，用评价图与其他图件进行叠加，从而生成其他专题图件。如评价图与行政区划图叠加，进而计算各行政区划单位内的耕地地力等级面积等。

（一）专题图地理要素底图的编制

专题地图的地理要素内容是专题图的重要组成部分，用于反映专题内容的地理分布，并作为图幅叠加处理等分析的依据。地理要素的选择应与专题内容相协调，考虑图面的负载量和清晰度，应选择基本的、主要的地理要素。

以莱州市最新的土地利用现状图为基础，对此图进行了制图综合处理，选取主要的居民点、交通道路、水系、境界线等及其相应的注记，进而编辑生成 1∶500000 各专题图地理要素底图。

（二）耕地地力评价图的编制

以耕地地力评价单元为基础，根据各单元的耕地地力评价等级结果，对相同等级的相临评价单元进行归并处理，得到各耕地地力等级图斑。在此基础上，分两个层次进行图面耕地地力等级的表示：一是颜色表示，即赋予不同耕地地力等级以相应的颜色。二是代号，用罗马数字Ⅰ、Ⅱ、Ⅲ、Ⅳ、Ⅴ、Ⅵ表示不同的耕地地力等级，并在评价图相应的耕地地力图斑上注明。将评价专题图与以上的地理要素图复合，整饰得莱州市 1∶500000 耕地地力评价图，见附录二。

（三）其他专题图的编制

对于有机质、速效钾、有效磷、有效锌等其他专题要素地图，则按照各要素的分级分别赋予相应的颜色，标注相应的代号，生成专题图层。之后与地理要素图复合，编辑处理生成专题图件，并进行图幅的整饰处理，最终专题图见附录二。

二、面积量算

面积的量算可通过与专题图相对应的属性库的操作直接完成。对耕地地力等级面积的量算，则可在 FOXPRO 数据库的支持下，对图件属性库进行操作，检索相同等级的面积，然后汇总得各类耕地地力等级的面积，根据莱州市图幅理论面积进行平差，得到准确的面积数值。对于不同行政区划单位内部、不同的耕地利用类型等耕地地力等级面积的统计，则通过耕地地力评价图与相应的专题图进行叠加分析，由其相应属性库统计获得。

第六章　耕地地力分析

本次耕地地力分析，按照农业部耕地质量调查和评价的规程及相关标准，结合当地实际情况，选取了对耕地地力影响较大，区域内变异明显，在时间序列上具有相对稳定性，与农业生产有密切关系的12个因素，确定耕地的综合指数，建立评价指标体系。以土壤图与土地利用现状图叠加形成评价单元，应用模糊综合评判方法，通过综合分析，将全市耕地共划分为6个等级，根据评价结合进行耕地地力的系统分析。

第一节　耕地地力等级与分布

一、耕地地力等级面积统计

利用 MAPGIS 软件，对评价图属性库进行操作，检索统计耕地各等级的面积和图幅总面积。以2008年莱州市耕地总面积为基准，按面积比例进行平差，统计得各耕地地力等级面积。

莱州市耕地总面积为 $80189hm^2$，其中一级地最大，占耕地总面积的比例达到36.91%；其次是二级地、四级地、五级地和六级地，分别占耕地总面积的10.13%、14.08%、18.17%和12.08%，四个等级所占的比例相对比较均衡；三级地面积较少，仅占耕地总面积的8.63%（见表6-1）。

表 6-1　莱州市耕地地力评价结果面积统计

等级	一级地	二级地	三级地	四级地	五级地	六级地
面积（hm^2）	29595.4	8124.5	6919.4	11295.0	14568.7	9686.0
百分比（%）	36.91	10.13	8.63	14.09	18.16	12.08

二、耕地地力空间分布分析

（一）耕地地力等级分布

莱州市位于山东半岛西北部，西临渤海莱州湾，东南与莱西市接壤，南连平度市，西南与昌邑市相望，西、北濒临渤海湾，拥有108km长的优质海岸线。境内地势自东南部低山向西北部沿海低地呈台阶式下降。其中低山占10.25%，丘陵占48.12%，平原占41.63%。总体来看，莱州市耕地面积较大，坡度较缓，土层较厚，土壤亚类级大多数为棕壤亚类、淋溶褐土、潮土等;耕层质地以轻壤、砂壤和中壤为主,兼有部分粗砂质、紧砂质、松砂质、石碴质等较差耕层质地;区域内一半以上耕地有明显的障碍层次,如浅黏、夹砂等;农田基础设施配套良好,灌排能力较好。总体来看,莱州市耕地地力较好,一、二级地面积之和占到了总耕地面积的47.04%,主要分布在北部及西南部非沿海地带,该区土壤质地多为中壤、轻壤,土层较厚,土壤肥力高,坡度较缓,农业基础设施配套成型,测土配方施肥工程也首先在这一区域展开。三、四级地面积之和占总耕地面积的22.72%,分布比较分散,在北部、东南部等地区都有部分或零星分布,该地区坡度较大,土层较薄,属于只要加大资金投入,完善基础设施,改善生产条件,产量就能大幅提高的中产田类型,有一定的改良利用潜力。五、六级地面积之和占总耕地面积的30.24%,主要分布在莱州市的东部,这部分耕地以砂土为主,肥力较低,土体构型多为薄层、极薄层或中层等,灌溉条件差,属于低产田类型,急需改良利用。

(二)耕地地力等级的行政区域划分

将耕地地力等级分布图与莱州市行政区划图进行叠加分析,从耕地地力等级行政区域分布数据库中,按权属字段检索出各等级的记录,统计出一至六级地在各乡镇的分布状况(见表6-2)。

表6-2 莱州市耕地地力等级行政区域分布

镇街		一级地	二级地	三级地	四级地	五级地	六级地	合计
文昌路街道	面积(hm^2)	91.5	227.1	71.1	153.6	515.3	169.3	1227.9
	百分比(%)	7.45	18.49	5.80	12.50	41.97	13.79	100
永安路街道	面积(hm^2)	528.8	165.6	4.1	23.4	6.5	0	728.4
	百分比(%)	72.60	22.74	0.56	3.21	0.89	0.00	100
城港路街道	面积(hm^2)	4260.7	220.3	8.0	57.1	6.7	0	4552.8
	百分比(%)	93.58	4.84	0.17	1.26	0.15	0.00	100
三山岛街道	面积(hm^2)	2194.5	696.8	672.1	1509.9	497.8	0	5571.1
	百分比(%)	39.39	12.51	12.06	27.10	8.94	0.00	100
文峰路街道	面积(hm^2)	484.0	136.9	376.4	499.7	165.1	159.2	1821.3
	百分比(%)	26.58	7.52	20.66	27.44	9.06	8.74	100
沙河镇	面积(hm^2)	5515.3	366.3	308.2	179.1	178.1	2.1	6549.1
	百分比(%)	84.22	5.59	4.71	2.74	2.72	0.03	100
朱桥镇	面积(hm^2)	3951.3	525.2	1127.6	969.1	500.4	917.8	7991.4
	百分比(%)	49.44	6.57	14.11	12.13	6.26	11.48	100
郭家店镇	面积(hm^2)	0	629.9	556.4	2180.9	4861.7	2778.7	11007.6
	百分比(%)	0.00	5.72	5.05	19.81	44.17	25.24	100
土山镇	面积(hm^2)	3008.8	144.6	419.3	80.6	62.3	0	3715.6
	百分比(%)	80.98	3.89	11.28	2.17	1.68	0.00	100

续表

镇街		一级地	二级地	三级地	四级地	五级地	六级地	合 计
虎头崖镇	面积(hm^2)	2384.5	177.9	243.6	1062.3	703.9	115.4	4687.6
	百分比(%)	50.87	3.80	5.20	22.66	15.02	2.46	100
平里店镇	面积(hm^2)	3676.6	412.1	79.1	4.9	0	0	4172.7
	百分比(%)	88.11	9.88	1.89	0.12	0.00	0.00	100
驿道镇	面积(hm^2)	627.4	1180.8	1472.9	1290.0	2353.5	3011.2	9935.8
	百分比(%)	6.31	11.88	14.82	12.98	23.69	30.31	100
柞村镇	面积(hm^2)	62.7	840.4	248.2	540.0	2228.9	944.5	4864.7
	百分比(%)	1.29	17.28	5.10	11.10	45.82	19.42	100
程郭镇	面积(hm^2)	972.8	882.6	568.5	1419.7	1917.3	1442.5	7203.4
	百分比(%)	13.50	12.25	7.89	19.71	26.62	20.03	100
夏邱镇	面积(hm^2)	1642.6	407.1	664.4	660.4	465.5	140.9	3980.9
	百分比(%)	41.26	10.23	16.69	16.59	11.69	3.54	100
金城镇	面积(hm^2)	193.9	1110.9	99.5	664.3	105.7	4.4	2178.7
	百分比(%)	8.90	50.99	4.57	30.49	4.85	0.20	100

从表 6-2 可以看出，一级地主要分布在市域北部的城港路街道、平里店镇、三山岛街道、朱桥镇和西南部的沙河镇、土山镇，其中在城港路街道、平里店镇、沙河镇、土山镇一级地所占比例较大，在文峰路街道、程郭镇、金城镇等乡镇也有部分或零星分布。二、三、四级地分布比较分散，在市域内各个乡镇均有部分或零星分布。五、六级地主要分布在郭家店镇、柞村镇、文昌路街道、程郭镇、驿道镇等乡镇。

第二节 耕地地力等级分述

一、一级地

(一)面积与分布

一级地综合评级指数高于 0.888，耕地面积 29595.4hm^2，占总耕地面积的 36.91%，是全市占耕地面积最大的一个等级。其中水浇地 19901.3hm^2，占一级地面积 67.25%；旱地 8850.3hm^2，占一级地面积的 29.90%；菜地 843.8hm^2，占一级地面积的 2.85%，见表 6-3。

一级地主要分布在城港路街道、平里店镇、沙河镇、土山镇、永安路街道、虎头崖镇、朱桥镇、夏邱镇和三山岛街道，其中在城港路街道、平里店镇、沙河镇、土山镇一级地所占比例均已达到 80%，在文峰路街道、程郭镇、金城镇等乡镇也有部分或零星分布。

表 6-3 一级地各土地利用类型面积

利用类型	评价单元(个)	面积(hm^2)	占总耕地面积(%)	占一级地面积(%)
水浇地	2014	19901.3	24.82	67.25
旱地	969	8850.3	11.04	29.90
菜地	117	843.8	1.05	2.85
合计	3100	29595.4	36.91	100

(二)主要属性分析

一级地土壤类型以潮土亚类、潮褐土、褐土亚类和棕壤亚类为主,兼有部分淋溶褐土和石灰性砂姜黑土等类型。土壤表层质地以轻壤和中壤为主,兼有少量砂壤质土壤。土体构型以中壤均质、轻壤均质、中壤黏腰、轻壤黏心等为主,有部分浅黏等障碍层次。微地貌以山前倾斜平原、滨海冲积平原和缓丘为主,土层深厚,土壤理化性状良好,可耕性强。农田水利设施较为完善,灌排条件好,灌溉保证率均为75%以上。土壤养分含量较高(见表6-4)。

表 6-4 一级地主要养分含量

项目	有机质(g/kg)	有效磷(mg/kg)	速效钾(mg/kg)	有效锌(mg/kg)	有效硼(mg/kg)
平均值	11.9	32.6	130	1.96	0.58
范围值	7.6~21.2	7.4~142.9	38~420	0.49~12.68	0.23~2.50
含量水平	中偏上	中偏上	中等	中偏上	中等

在一级地范围内随机选取10%的管理单元,调查近三年实际的粮食产量生产能力,其中的经济作物统一折算成小麦、玉米一年两作,则年平均粮食产量为16305kg/hm^2(即1087kg/667m^2)。一级地面积虽然只占耕地面积的36.91%,但是大约生产了70%的粮食和75%的蔬菜。

(三)存在的主要问题

一是一级地地处莱州市的平原地区,同时该地区属全市经济发达地区,耕地资源保护是一大难题;二是人们历来注重二、三产业,二、三产业占得比重较大,农业投入比例低于二、三产业投入,且土地经济技术投入一直处于较低水平,造成土地利用效率低、对土地的投入水平不高;三是土壤肥力与高产、高效农业的需求还有一定差距;四是随着科学的发展和社会的进步,大量施用化肥肥料(特别是氮素、磷素化肥),却忽视了有机肥的作用,使土壤有机质提升缓慢,各种营养元素比例失调,肥力降低;五是随着旋耕机械的普及,深耕面积急剧减小,土壤结构变坏,保肥、保水性能降低,甚至土壤板结,耕性不良;六是化学除草剂的不科学大量使用,对土壤环境造成了一定破坏,抑制农作物生长的问题时有发生。

(四)改良利用措施

一级地是全市综合性能最好的耕地,各项评价指标均属良好型。土层厚,排灌性好,易于耕作,养分含量高,保肥、保水性能好,适宜各种作物生长。该级耕地农作物生产历来水平很高。利用方向是发展高产、优质、高效农业，如无公害蔬菜基地、日光温室、反季节瓜果栽培等。为此，应采取以下改良利用对策：

1. 莱州经济开发区、莱州工业园区分别坐落在城港路、三山岛街道，永安路街道地处莱州市区，沙河、平里店、朱桥是省级中心镇，城镇建设、工矿企业建设与农业用地矛盾突出，要从莱州市市情出发，按照经济可持续发展战略，本着采取最严格措施保护基本农田的原则，控制非农业建设占用农田，统筹安排各类用地，提高土地利用率，保护和改善生态环境。

2. 增施农家肥，大力推行施用商品有机肥，小麦上商品有机肥用量要达到 3000kg/hm^2 以上，蔬菜、瓜果等经济作物要适当增加用量，小麦、玉米一年两季秸秆要全部还田，增加土壤有机质含量。

3. 实施平衡施肥，适量增施钾肥，补施锌、硼微肥，加强小麦、玉米使用化学除草剂的技术指导，严格用量和使用方法，防止土壤污染，提高耕地质量。

4. 采取项目带动等措施，鼓励农民深耕改土，可以每隔 2～3 年深耕一次，深度在 20cm 以上，打破犁底层，消除土壤板结和障碍层次。

5. 土山、沙河、城港路、三山岛等沿海耕地要注意地下水采补结合，干旱年份和季节要控制地下水用量，多利用引黄水源灌溉，防止土壤盐渍化。

6. 发展壮大特色农业，不断扩大驿道镇莱州生姜、平里店镇出口圆葱、程郭镇连郭庄西瓜、沙河镇蒜苗的种植面积，引导农民利用日光温室、大拱棚发展反季节瓜果蔬菜生产，建立标准化生产基地，农业部门要搞好服务，帮助农民建立合作组织，申报注册农产品商标和有机食品、绿色食品标志，扩大国际国内市场，提高经济效益。

二、二级地

(一)面积与分布

二级地综合评价指数为 0.817～0.888，耕地面积 8124.5hm^2，占全市总耕地面积的 10.13%。其中水浇地 3684.5hm^2，占二级耕地面积的 45.35%；旱地 4231.6hm^2，占二级耕地面积的 52.08%；菜地 208.4hm^2，占二级耕地面积的 2.57%(见表 6-5)。

表 6-5 二级地各土地利用类型面积

利用类型	评价单元(个)	面积(hm^2)	占总耕地面积(%)	占二级地面积(%)
水浇地	475	3684.5	4.59	45.35
旱地	473	4231.6	5.28	52.08
菜地	33	208.4	0.26	2.57
合计	981	8124.5	10.13	100

二级耕地主要分布在金城镇、永安路街道、文昌路街道和柞村镇，其中在金城镇所占得比例最大，为 50.99%，在三山岛街道、程郭镇、夏邱镇等乡镇也有少量或零星分布。

(二)主要属性分析

二级地土壤类型以潮土亚类和棕壤亚类等为主，兼有盐化潮土、石灰性砂姜黑土等土壤类型。土壤表层质地以轻壤、中壤为主,兼有部分砂壤和少量砂土。土体构型以中壤均质、轻壤均质、轻壤黏腰、轻壤黏心等为主,兼有少量砂均质等类型。微地貌类型主要有山前倾斜平原、滨海冲积平原、缓丘和丘陵。土层深厚,土壤理化性状良好,可耕性强。农田水利设施较为完善,灌排条件较好,灌溉保证率可达到50%以上。土壤养分均比较理想(见表6-6)。

表6-6 二级地主要养分含量

项目	有机质(g/kg)	有效磷(mg/kg)	速效钾(mg/kg)	有效锌(mg/kg)	有效硼(mg/kg)
平均值	11.8	30.3	117	1.89	0.54
范围值	7.2～19.4	7.6～116.6	35～491	0.49～14.29	0.20～2.09
含量水平	中偏上	中偏上	中等	中偏上	中等

在二级地范围内随机选取10%的管理单元,调查近三年实际的粮食产量生产能力,其中的经济作物统一折算成小麦、玉米一年二作,则年平均粮食产量为13290kg/hm^2(即886kg/667m^2)。

(三)存在的主要问题

二级地主要存在问题是部分耕地环境质量欠佳,灌溉保证率一般,部分地区土体构型夹砂或砂均质,存在漏水、漏肥情况,耕地平整度差。

(四)改良利用措施

二级地以种植小麦、玉米为主,综合性状良好,养分含量在中等偏上水平,生产性能较好,耕地限制因素比较单一,稍加改造即可使产量明显提高。

1. 增施有机肥料,推广小麦、玉米秸秆还田,培肥地力。

2. 氮、磷、钾和锌、硼等微量元素肥料平衡施用,使耕地养分均衡增加。

2. 朱桥镇南部和驿道镇北部要采取深耕等措施,改良土壤质地和构型,消除障碍层。

3. 金城镇西部和南部的原家、凤毛寨、南吕、焦家一带,可与农田基础建设相结合,兴修水利,也可以利用胶东引黄调水工程,扩大灌溉面积,彻底改善灌溉条件。

4. 柞村镇北部属于临疃河水库灌区,灌溉条件好,可实行粮、油、瓜、菜的合理轮作,调剂土壤养分,余缺互补。

三、三级地

(一)面积与分布

三级地综合评价指数为0.738～0.817,耕地面积6919.4m^2,占全市总耕地面积的8.63%,是占全市耕地面积最小的一个等级。其中水浇地1875.8hm^2,占三级地面积的27.11%;旱地4921.2hm^2,占三级地的71.12%;菜地122.4hm^2,占三级地的1.77%(见表6-7)。

表 6-7　　三级地各土地利用类型面积

利用类型	评价单元(个)	面积(hm^2)	占总耕地面积(%)	占三级地面积(%)
水浇地	277	1875.8	2.34	27.11
旱地	503	4921.2	6.14	71.12
菜地	8	122.4	0.15	1.77
合计	788	6919.4	8.63	100

三级地分布比较分散，在文峰路街道、夏邱镇、驿道镇、朱桥镇、三山岛街道等各个镇街均有分布，其中在驿道镇的分布面积最大，达到 1472.9hm^2，占该镇耕地面积的 14.82%。

(二)主要属性分析

三级地土壤主要为潮土亚类、棕壤亚类等，含有部分淋溶褐土、褐土亚类等。耕层质地以轻壤和中壤为主，伴有部分砂壤和砂土。土体构型主要为轻壤均质、轻壤黏心、砂壤均质等，伴有部分中层、砂土均质等。微地貌类型为山前倾斜平原、缓丘和丘陵等。土壤理化性质较好，农田基础设施良好，灌排能力一般，灌溉保证率基本在二水以上。土壤养分含量较高(见表 6-8)。

表 6-8　　三级地主要养分含量

项目	有机质(g/kg)	有效磷(mg/kg)	速效钾(mg/kg)	有效锌(mg/kg)	有效硼(mg/kg)
平均值	11.2	28.9	109	1.69	0.50
范围值	6.7～19.2	6.6～90.0	34～414	0.34～7.88	0.18～1.44
含量水平	中偏上	中等	中等	中偏上	中等

在三级地范围内随机选取 10%的管理单元，调查近三年实际的粮食产量生产能力，其中的经济作物统一折算成小麦、玉米一年两作，则年平均粮食产量为 10620kg/hm^2(即 708kg/667m^2)。

(三)存在的主要问题

三级地部分耕地质地为砂壤或沙土，容易造成养分的流失，同时少部分耕地土壤偏黏，透水透气性差，不利于作物的生长。

(四)改良利用措施

三级地为中产田，可以通过中产田改造措施，提高生产能力。

1. 增施有机肥料和实行小麦、玉米作物秸秆还田，一方面可以培肥地力，另一方面可以改善土壤中偏砂的状况，改良土体构型。特别是驿道镇王河两岸，土壤砂性强，可以通过此措施改善耕层土壤质地。

2. 朱桥镇琅琊岭、驿道镇狼虎埠、夏邱镇北部等地开展农田基本建设，维护和建设水利设施，尤其是农田灌溉设施，提高灌溉保证率。

3. 在土山镇海沧刘家、三山岛街道后邓村西、吴家庄子北为滨海盐化潮土，要调整种植业结构，大力推广节水灌溉，控制地下水开采量，防止土壤盐渍化，利用引黄水源灌溉，提高作物产量。

四、四级地

（一）面积与分布

四级地综合评价指数为 0.636～0.738，耕地面积为 11295.0hm²，占全市总耕地面积的 14.09%。其中水浇地面积为 2511.6hm²，占四级地面积的 22.24%；旱地面积为 8674.6hm²，占四级地面积的 76.80%；菜地为 108.8hm²，占四级地面积的 0.96%（见表 6-9）。

表 6-9　四级地各土地利用类型面积

利用类型	评价单元(个)	面积(hm²)	占总耕地面积(%)	占四级地面积(%)
水浇地	288	2511.6	3.13	22.24
旱地	844	8674.6	10.82	76.80
菜地	9	108.8	0.14	0.96
合计	1141	11295.0	14.09	100

四级地的分布也比较分散，在各个镇街均有分布，在金城镇、文峰路街道、三山岛街道、虎头崖镇、郭家店镇和程郭镇的分布面积较大，所占比例均已接近或超过 20%，其中在三山岛街道的分布面积最大，为 1509.9hm²，占该街道耕地面积的 27.10%。

（二）主要属性分析

四级地土壤有潮土亚类、盐化潮土、酸性粗骨土、棕壤亚类、棕壤性土等，表层质地以轻壤、中壤、砂壤为主，含有部分砂土。土体构型主要有轻壤黏心、轻壤均质、中壤均质、中壤黏心等，兼有部分中层和少量薄层。含有浅黏、夹砂、砾质的障碍层。微地貌类型主要为滨海冲积平原、缓丘、丘陵等。农田基础设施一般，灌排能力较差，灌溉保证率大部分在二水以下。土壤养分含量较为理想，与三级地相比差别不大（见表 6-10）。

表 6-10　四级地主要养分含量

项目	有机质(g/kg)	有效磷(mg/kg)	速效钾(mg/kg)	有效锌(mg/kg)	有效硼(mg/kg)
平均值	11.4	25.45	108	1.57	0.50
范围值	7.7～18.6	6.8～95.3	31～484	0.35～11.89	0.07～2.28
含量水平	中偏上	中等	中等	中偏上	中等

在四级地范围内随机选取 10% 的管理单元，调查近三年来实际的粮食产量生产能力，其中的经济作物统一折算成小麦、玉米一年两作，则年平均粮食产量为 7380kg/hm²（即 492kg/667m²）。

（三）存在的主要问题

该级地土体构型中有较多的轻壤黏心和中壤黏心，土壤通透性较差，对作物生长不利，灌溉保证率也有待提高。

(四)改良利用措施

四级地同三级地相似,同属于中产田耕地范畴,产量限制因素较多,要通过加大中产田改造力度,提高生产能力,促进耕地升级。

1. 增施有机肥,实行秸秆还田,深耕土壤,从而改良土壤表层质地和土体构型,改善土壤的物理化学性能。在郭家店、驿道镇以及朱桥镇东南部、程郭镇东南部,为了解决秸秆还田与牲畜饲草的矛盾,可以实行过腹还田,也可以实行部分秸秆还田或隔年还田。

2. 改善土壤环境,提高自然降水利用率,同时也要维护和建设水利设施,尤其是农田灌溉设施,大力推广节水灌溉,提高灌溉保证率。

3. 优先安排农业中低产田开发项目,加大资金投入,完善基础设施,改善生产条件,使中产田的产量能够大幅提高。

五、五级地

(一)面积与分布

五级地综合评价指数为0.499~0.636,耕地面积为14568.7hm^2,占全市总耕地面积的18.16%,其中水浇地面积为2064.1hm^2,占该级面积的14.17%;旱地面积为12470.5hm^2,占该级面积的85.60%;菜地为34.1hm^2,占该级面积的0.23%(见表6-11)。

表6-11 五级地各土地利用类型面积

利用类型	评价单元(个)	面积(hm^2)	占总耕地面积(%)	占五级地面积(%)
水浇地	233	2064.1	2.57	14.17
旱地	1067	12470.5	15.55	85.60
菜地	7	34.1	0.04	0.23
合计	1307	14568.7	18.16	100

五级地主要分布在郭家店镇、柞村镇、文昌路街道、程郭镇、驿道镇等镇街,其中在郭家店镇的分布面积最大,为4861.7hm^2,占该镇耕地面积的44.17%。在夏邱镇、虎头崖镇、三山岛街道等镇街也有少量或零星分布。

(二)主要属性分析

五级地土壤类型主要为潮土亚类、酸性粗骨土、棕壤性土、棕壤亚类等,含有少量盐化潮土、滨海潮滩盐土等。土壤表层质地主要为砂土、轻壤和中壤。土体构型中含有较多的中层、薄层、轻壤黏心、轻壤均质、砂土均质等。微地貌类型主要为丘陵、缓丘等,伴有少量的滨海冲积平原、低山、海滩。灌溉保证率较低,多为无水区。土壤养分含量较为理想(见表6-12)。

在五级地范围内随机选取10%的管理单元,调查近三年来实际的粮食产量生产能力,其中的经济作物统一折算成小麦、玉米一年两作,则年平均粮食产量为5010kg/hm^2(即334kg/667m^2)。

表 6-12　　五级地主要养分含量

项目	有机质(g/kg)	有效磷(mg/kg)	速效钾(mg/kg)	有效锌(mg/kg)	有效硼(mg/kg)
平均值	10.7	25.7	102	1.49	0.44
范围值	7.2～17.1	6.8～83.6	28～395	0.38～9.12	0.06～1.34
含量水平	中等	中等	中等	中偏上	中偏下

(三)存在的主要问题

一是土体构型中存在较多中层、薄层，理化性状不良，土壤保水、保肥能力差，影响作物生长；二是灌溉保证率低，需要进一步提高。

(四)改良利用措施

五级地分布在低山的中部、丘陵的上部，缺水、坡度大、土层薄是主要限制因素，改良难度大，是莱州市的低产田。可采取以下措施：

1. 改良利用中应多施用有机肥，搞好过腹还田，提高土壤肥力。

2. 加强对农田基础设施的完善和维护，搞好农田基本建设，改善灌溉条件，努力提高灌溉保证率。

3. 适当增施化肥，但化肥要注意分次施用，减轻肥水流失。尤其是在饮马池水库、赵家水库、临疃河水库等生活用水水源地，即可促进作物增产，提高化肥利用率，又可保护饮用水水质，改善生态环境。

4. 进行土地整治，修筑地堰，降低地面坡度，加深土层，防止水土流失，提高水分利用效率。

5. 调整种植业结构，适度扩大种植谷子、甘薯、绿豆等耐瘠薄的作物，发展葡萄、杏、桃子等需水较少的水果。

六、六级地

(一)面积与分布

六级地综合评价指数低于 0.499，耕地面积为 9686.0hm^2，占总耕地面积的 12.08%，其中水浇地面积为 264.3hm^2，占该级面积的 2.73%；旱地面积为 9411.6hm^2，占该级面积的 97.17%；菜地为 10.1hm^2，占该级面积的 0.10%(见表 6-13)。

表 6-13　　六级地各土地利用类型面积

利用类型	评价单元(个)	面积(hm^2)	占总耕地面积(%)	占六级地面积(%)
水浇地	38	264.3	0.33	2.73
旱地	874	9411.6	11.74	97.17
菜地	4	10.1	0.01	0.10
合计	916	9686.0	12.08	100

六级地主要分布在驿道镇、郭家店镇、程郭镇、柞村镇，四个镇六级地所占的比例均已接近或超过20%，其中在驿道镇的分布面积最大，为3011.2hm²，所占比例为30.31%。在文昌路街道、虎头崖镇、金城镇等乡镇均有少量或零星分布。

(二)主要属性分析

六级地土壤类型主要是酸性粗骨土、棕壤性土等。土壤表层质地主要为砂土。土体构型为薄层、中层或极薄层。微地貌类型主要为丘陵、缓丘、低山。灌溉保证率很低，基本无灌溉条件，土壤养分情况一般(见表6-14)。

表6-14 六级地主要养分含量

项目	有机质(g/kg)	有效磷(mg/kg)	速效钾(mg/kg)	有效锌(mg/kg)	有效硼(mg/kg)
平均值	10.7	27.8	96	1.55	0.39
范围值	5.7～16.2	7.6～81.4	33～349	0.47～11.72	0.10～1.09
含量水平	中等	中等	中偏下	中偏上	中偏下

在六级地范围内随机选取10%的管理单元，调查近三年来实际的粮食产量生产能力，其中的经济作物统一折算成小麦、玉米一年两作，则年平均粮食产量为4125kg/hm²(即275kg/667m²)。

(三)存在的主要问题

一是土壤以砂土或砂壤为主，理化性状不良，影响作物生长；二是土体构型差，土层薄，土壤保水、保肥能力差，改良难度大；三是农田的灌溉条件差，大部分无灌溉条件，难以满足大田作物生长的需要。

(四)改良利用措施

六级地分布在低山中部或丘陵的上部，限制因素多，改良难度很大，可采取以下措施。

1. 增施有机肥，培肥地力。六级地全部分布在驿道、朱桥、程郭、郭家店等镇的低山丘陵地区，受地形的限制，农业机械化程度低，要利用作物秸秆大力发展畜牧业，既可以提供役用牲畜，又可以通过秸秆过腹还田，增加有机肥资源量，改善土壤的理化性质。

2. 改坡耕地为梯田，降低地面坡度。倡导农民利用春季农闲时间整修地堰，减轻水土流失程度，保持水土。特别是赵家水库周围要控制氮、磷肥用量，保护饮用水源。

3. 土层薄、基本无灌溉条件是六级地的主要限制因素，要逐年加深耕作深度，逐渐加厚活土层，扩大作物根系吸收范围，增强吸纳自然降水的能力。

4. 种植耐瘠薄、需水较少的花生、药材、杂粮等经济作物和特色作物，提高经济效益。

第二篇 耕地改良与利用对策

第七章 耕地改良利用分区

耕地是农业生产和农业可持续发展的重要基础。耕地维持着作物生产力、影响着环境的质量和动物、植物甚至人类的健康。自1979～1985年第二次土壤普查以来，随着农村经营体制、耕作制度、作物品种、种植结构、产量水平和肥料使用等方面的显著变化，耕地利用状况也发生了明显改变。近年来，虽然对部分耕地实施了地力监测，但至今对莱州市区域内中、低产耕地状况及其障碍因素等缺乏系统性、实用性的调查分析，使耕地利用与改良难以适应新形势下农业生产发展的要求。因此，开展区域耕地地力调查与质量评价，摸清区域中、低产耕地状况及其障碍因素，有的放矢地开展中、低产耕地的科学改良利用，挖掘区域耕地的生产潜力，对于莱州市耕地资源的可持续利用具有十分重要的意义。

第一节 耕地改良利用分区原则与分区系统

一、耕地改良利用分区的原则

耕地改良利用分区的基本原则是：从耕地自然条件出发，主导性、综合性、实用性和可操作性相结合。按照因地制宜、因土适用、合理利用和配置耕地资源，充分发挥各类耕地的生产潜力，坚持用地与养地相结合，近期与长远相结合的原则进行。以土壤组合类型、肥力水平、改良方向和主要改良措施的一致性为主要依据。同时，考虑地貌、气候、水文和生态等条件以及植被类型，参照历史与现状等因素综合考虑进行分区。

二、耕地改良利用分区系统

根据耕地改良利用分区原则，将影响耕地利用的各类限制因素归纳为耕地自然环境要素、耕地土壤养分要素和耕地土壤物理要素，将全区耕地改良利用划分为三个改良利用类型区，即：耕地土壤培肥改良利用区、耕地自然环境条件改良利用区、耕地土体整治改良利用区，并分别用大写字母N、E、P表示。各改良利用类型区内，再根据相应的限制性主导因子，续分为相应的具体改良利用亚类。

第二节 耕地改良利用分区方法

一、耕地改良利用分区因子的确定

耕地改良利用分区因子是指参与评定改良利用分区类型的耕地诸属性。由于影响的因素很多,根据耕地地力评价,遵循主要因素原则、差异性原则、稳定性原则、敏感性原则,进行了限制主导因素的选取。考虑与耕地地力评价中评价因素的一致性,考虑各土壤养分的丰缺状况及其相关要素的变异情况,选取耕地土壤有机质含量、耕地土壤有效磷含量、耕地土壤速效钾含量、耕地土壤有效锌含量和耕地土壤有效硼含量因素作为耕地土壤养分状况的限制性主导因子;选取灌溉保证率、坡度和有效土层厚度作为耕地自然环境状况的限制性主导因子;选取耕层质地和土体构型作为耕地土壤物理状况的限制性主导因子。

二、耕地改良利用分区标准

依据农业部《全国中、低产田类型划分与改良技术规范》,根据山东省各县区耕地地力评价资料,综合分析目前全省各耕地改良利用因素的现状水平,同时针对影响莱州市耕地利用水平的主要因素,邀请具有土壤管理经验的相关专家进行分析,制定了耕地改良利用各主导因子的分区及其耕地改良利用类型的确定标准。具体分级标准见表 7-1。

表 7-1 耕地改良利用主导因子分区标准

耕地改良利用区划	限制因子	代号	分区标准
耕地土壤培肥改良利用区(N)	有机质(o,g/kg)	No	<12
	有效磷(p,mg/kg)	Np	<15
	速效钾(k,mg/kg)	Nk	<100
	有效锌(zn,mg/kg)	Nzn	<0.5
	有效硼(b,mg/kg)	Nb	<0.5
耕地自然环境条件改良利用区(E)	灌溉保证(i,%)	Ei	灌溉保障率低于50%
	坡度(s,度)	Es	>10°
	有效土层(d,cm)	Ed	<60cm
耕地土体整治改良利用区(P)	耕层质地(t)	Pt	砂土、砂壤、粗骨土
	土体构型(c)	Pc	土体中有障碍层次

三、耕地改良利用分区方法

在 GIS 支持下,利用耕地地力评价单元图,根据耕地改良利用各主导因子分区标准在其相应的属性库中进行检索分析，确定各单元相应的耕地改良利用类型，通过图面编辑生成耕地改良利用分区图，并统计各类型面积比例。

第三节　耕地改良利用分区专题图的生成

一、耕地土壤培肥改良利用分区图的生成

根据耕地土壤养分限制因素分区标准把莱州市耕地有机质分为两类，即有机质改良利用区和有机质非改良利用区，有机质改良利用区以代号 No 标注；同样，有效磷改良利用区用代号 Np 标注，速效钾改良利用区用代号 Nk 标注，有效锌改良利用区用代号 Nzn 标注，有效硼改良利用区用代号 Nb 标注。编辑生成耕地土壤培肥改良利用分区图（见图 7-1）。

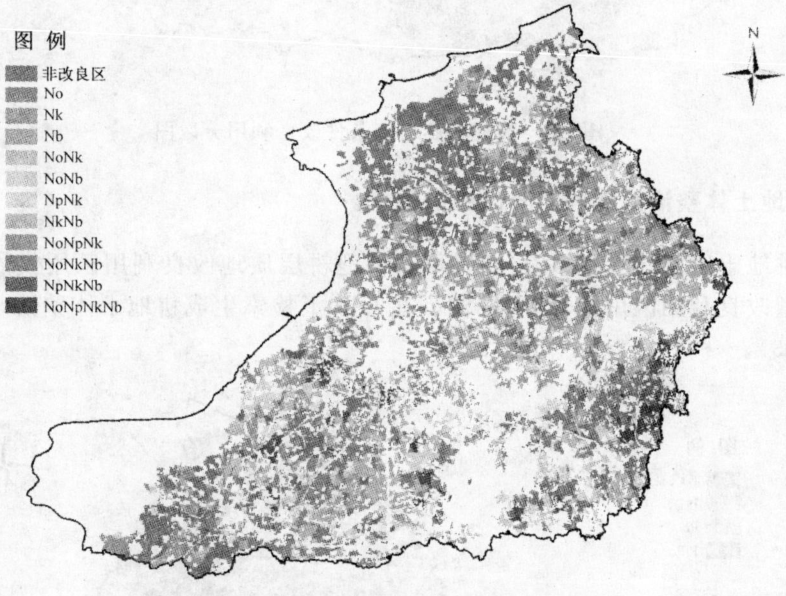

图 7-1　耕地土壤培肥改良利用分区图

二、耕地自然环境条件改良利用分区图的生成

根据耕地自然环境条件限制因素分区标准进行莱州市耕地改良利用分区。灌溉保证条件分为灌溉保证条件改良利用区和灌溉保证条件非改良利用区，改良利用区用代号 Ei 标注；坡度条件分为坡度条件改良利用区和坡度条件非改良利用区，坡度条件改良利用区以代号 Es 标注；有效土层厚度分为有效土层改良利用区和有效土层非改良利用区，有效土层改良利用区以代号 Ed 标注。标注结果见图 7-2。

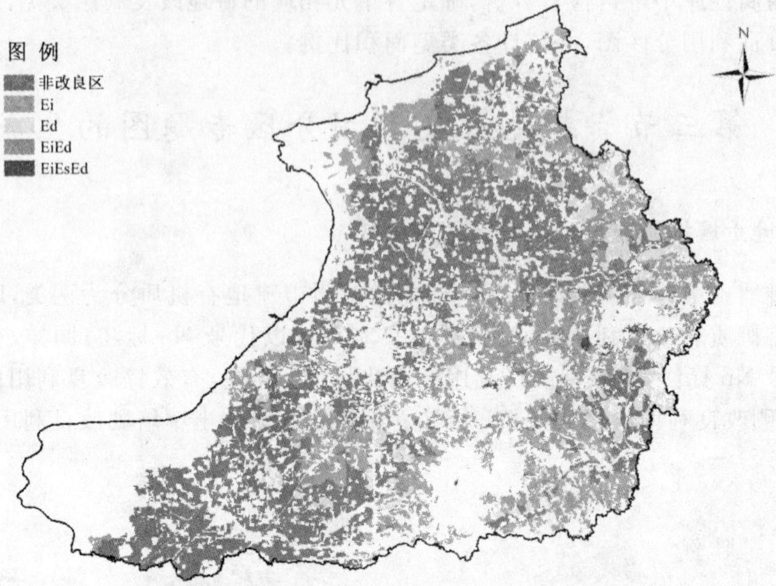

图 7-2 耕地自然环境条件改良利用分区图

三、耕地土体整治改良利用分区图的生成

根据耕地土地条件限制因素分区标准，耕地耕层质地改良利用区用代号 Pt 标注，耕地土体构型改良利用区用代号 Pc 标注。在 GIS 下检索生成耕地土体整治改良利用分区图(见图 7-3)。

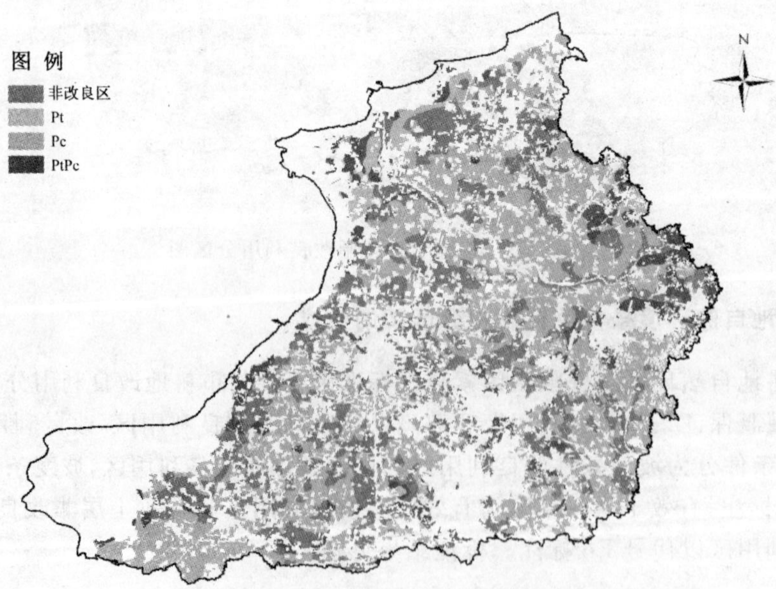

图 7-3 耕地土体整治改良利用分区图

第四节 耕地改良利用分区结果分析

一、耕地土壤培肥改良利用分区面积统计及问题分析

莱州市耕地土壤培肥改良利用分区各改良利用类型面积及其比例见表 7-2。

表 7-2 莱州市耕地土壤培肥改良利用分区面积统计表

改良利用分区	No	Nk	Nb	NoNk	NoNb	NkNb
面积(hm^2)	3473.84	6548.79	12079.39	3947.29	7128.98	9080.78
百分比(%)	4.33	8.17	15.06	4.92	8.89	11.32
改良利用分区	NpNk	NoNpNk	NpNkNb	NoNkNb	NoNpNkNb	非改良区
面积(hm^2)	1658.17	1788.12	1224.03	13500.79	2734.25	17024.57
百分比(%)	2.07	2.23	1.53	16.84	3.41	21.23

由图 7-1 和表 7-2 可以看出,莱州市土壤主要养分状况总体较好,非改良耕地面积 17024.57hm^2,从东北部到西南部沿海岸呈带状分布,占耕地总面积的 21.23%。土壤主要养分需要培肥改良的耕地分布比较广泛,东部、中部和西南部的耕地均需要进行不同程度的培肥改良。主要养分缺乏较严重的镇街有驿道镇、郭家店镇、柞村镇、夏邱镇、沙河镇、程郭镇、朱桥镇、城港路街道和虎头崖镇等。其中单一缺乏有机质的耕地面积为 3473.84hm^2,占耕地总面积的 4.33%;单一缺乏速效钾的耕地面积为 6548.79hm^2,占耕地总面积的 8.17%;单一缺乏有效硼的耕地面积为 12079.39hm^2,占耕地总面积的 15.06%;缺乏有机质和速效钾的耕地面积为 3947.29hm^2,占耕地总面积的 4.92%;缺乏有机质和有效硼的耕地面积为 7128.98hm^2,占耕地总面积的 8.89%;缺乏有效硼和速效钾的耕地面积为 9080.78hm^2,占耕地总面积的 11.32%;缺乏有效磷和速效钾的耕地面积为 1658.17hm^2,占耕地总面积的 2.07%;缺乏有机质、有效磷和速效钾的耕地面积为 1788.12hm^2,占耕地总面积的 2.23%;缺乏有效磷、速效钾和有效硼的耕地面积为 1224.03hm^2,占耕地总面积的 1.53%;缺乏有机质、速效钾和有效硼的耕地面积为 13500.79hm^2,占耕地总面积的 16.84%;缺乏有机质、有效磷、速效钾和有效硼的耕地面积为 2734.25hm^2,占耕地总面积的 3.41%。从各类型面积比例看出,莱州市耕地土壤培肥改良的主要方向为增施钾肥和微量元素硼,同时应注重有机肥料的施用,逐步提高土壤有机质和钾、硼元素含量。

二、耕地自然环境条件改良利用分区面积统计及问题分析

莱州市耕地自然环境条件改良利用区各改良利用类型面积及其比例见表 7-3。

表 7-3　　莱州市耕地自然环境条件改良利用分区面积统计表

改良利用分区	Ei	Ed	EiEd	EiEsEd	非改良区
面积(hm^2)	16920.96	5971.58	11631.2	416.09	45249.17
百分比(%)	21.1	7.45	14.5	0.52	56.43

由图 7-2 和表 7-3 可以看出，莱州市耕地自然环境条件总体较好，沿海岸线的北部、西北部、西南部一带耕地明显好于其他地区。在对莱州市耕地自然环境条分析的基础上，得出 56.43%的耕地面积不需改良，需要改良的面积占总面积的 43.57%，主要分布在莱州市的东南部地区，此外莱州市的西部沿海一带也有零星分布。其中耕地环境条件较差的镇街主要有郭家店镇、驿道镇、程郭镇、柞村镇和虎头崖镇等。其中只有灌溉保证水平需要改善的耕地面积为 16920.96hm^2，占耕地总面积的 21.10%；只有有效土层厚度需要改善的耕地面积为 5971.58hm^2，占耕地总面积的 7.45%；灌溉保证水平和有效土层厚度需要改善的耕地面积为 11631.20hm^2，占耕地总面积的 14.50%；灌溉保证水平、坡度和有效土层厚度都需改善的耕地面积为 416.09hm^2，占耕地总面积的 0.52%。可见，莱州市耕地自然环境条件改良利用的主要方向为改善该区耕地灌溉条件，尤其是东部地区的灌溉条件，提高灌溉保证率；其次增加土层厚度，防止水土流失，保护耕层土壤。

三、耕地土体整治改良利用分区面积统计及问题分析

莱州市耕地土体整治改良利用区各改良利用类型面积及其比例见表 7-4。

表 7-4　　莱州市耕地土体整治改良利用分区面积统计表

改良利用分区	Pt	Pc	PtPc	非改良区
面积(hm^2)	4887.39	41880.54	7569.42	25851.65
百分比(%)	6.09	52.23	9.44	32.24

由图 7-3 和表 7-4 可以看出，莱州市耕地土体结构整体较差，不需改良的耕地面积为 25851.65hm^2，占耕地总面积的 32.24%。需要改良的面积占耕地总面积的 67.76%，且分布非常分散，在市域内的各个镇街均有部分或零星分布。土壤耕层质地较差，以砂壤、砂土为主，需要进行进一步改良。总之，对于需要进行改良的地区宜采取秸秆还田、增施有机肥料等措施，来改善偏砂的土壤表层质地，同时除采取上述措施外，还应采取深耕等措施来改善不良的土体结构，这将是莱州市耕地土体整治改良的主要方向。

第五节　耕地改良利用对策及措施

一、增加经济投入，加大耕地保护力度

农业是既要承担自然风险又有市场风险的弱质产业，保护农业是国民经济发展中面临的重大问题。由于调控体制不健全，受比较利益驱使，各层次资金投入重点向非农业倾

斜，资金投入不足已成为农业生产发展的主要制约因素。要达到农业生产持续稳定发展的目标，就必须增加耕地投入，加强中、低产田改造，不断提高耕地的质量，从而提高耕地利用的经济效益。莱州市宜进一步加强对耕地改良利用的投入，通过对耕地的改良逐步消除制约耕地生产力的限制因素，培肥地力，改善农业生产条件和农田生态环境。

二、平衡施肥，用养结合，增施有机肥料，培肥地力

长期以来，莱州市在耕地开发利用上存在着重利用轻培肥、重化肥轻有机肥等弊端。虽然全市化肥的施用量逐年增加，但有机肥投入量却逐年减少，且投入的化肥以氮、磷肥为主，引起土壤养分特别是速效钾和微量元素含量的下降与矿质养分的失衡，导致耕地肥力下降。全市普遍存在速效钾含量偏低和微量元素特别是有效硼含量偏低等限制性因素，因此莱州市要持续提高中、低产耕地的基础地力，为农作物高产创造条件。必须将用土与养土妥善结合起来，广辟有机肥源，重视有机肥的施用，推广普及小麦、玉米秸秆还田和施用商品有机肥、有机无机复混肥。同时应利用耕地地力调查评价成果，全面普及测土配方施肥技术，科学指导化肥的调配，采用科学方法优化平衡施肥，大力推广应用配方肥，重视合理增施钾肥和微肥，不断培肥地力，实现中、低产耕地资源的永续利用。

三、加强水利建设，改善灌溉条件，注重农田基本设施建设

水是作物生长的必要条件，灌排条件与耕地的基础地力有着密切的关系。因而可以通过采取以下措施，实现自然降水的空间聚集，改善区域农田的土壤水分状况，推广节水灌溉技术，推广喷灌、滴灌、涌泉灌、肥水一体化等节水灌溉新方法、新技术，改善和扩大灌溉面积。

1. 健全灌溉工程，改善灌区输水、配水设备，加强灌溉作业管理。应加强水利建设，合理安排水利规划，加强水利工程管理，进一步推广固定管道和塑料软管输水，减少渠系渗漏，提高灌溉水的利用率。山地、丘陵、梯田每年春季要修筑田埂，防止水土冲刷，保持水土。

2. 人工富集天然降水，建造大、中、小型蓄水池、塘坝等蓄水体系，将集纳雨水、拦截径流和蓄水有机结合起来，在作物需水的关键时期进行灌溉，解决作物的需求和降水错位的矛盾，以充分发挥水分的增产效果。

3. 改善土壤结构，增加土壤的蓄水能力，通过对土壤增施有机物料(如施用有机肥、秸秆还田等)和应用土壤改良剂，改良土壤结构，增强土壤结构的稳定性，提高土壤对降水的入渗速率和持水量。

四、采用农业措施改良土壤质地、改善土体结构

莱州市东南部山区耕地土壤限制性因素主要为土层薄、水土流失严重，要从调整土地利用结构和农田基本建设入手，改广种薄收为集约经营，改单一经营为农、林、牧、副全面发展，因地制宜，全面规划，综合治理，持之以恒，实行生物措施与工程措施相结合，坡地治理与沟渠治理相结合，田间工程与蓄水保土耕作相结合。在粮食生产能力很差的石质土、粗骨土和棕壤性土、褐土性土上，因地制宜地大力发展果、药土特产，在土层较厚的地方，

可以发展果粮间作，在交通不便的山区选种板栗、银杏等，以尽快提高经济效益。在土层薄、水土流失严重的地方，应先种草、养畜，发展牧业生产。

五、集约化利用耕地资源，发展生态型可持续农业，改善生态环境

耕地生态环境质量的高低是保证农作物持续稳产、高产、优产、高效的重要前提。根据莱州市资源优势以及生态环境的特点，因地制宜地利用耕地资源，通过合理轮作、科学间套种等措施，增加复种指数，努力提高耕地资源的利用率；注重多物种、多层次、多时序、多级质能、多种产业的有机结合，农、林、牧、副、渔并举，建立生态型可持续农业系统，达到经济、生态和社会效益的高度统一。此外，应重新审视耕地承包到户政策所致的耕地经营权分散在新形势下出现的不利于耕地资源规模集约经营的缺点，努力探讨建立"公司＋农户"或各种专业化合作组织等耕地规模集约经营模式，办好土地流转服务中心，积极引导耕地向种植大户、经营大户、种田能手转移，提高全市耕地资源的集约经营水平，使有限的耕地发挥最大生产潜能，让农民获得最大的经济效益。

第八章 耕地资源合理利用

第一节 耕地资源的现状与特征

一、总量严重不足

近年来，莱州市经济发展突飞猛进，基础设施建设项目较多，大莱龙铁路、G206 高速公路、S264 公路、莱州港疏港公路、南水北调胶东引黄调水工程以及城市建设、工矿企业等建设项目占用了大量土地，其中大部分是耕地。由于建设用地增加较快，耕地占补平衡矛盾十分突出。一些容易开发的未利用土地已经垦殖利用，耕地后备资源所剩无几，基本开发殆尽。如果继续占用耕地，势必会冲击莱州市基本农田第三轮规划期（2006～2010年）保护面积为 72840hm^2 这条红线，形势十分严峻。随着社会的不断发展，各项建设不可避免地仍要占用耕地，人地矛盾将更加突出。

二、耕地质量不高

一是土壤肥力水平较低，养分不均衡，土壤产出能力较差。在农业生产中，肥料用量不合理，施肥技术不科学，只注重施用化学肥料，忽视了有机肥料；只注重施用氮、磷肥料，忽视了钾肥及微量元素肥料，破坏了土壤结构和土壤养分平衡，甚至导致土壤酸化和盐渍化，影响了土壤肥力的提高。二是耕地障碍因素较多，影响种植业生产。三是耕地综合生产能力差，农田基础设施等影响农业持续发展的限制因素多，后劲严重不足。四是工矿企业“三废”排放严重，特别是夏邱镇、柞村镇的石材加工业，沙河镇的废旧塑料加工业，虎头崖镇、永安路街道的轻烧粉加工业，对耕地及灌溉水源造成的污染比较严重。

三、土地资源配置不合理

当前虽然耕地十分紧张，但仍然存在土地资源利用不够充分的问题。一是耕地改作他用，浪费了耕地资源。主要是在耕地种植速生杨、高等级公路两侧绿化带过宽等。二是一些开发难度大的荒岭坡、荒沟、废弃道路、河渠、塘库旁尚未被充分利用，植树造林和发展畜牧业尚有较大空间。三是建设用地批而不用、批而不建以及废弃闲置等圈地撂荒现象时有发生，农村房屋长期闲置问题严重，浪费了宝贵的土地资源。四是农作物布局尚需调整。近几年农作物布局虽然取得了重大成效，全市粮、经比例日趋合理，但仍有很大的调整余地，特色和优质高效作物还有发展空间。山区发展干果，既能抗旱，又有较高的经济效益。据调查,正常年份,干果产值是粮食产值的3～10倍。特别是部分山丘区粮油种植部位过高,土壤翻动次数频繁,不利于水土保持,必须从大农业观点出发,做到因土、因地种植,提高生态效益和经济效益。

四、潜力挖掘不够

应该看到,"一要吃饭,二要建设"是土地利用所面临的两大难题。随着城市化进程的加快和经济建设快速发展,城市建设、工矿企业用地、交通建设、水利设施占地的不断增加,城乡居民住房条件的不断改善,小城镇及城乡一体化建设,使耕地面积逐年减少,农业生产可利用面积逐渐萎缩变小,发展空间受到限制是不可逆转的现实。因此,加大种植制度改革和种植业内部结构调整力度,推广多茬、立体栽培的种植模式,最大限度地发挥土地的生产潜力,提高土地实际利用率,这是现代农业发展的必由之路。为此,必须大力推广间作套种、立体种植及一年两收、两年三作等高产高效、轮作换茬栽培技术模式,使耕地得到充分利用。特别是推广应用作物优良品种、农业新技术新成果和农业产业化的发展,提高土地的生产能力和单位面积产量,增加粮食产量和提高农业经济效益。

第二节 耕地改良的实践与效果

多年来,莱州市市委、市政府对耕地改良工作重视,措施得力,成效显著。农业部门根据耕地的高、中、低产量水平和不同障碍因素,制定了不同的耕地改良方案,收到了良好的效果。

一、低产田改造开发

莱州市低产田的主要限制因素是土层薄,水土流失严重,无灌溉条件,抗旱能力差。自1997年以来,莱州市累计投入资金5788万元,在驿道镇、郭家店镇、程郭镇等镇街改造低产田10000hm^2。累计新打机井402眼,铺设管道435km,新建蓄水池12个、扬水站9座、拦河坝1座、桥涵1040个,整修机耕路402km,新建林网9100hm^2。项目区全部实现了"田成方,林成网,旱能浇,涝能排",对提高粮食产量和农业综合效益起到了积极作用。到2008年,累计增产粮食1.7×10^8kg,蔬菜7.4×10^6kg,果品3.92×10^6kg,带动增加农民收入1.9亿元。

今后一段时间,低产田改造将以农民增收、粮食增产为目标,以优势农产品产业化为主攻方向,按照"区域化布局,规模化开发、基地化建设,标准化生产,产业化经营,外向化发展"的总体思路,着力加强农业基础设施和生态环境建设,推进农业产业结构调整,培植一批优势农产品生产基地。到2020年,力争完成低产田改造16700hm^2,规划建设优质粮食生产基地13300hm^2,优质水果基地2000hm^2,出口蔬菜基地1300hm^2。推动农业产业结构进一步优化,区域规模更加突出,农产品优质率达到95%以上,农业综合效益、粮食产量明显提高,农民人均收入较非项目区提高200元以上,生态环境明显改善,达到经济社会生态效益的有机统一。

二、中产田转化升级

中产田的主要限制因素是土地平整度低，排灌保障率不高，土壤养分不平衡。自2008年以来，在平里店镇、金城镇、朱桥镇等镇开展了标准粮田建设，促进了中产田的转化升级。累计维修田间道路220km，新修田间道路32km；疏挖排水沟160km，新挖排水沟35km；维修桥涵25座，新修桥涵90座；维修机井105眼，新打机井30眼；新建机井房30座；维修地下管道30km，新铺设地下管道70km；铺设农田供电地下电缆8km，平整土地920hm^2。通过实施标准粮田建设项目，1300hm^2粮田生产基础设施进一步配套，极大地改善了粮田灌溉条件，一改过去靠天吃饭的状况，由原来的旱作雨养农业变成了旱能浇、涝能排的标准粮田，促进了项目区农业生产可持续发展。同时，还充分利用自然降水，实施节水灌溉，大大缓解水资源的供需矛盾。通过项目建设，项目区1300hm^2粮田的基础设施、土壤地力状况得到较大改善，先进实用技术得到推广应用，项目区的粮食综合生产能力进一步提高。与项目建设前相比，粮食增幅可达10%以上，社会效益也得到显著提高。

三、高产田提高产出

莱州市的高产田主要分布在城港路街道、三山岛街道、平里店镇、沙河镇、土山镇等镇街。2008年以来，根据耕地产出率不高的问题，在20000hm^2粮食高产区开展了以增加土壤有机质含量，提高土壤肥力为主的现代农业建设。推广深耕改土、玉米秸秆还田、增施商品有机肥和配方肥等关键措施，平均玉米秸秆还田量7500kg/hm^2，深耕20～25cm，商品有机肥用量2250～30000kg/hm^2，配方肥用量600kg/hm^2。通过推广秸秆还田技术，有效解决了秸秆焚烧堆积带来的环境污染问题；通过采用精量播种、增施有机肥和生物肥、平衡配方施肥、节水灌溉技术、病虫害综合防治等技术，减少了小麦和玉米种子、农药、化肥用量，减轻了农用物资对农田和周边地区环境的污染，节约了生产成本，为发展生态、可循环农业提供了示范。每年增产小麦7.32×10^6kg，玉米9.6×10^6kg，共可以增加农民收入2714万元。实现了经济效益、生态效益和社会效益的同步增长。

第三节　耕地资源合理利用的对策

一、防治耕地污染，保护耕地环境

生态环境退化是指由于人类对自然资源过度和不合理利用而造成的生态系统结构破坏、功能衰退、生物多样性减少、生产力下降以及土地生产力衰退、水土资源丧失等一系列生态环境恶化现象。其特点是：一旦生态环境遭到破坏，生态平衡失调，恢复起来就非常困难，一是花钱多，二是费时长，而且有些破坏甚至是不可逆转的。环境污染既是导致环境退化的重要原因，又是环境退化的集中表现。因此，必须采取适当的对策来遏制环境污染的发展势头，逐步从根本上来解决污染问题。

(一)协调"人口—资源—环境"三者之间的关系

由于我国人口众多,增长较快,引起的资源短缺、环境恶化等问题已越来越严重。多年来,为了满足人口迅速增长的需要,在不同程度上对资源采取掠夺式的开发经营,致使资源衰退,破坏了人与资源的平衡关系。为了提高农牧业产量,大量使用化肥和农药,造成了环境污染越来越严重,又加速了这种破坏的进程,人口、资源、环境三者之间的矛盾更加突出。因此,在人口得到有效控制的前提下,必须大力提高人口素质,包括文化素质、科技素质和社会公德。尤其要加强生态、环境知识的教育和普及。要认识到我国农村生态环境恶化的现状及其严重的危害,要有危机感、紧迫感和责任心。树立生态意识和环境意识,在提倡物质文明和精神文明的同时,提倡生态文明。

(二)加强法制观念,强化科学管理

认真学习、宣传,自觉遵守有关森林、土地、水、环境等方面开发、利用和保护的法律法规。按照法律法规对资源环境进行合理开发、利用和保护。

要制定和完善农业生态平衡的环境政策。莱州市的具体情况,目前要侧重以下几个方面:一是遏制企业对环境的污染破坏,坚决取缔、关停污染严重、治理无望的企业;对退耕还林、还草、还水要制定一套完整的政策法规,由群众来监督地方官员认真执行。二是对土地施用有机肥、实施生物防治、地膜回收等进行奖励,以绿色规划布局莱州市的种植业结构,制定出农牧产品优质优价的政策,鼓励农民在生产过程中严格按照绿色产品的要求组织生产。

(三)综合规划全面发展,走生态农业之路

生态农业是以生态经济学原理和系统工程方法为指导,采用农业生态工程技术,发展传统农业技术和现代农业技术有机结合的具有良性循环的高效集约农业。要采取开发农村能源,保护自然资源,多用有机肥和生物农药,减少化肥和化学农药的使用,减少外部投入污染源,降低污染,用地养地,精耕细作,改革调整农业结构等一系列措施。在当前对资源破坏严重、环境恶劣、生态脆弱地区,要确实搞好产业结构调整,退耕还林、草、水,进行资源重组,生态恢复和重建工作,有效遏制土地酸化、毒性化、有害化的发展趋势。

(四)积极引进、研究和推广高新农业技术,尤其是高新生物技术

科学技术是第一生产力,只有依靠科学进步、技术创新,才能在发展生产和经济的同时,做到资源合理利用,环境有效保护,协调好"人口—资源—环境"三者之间的关系。在莱州市要重点解决:优质作物品种选育及其高产栽培管理技术;优良畜禽品种选育及其高效饲养管理技术;生物防治技术;畜禽粪便、秸秆等农业废弃物的无害化、资源化处理技术;绿色食品、有机食品等生产配套技术等。这些具体的技术问题不解决,要实现协调好经济发展、资源开发和环境保护三者之间关系的既定目标,只能是一句空话。这就要求全市各职能部门,充分利用本部门的优势,努力去为农业、农村和农民解决技术难题。

二、合理配置耕地资源,优化农业产业结构

(一)积极发展畜牧业,努力实现农、林、牧综合发展,建立良性循环的优化农田生态系统

因地制宜,积极推广各种生态畜牧业发展模式。根据当地的地理特征、种养方式,坚

持适度规模，尽量降低成本，因地制宜积极探索建立农牧结合生态循环型畜牧业发展的模式。要优先推广就地结合、就地利用的“零排放”模式，实现养殖排泄物全部资源化利用；对于畜禽粪便超过周边承载量的中、大型规模养殖场和专业生产区，要尽量在异地配套相应承载利用能力的种植业基地，着力培育畜禽肥水、沼液综合利用的中介服务组织，推动畜禽排泄物的异地资源化利用；对于平原、丘陵地带的中小规模散养密集地区，要采取分散与集中处理相结合的办法，畜禽粪便收集后发酵处理，养殖户一户或联户建立沼气池，沼液、沼渣收集后作肥料还田；要积极引导散养密集区异地兴建生态小区或规模场，实现人畜分离，改善村庄环境；对于资金、技术实力比较雄厚的大型养殖场，要积极提倡配套一定面积的综合性农、林、渔业生产区域，实现整个区域内资源循环、生态平衡。

依靠科技，提升农业资源循环利用水平。要根据农作物在不同农时对肥料的需求及土壤地力情况，研究科学使用化肥和有机肥的方法，努力做到既推进农牧结合，又节约肥料资源，既改善土壤地力，又保护生态环境。要研究更加科学有效的畜禽粪便工程处理技术、环保节约型饲料技术、有机肥与化肥复配技术，科学评估农牧结合对经济效益、生态环境影响等，为推进农牧结合、建设生态牧业和良性循环的优化农田生态系统加强科技支撑。

(二)农牧结合的措施和技术

1. 加强示范推进。结合高效生态农业示范园区建设、沃土工程、测土配方、畜禽养殖场排泄物治理和农村能源建设工程等项目，扩大农牧结合、生态畜牧业发展的试点范围，采取“政府引导、项目带动、业主为主、市场运作”方式加快试点和实践。

发展畜牧业，实行农牧结合，不仅是提高我国畜牧业生产水平，满足人民生活需要的主要途径，也是促进农业发展，提高农民收入的重要措施。在丘陵低产地区的综合治理过程中，积极发展畜牧业生产，既可以加速农田生态系统的综合治理，又为综合发展建立良性循环的农业生态经济系统提供了必要的基础。在丘陵低产田综合治理工作中，根据当地农业生产的实际情况，研究总结出了一套农牧结合配套技术，促进了畜牧业发展。

2. 优化政策导向。重点培育农牧结合型的新型主体，对实施农牧结合的专业服务公司、合作组织和种养企业(场户)加大扶持力度，对发展生态畜牧业所需的管网设施、沼液肥水储存池、槽罐运输专用车等实行财政补助，出台商品有机肥推广应用补贴政策，鼓励种植基地(大户)、专业合作社和农户使用商品有机肥。凡国家和省投入资金扶持发展的高效生态农业、建设生态规模养殖场(小区)、实施中、低产田改造和沃土工程项目、测土配方施肥项目、果园改造等项目和各类无公害基地(产品)认定等项目，都要把农牧结合、发展生态畜牧业作为重要内容，充分发挥好政策的引导作用，促进各类项目提升综合效益。

三、实行平衡施肥，建设无公害农产品基地

(一)配方施肥技术的研究和应用

通过单因子和多因子长期定位试验，研究总结出了土壤肥力调控的配套技术措施，除增加土壤有机质含量外，合理的氮、磷肥配合比例对协调土壤供肥能力和作物产量的关系有很重要的意义；合理的氮、磷肥配合比例对于提高氮、磷肥的利用率有很重要的理论和现实意义；合理的氮、磷肥配合比例也有利于减少施肥对环境的污染。试验证明，综合治理初期的

中低产田的施肥比例（N∶P_2O_5）为1∶0.4～0.6时为宜，其最适比例为1∶0.5，即纯氮（N）用量控制在90～150kg/hm²，五氧化二磷（P_2O_5）用量控制在60～75kg/hm²，为最佳经济用量。

（二）土壤有机质的提升

提高土壤有机质的途径和措施主要是：

1. 秸秆还田的推广与应用

目前，作物秸秆还田是提升土壤有机质含量的重要措施。近几年来，农业部和地方政府都高度重视秸秆还田的推广与应用，农民也普遍提高了对秸秆还田的认识，科研和技术推广部门研制了适用于配套不同动力的秸秆还田机械，使秸秆还田技术得到了广泛推广与应用。目前，莱州市小麦高留茬面积达到98%以上，玉米秸秆还田面积也逐年递增。

2. 增产和开辟有机肥源

（1）以无机肥料增加有机肥源。合理使用化学肥料，大幅度增产农作物的生物产量。一般每增产1kg小麦、玉米相应增产的秸秆数量分别为1.2kg、l.8kg。含有机质10.0g/kg，矿化率为3%的土壤，如果玉米产量为6000kg/hm²，则玉米秸秆产量相应为10800kg/hm²，只需投入31%的玉米秸秆，即可维持腐殖质平衡。

（2）以高产田秸秆培肥低产田。低产田产量低，每年生产的作物秸秆全部还田，仍难达到培肥要求；中产田生产水平一般，每年可产秸秆只能满足本身培肥需求；高产田土壤有机质含量一般较高，每年生产的秸秆除满足本身培肥需求外，可以拿出一部分用于培肥中低产田土壤，使全部土壤有机质得到全面保持与逐步提高。

3. 改善有机物料还田程序

现行秸秆还田程序有五种形式：

（1）直接还田。绿肥和作物秸秆直接归还土壤，省工省时，应多在燃煤充裕、水源较好地区推行。水源困难地区，土壤中的秸秆腐解之前，会架空耕层，对耕作管理和作物生长有一定的影响。直接还田的另一种方式是将秸秆粉碎，覆盖于田间，经过初步分解，在后茬作物播种前耕地时施入土壤。秸秆直接施入土壤和覆盖还田，增加土壤有机质的积累，特别是秸秆覆盖还田可以提高土壤蓄水保墒能力，调节土壤温度，增加株间二氧化碳浓度，改善土壤结构状况，协调土壤养分的供应，促进盐碱土的脱盐，具有省工、节能、减少杂草和防止水土流失等作用。

（2）堆沤还田。秸秆经过粉碎堆沤施入土壤，可以避免直接还田中的消极影响。但是，无论直接还田或堆沤还田，秸秆中的大量粗蛋白和碳水化合物未经过中间利用过程，直接进入土壤，经济效益较差。

（3）过腹还田。以可食用绿肥青体和作物秸秆饲养食草牲畜、禽类，以畜禽粪便回田培肥土壤。

（4）根茬还田。利用土地比较宽裕的低产土壤种植一部分牧草，以地上部分喂养畜禽，粪便回田；以地下部分和残落茎叶培肥土壤。一般作物根茬总量约为其秸秆总量的1/4～1/3，单产6000kg/hm²小麦，秸秆产量约为7200kg/hm²，根茬总量约为2400kg/hm²。不少地区有机肥质量较差，施用量亦少，但土壤有机质仍然比较稳定，作物根茬还田起了重要作用。

(5)沼渣沼液还田。以秸秆可食部分发展食草牲畜,以人畜粪尿和剩余不可食用秸秆发展沼气,所产沼气用做燃料,沼渣沼液还田培肥土壤。

以上五种还田程序,以沼渣沼液还田程序最为完善,秸秆过腹还田和根茬还田培肥作用和经济效益亦较好,秸秆直接还田或堆沤还田适于燃煤充裕、饲草充足的灌溉农业地区。

4. 制定和执行严格的土地和土壤保护制度

莱州市人均耕地只有 $0.093hm^2$,低于全国水平,仅相当世界人均耕地 $0.25hm^2$ 的37.2%。随着人口增加,城镇化、工业化进程的加快,继续占用耕地不可避免,所以现在供需矛盾非常突出,每年需要建设用地大概仅能满足 50%,全国基础设施和基本建设所需建设用地也只能满足 1/3 和 1/2,所以合理规划利用有限的土地资源,节流开源并举,走出一条节约集约、高效率、高产出的土地利用新路。

节约集约,转变土地利用方式。一是重大基础设施建设和基础产业布局要科学规划、合理布局,避免低水平重复建设,浪费土地资源。二是要科学安排城镇建设和相关行业规划的用地规模及标准。应按照节约集约的原则,优化用地结构,压缩占地规模,控制城市盲目扩张,合理安排基础设施建设。

挖潜开源,拓展城乡建设用地新空间。一是鼓励通过整理、复垦和开发补充耕地。二是提高现有建设用地利用效率。优先开发利用城市建设用地中空闲、闲置和批而未供的土地。在尊重农民意愿和民风民俗的前提下,按规划逐步实施迁村并点,治理"空心村",加大村庄合并力度,力争在3～5年内,全市行政村由1017个合并成800个左右。三是合理调整土地利用总体规划和城镇规划布局,城镇发展尽可能使用未利用地和山坡地,尽量少占耕地。

保护耕地,数量是基础,质量是关键,在保护耕地数量的同时,要特别注意保护耕地质量。土壤是土地的精华,平整土地等田间工程以及在田间取土、挖沙,注意保留多年培肥熟化的耕层表土,挖取底土,并及时复原表土。基建占地力求避开富含有机质的高肥力土壤,尽量安排在瘠薄低产土壤。占用农田营造建筑物之前,应将富含有机质的表土运走,覆盖于土层薄、质地差的土壤之上。对暂时尚未利用的荒草地也要注意保护,以防破坏生态,降低肥力,引起水土流失。

5. 土壤有机质增减预测

根据土壤有机质积累转化规律及其系数,进行土壤有机质动态趋势与增减幅度概算以及培肥目标实现时期预测。例如:土壤有机质含量10.0g/kg,腐殖质年矿化率3%,耕层土壤质量按 $2.25\times10^6 kg/hm^2$,则土壤腐殖质每年损耗量为 $675kg/hm^2$。如果每年投入玉米秸秆 $3375kg/hm^2$,玉米秸秆腐殖化系数为0.20,则土壤腐殖质每年积累量亦为 $675kg/hm^2$。土壤腐殖质积累损耗基本相抵,可以保持平衡。如果每年投入玉米秸秆 $5625kg/hm^2$,从腐殖质积累量中扣除损耗量,每年可有 $450kg/hm^2$ 盈余,土壤有机质每年可以增加0.2g/kg。随着土壤有机质含量提高,腐殖质矿化率及矿化量相应增加。如果预期在10年期间把土壤有机质含量由原来的10.0g/kg提高到12.0g/kg左右,每年投入玉米秸秆数量应该保持在 $5625kg/hm^2$ 以上。

四、加强耕地质量管理

主要是建立健全耕地质量监测体系和耕地资源管理信息系统，对耕地质量进行动态管理；健全耕地保养管理法律法规体系，依法加强耕地地力建设与保养管理；建立耕地保养管理专项资金，按照 WTO 规则，加大政府对耕地质量建设的支持力度等。

尽可能降低蔬菜中的硝酸盐，其主要措施包括有机肥与无机肥的配施，追肥尽量选用尿素，基肥最好是复合肥与有机肥配施，注意收获前 10～15 天不要进行追肥，在不影响蔬菜商品价格的前提下，尽可能推迟收获时间。

DDT 和氟化物超标很严重的蔬菜地，目前不可作为无公害蔬菜基地，因对它们进行降解的有效措施不多，只能依靠自然降解能力使其降到符合无公害蔬菜基地环境标准后，再考虑将其作为无公害蔬菜基地。

我国于 20 世纪 80 年代初已经停用如六六六、DDT 等高残留有机氯农药，总体上的耕地污染程度大大下降，但目前个别地方仍然有污染超标的情况，主要原因可能是这些农药的药效比目前的生物农药快，且价格也便宜，这就促使个别菜农为一时的利益而不顾广大人民的身体健康，因此有必要加大监督力度。

关于无公害蔬菜有害物含量及其基地的环境条件标准制定，由于各个地区气候、土壤、水质及菜农的管理方式等存在差异，目前应采取国家与地方具体情况相结合的原则，制定出合理的标准。从长远来看，因我国已加入 WTO，尽可能在较短的时间内与国际接轨，才能使我国蔬菜在国际市场有一席之地。

第九章　耕地资源配置及农业结构调整

第一节　不同种植方式经济效益分析

与国内其他地区一样，目前，莱州市也面临着农产品买难卖难、价格下降、农民收入增长缓慢等难题。面对难题，莱州市市委、市政府从调整农业结构入手，瞄准主导产业，紧紧围绕增加农民收入这个核心，突出粮食生产、结构调整、培育龙头和农业科技四大重点，采取多种方式促进农业和农村经济全面、协调、可持续发展，实现了农民收入的较快增长。一是加快推进优势农产品区域规划的实施，促进优势粮食产业带建设，优化粮食品种结构和促进粮食加工转化。二是落实对种粮农民的直接补贴政策，调动农民种粮积极性，努力恢复了粮食生产。同时，集中力量加快中、低产田的改造，大力发展节水灌溉和旱作农业，使粮食综合生产能力大幅提高。三是在保护和提高粮食综合生产能力的前提下，按照“优质、高产、高效、生态、安全”的原则，突出特色抓结构调整，大力发展无公害蔬菜、特色作物、优质果品等优势产业，提高了农产品市场竞争力。四是培育龙头基地，紧紧围绕优势产业，总结推广。五是全面推行农业标准化，目前莱州市已设立了农产品质量检测中心和快速检测点，完善了农产品质量安全体系。六是抓科技促教育。2010 年以来，莱州市集中力量加强科研攻关和技术推广，先后推广了 20 多项重点科技成果。种子包衣、大棚种植、配方施肥、病虫害综合防治和旱作农业等重点技术也得到广泛应用，对农民增收的支撑和促进作用得到有效发挥。

与此同时，莱州市全面加强农民科技培训，大力实施了“绿色证书工程”、“青年农民科技培训工程”及农村富余劳动力转移就业培训、农村远程教育培训、科技大集活动、科技人员联系种养大户活动、举办专题讲座活动等。

总的来说，随着农业结构调整的不断深入，莱州市的粮经已基本趋于合理。但种植粮食效益仍然比较低，蔬菜与果品效益较高，其中日光温室效益最高达每亩为 10482 元，其次是果园 3600 元、最低的是粮食作物每亩仅为 876 元。因此，近年来，莱州市委市府把粮田、蔬菜、果品的生产效益继续作为种植业结构调整进一步优化的主要依据，即重点发展以日光温室大棚为主的基础农业和苹果密植园改造，并着力提高农产品附加值，增加农业产出效益（见表 9-1）。

表 9-1 不同种植方式经济效益分析

作物	产出量 (kg/667m²)	平均单价 (元/kg)	产值 (元/667m²)	生产成本 (元/667m²)	效益 (元/667m²)
苹果	2500	2.40	6000	2400	3600
葡萄	1842	2.20	4052	1600	2452
露天蔬菜	3713	1.54	5718	1200	4518
日光温室	6762	2.26	15282	4800	10482
塑料大棚	5219	1.96	10229	2600	7629
粮食	831	1.80	1496	620	876

第二节 农业结构调整规划

一、按照市场规律调整产业结构

根据耕地地力分级和质量评价结构、水资源状况和农业生产现状，按照充分利用土地资源、发展规模生产、提高产品品质和效益的原则，把加快农业结构调整，引导农民跳出农业抓增收，提前基本实现农业农村现代化目标的重要环节来抓。按照这个原则，莱州市在农业方面应进行五个方面的调整：一是在种植业内部结构调整上，围绕优势产业，重点发展了优质苹果、出口生姜、圆葱和高效经济作物。二是在大农业结构调整方面，积极发展畜牧业，因地制宜，积极推广各种生态畜牧业发展模式，努力实现农、林、牧综合发展，建立良性循环的优化农田生态系统。三是在品种结构调整上，重点抓好加工、出口专用品种。采取企业与农民签订合同的方式，发展订单基地，种植出口花生。四是在品质结构调整上，主要抓标准化生产。组织技术骨干加强对无公害农产品生产技术试验、攻关，制定花生、果品、瓜菜等无公害标准化生产技术。五是在全市农村经济结构调整上，引导农民跳出农业抓增收。

二、突出做好苹果产业

在果树生产上，莱州市的苹果生产发展应以可持续发展为原则，以市场为导向，以现代技术为依托，加速实现苹果种植区域化、品种良种化、管理集约化、生态效益一体化。

1. 调整品种结构，丰富品种资源。目前，莱州市苹果品种结构存在的主要问题：一是晚熟品种比例过大，品种单一，红富士苹果栽培面积占苹果总面积的85%以上；早、中熟品种比例过小；中熟品种缺乏名牌。二是主栽品种均为红色品种，黄、绿色未形成品种规模生产。三是加工品种未形成规模化栽培，制约了加工业的发展。为此，应发挥区域优势，采取面上控制，局部发展的措施，通过考察论证，引导果农淘汰老果园，改造幼龄或初果期长的富士果园，发展优良晚熟品种；积极引进中熟品种，发展红将军等品种；适当引进发展黄、绿色优良品种，适应市场需求。

2. 加速新技术新成果的转化应用。充分利用果树生产的新技术、新成果,加强现有果园的改造与管理。一是通过间伐等措施,加大行间距,解决枝量过多、果园郁闭的问题。二是增施有机肥,推广应用生物肥,逐步减少直至禁用化学肥料。三是全面推行覆盖制,提倡覆草或种植绿肥。四是按照绿色食品生产标准,禁止使用高毒、高残留化学农药,提倡以菌治虫、以菌治菌,以虫治虫等生物防治技术,推广应用植物源、矿物源农药,加强综合防治,生产优质、安全的果品。五是搞好产后处理,加强储运冷链建设。

3. 打造果品品牌,建立健全市场体系。目前,部分果品质量低下,产后加工处理滞后,掺次现象时有发生,已影响到莱州苹果的市场竞争力,进而影响着苹果生产的发展。在市场经济中,诚信是根本,信誉为生命,打造讲诚信、讲信誉、经得起市场考验和消费者欢迎的莱州果品品牌,是莱州苹果可持续发展的关键。为此,必须做到产前了解市场信息,产中运用高新科技,产后适时包装分级,储运冷链一体,提高果品竞争能力。同时要建立健全市场体系,为苹果生产注入活力。为此,应逐步改变一家一户的经营模式,提倡联户联体经营或大业主经营;引导果农自发组成协会,提高果农参与经营的能力;扶持龙头企业,提倡企业加果农的经营模式;积极培育建设和规范产地集散市场,带动和促进苹果生产的发展。

第三节 耕地污染防治的对策与建议

一、加强耕地质量的监测和预测工作

部分耕地存在不同程度的污染,少数耕地存在重金属(如汞等)、农残(六六六、DDT等)超标现象,因此,必须加强耕地质量监测及预测工作,建立污染监测体系,在全市建立土壤污染长期定位监测点,定期采集样品进行监测,掌握全市污染状况、动态变化及其规律,提出控制和消除污染的措施。

二、控制耕地污染的方法

农业可持续发展的问题从来没有像现在这样迫切地摆在人们面前,农村环境污染及耕地退化的严重性远远超出了人们的预料。这些问题对我国农业发展的制约和影响是致命的,也是亟待解决的。

1. 完善立法并使之具有可操作性。为了保护农业生态环境和控制农业污染,我们曾做了许多工作,国家也为此出台了一系列相应的法律法规。一是国家制定和完善了环境保护、资源管理方面的法律、法规。国务院已制定颁布了有关环境与资源方面的行政法规30余部,印发了《中国21世纪初可持续发展行动纲要》,提出了我国可持续发展的目标,重点领域和保障措施,这是进一步推进我国农业可持续发展的重要政策文件。二是近年来政府连续颁布实施了《无公害农产品管理办法》和《农业环境管理办法》。使重点区域化肥、农药用量逐年增加的趋势得到控制,畜禽粪便污染得到一定缓解。三是针对目前我国在实施农业环境保护建设项目上,还存在着资金分散、部门分割、重复建设和资源浪费等现象,各级地方政府积极整合农业环境建设的各项资金,打破部门和地区界限,以项目建

设为中心，以治理大环境、大流域为重点，开展农业生态环境建设综合治理。同时修订和完善农业环境标准体系，严格依法行政，加强执法监督，切实保证可持续发展的各项法律制度得以实施，以加强农业生态保护、实施农业可持续发展。

2. 坚持农业的可持续发展，发展生态农业是必由之路。要把生态农业作为制定农业发展规划的战略方针，制定“生态农业发展纲要”，在规划中，做到生态农业模式化，生态模式工程化。莱州市重点做了以下几个方面工作：一是加大了推广生态农业技术的力度。主要包括：生物肥料、控释肥、缓释肥等新型肥料，有机无机肥料、可降解农膜等新材料技术和精量施肥技术、污水降解技术、废弃物沼气处理技术、畜禽粪便处理技术、秸秆综合利用技术、农膜揭膜和回收等新技术，积极推行水、肥料、农药综合管理技术，提高利用效率，降低和控制污染。研究表明，滴灌施肥在降低氮肥用量 2/3 的情况下，仍可提高作物产量 30%，同时地下水硝态氮含量降低了 60%。二是大力推广以秸秆覆盖、保水保土为中心的保护性耕作技术，这是解决莱州市农业资源与环境恶化问题的重要举措。三是推行节约资源、环境友好的农业生产方式，如膜下滴灌节水模式、精确施肥防止面源污染模式，推广平衡施肥、使用缓释肥料，改进施肥方法，使肥料供给和作物生长发育需求相一致，达到高产、优质、节本、不造成面源污染的目的。四是大力发展生态农业，建立健全无公害农产品法律法规及检测体系，完善农业生态环境检测、评价及预警系统，强化农产品生产基地及产品安全管理，创建具有环保特色的无公害农产品生产示范基地及品牌。此外，还要建立和完善农村农业环境综合整治定量考核制度、农用化学品环境安全管理制度、农村经济模式与农村自然资源利用方向评估制度等。

3. 控制化学农药的使用。化学农药的大量使用，可导致土壤污染，影响人体健康，成为生产绿色食品及无公害食品的主要限制因素，影响出口创汇农业的发展。但目前非化学防治方法还不能完全代替化学防治方法。对化学农药，只要安全合理使用，在防治病虫害中仍能起重要的作用。控制化学农药施用应抓好以下措施：一是制定农药安全使用法规，加强执法力度和环境监测。对已颁布的《农药管理条例》、《农药安全使用标准》、《农药安全使用规定》、《农药合理使用准则》等，应与发展绿色食品及无公害食品施用农药要求结合起来，制定实施细则。二是严格执行农业部关于农药禁用、限用的规定，大力推广高效、低毒、低残留农药。在综合防治方面，可根据药用植物的生长特性和病虫害的为害规律，结合栽培技术与田间管理，进行综合治理，从而提高植物的防虫抗病的能力，把病虫害控制在最低危害程度。主要措施包括以下五个方面：

(1)加强植物检疫。严格按照国家规定，对植物检疫对象进行普查，防止其他国家或地区传入新的危险性病虫杂草，并限制当地的危险性病虫杂草向外传播蔓延，以减少病虫害的发生，减少不必要的农药防治。

(2)提高农业防治水平。运用优良的栽培管理技术措施，促进植物生理的正常生长发育，以达到控制和消灭病虫害的目的。

①合理轮作：连作易使病虫害数量累积使危害加剧，通过轮作可改变病虫的生态环境而起到预防效果。

②深耕细作：可促进植物生长发育，同时也可直接杀死病虫，如冬耕晒垡。

③清洁田园：田间的杂草及病虫残株落叶，往往是病虫隐蔽及越冬的场所，成为下年

病虫来源。将病株落叶收集烧毁，清除田间杂草，可以减少病虫害的发生。

④调节播种期：有些病虫害和药用植物某个生长发育阶段的物候期有着密切关系，如这一生长发育阶段避过病虫大量浸染危害的时期，可避免或减轻该种病虫的危害程度。

⑤合理施肥：通过合理施肥促进植物的生长发育，增强其抗病虫的能力或避开病虫的危害期。一般来说，增施磷、钾肥可以增强植物的抗病性，偏施氮肥对病虫发生影响最大。

⑥选育抗病虫品种：不同品种的药用植物对病虫害的抵抗能力往往差别很大，选育抗病虫优质、高产品种是一项经济有效的措施。

(3)生物防治。应用自然界某些有益生物来消灭或控制某些病虫害的发生。如利用食蚜瓢虫来防治蚜虫，利用抗生菌产生的抗生素防治病害等。

(4)物理机械防治。如人工及机械捕杀、诱杀等。

(5)药物防治。采用药剂拌种、土壤消毒、喷雾、熏蒸、诱杀等措施进行防治病虫。目前农药种类较多，应注意根据病虫害的特性正确选用，使用药剂防治时，也要注意人畜安全及残毒。

三、防治耕地污染的综合措施

1. 土壤污染的预防措施。在环境污染问题上，由于我国农业走的是可持续发展的路子，是社会经济、资源、环境的协调发展。尤其对于土壤资源，就很难治理，重金属污染实际上是不可逆转的。因此耕地资源管理更需要"先防后治，防重于治"。

执行国家有关污染物的排放标准。要严格执行国家有关部门颁布的有关污染物管理标准，并加强对污水灌溉与土地处理系统、固体废弃物的土地处理管制。

建立土壤污染监测、预测与评价系统。以土壤环境标准或基准和土壤环境容量为依据，定期对辖区土壤环境质量进行监测，建立系统的档案材料，参照国家组织建议和我国土壤环境污染物目录，确定优先监测的土壤污染物和测定标准方法，按照优先污染次序进行调查、研究。加强土壤污染物总浓度的控制与管理。

发展清洁生产。发展清洁生产工艺，加强"三废"治理，有效地消除、消减、控制重金属污染源。

2. 污染土壤的治理措施。不同污染类型的土壤污染，其具体治理措施不完全相同，对已经污染的土壤要根据污染实际情况进行改良。

(1)重金属污染土壤的治理措施。土壤中重金属的显著化学行为是不移动性、累积性，具有不可逆性的特点。因此，对受重金属污染土壤的治理要根据污染程度的轻重进行改良。从降低重金属的活性，减小它的生物有效性入手，加强土、水管理。

第一，通过农田的水分调控，调节土壤 Eh 值来控制土壤重金属的毒性。

第二，施用石灰、有机物质等改良剂。重金属的毒性与土壤 pH 关系密切。使用石灰可使土壤 pH 值升高，许多重金属，如镉、铜、汞、锌、铅等在 $pH>7$ 的碱性土壤中，则形成氢氧化物沉淀，降低了毒性。向土壤施加有机物，一方面可为微生物提供能源，促进土壤的还原进程，使重金属以硫化物形式沉淀；另一方面可提供阴离子配位体，促使土壤溶液中的活性重金属形成络合物和螯合物，活性降低。

第三，生物修复。对污染严重的土壤，土壤污染物质可以通过生物降解或植物吸收而被净化。如蚯蚓能处理农药、重金属等有害物质。土壤中红酵母和蛇皮藓菌降解剧毒性的多氯联苯分别达到40%和30%。对已经污染比较严重的土壤可以种植非食用的、吸收重金属能力强的植物,如羊齿类铁角蕨属的某些植物,对土壤中镉的吸收很强,连续种植多年,可降低土壤中含镉数量50%。

(2)有机物(农药)污染土壤的防治措施。对于有机物、农药污染的土壤,除合理施用农药、采用病虫害综合防治,改进农药剂型等以预防为主的系列技术措施外,对污染土壤的治理应从加速土壤中农药的降解入手。

第一,增施有机肥料。增施有机肥料可以有效增加土壤中的吸收容量和缓冲能力,增大对重金属、农药的吸附能力。腐殖质可以增大污染物的可溶性,随灌溉水和雨水流出土壤。另外,有机质能改良土壤,活化土壤微生物,增加对污染物的降解。

第二,调控土壤pH和Eh,加速农药的降解。不同有机农药降解的pH和Eh要求不同,降解反应属氧化反应或在好氧生物作用下发生的降解反应,则应适当提高土壤Eh值,若降解反应是一个还原反应,则应较低Eh值。对于来自pH的影响,对绝大多数有机农药以及DDT、六六六等,在较高pH条件下都可加速降解。

第三篇　耕地培肥与可持续利用

第十章　测土配方施肥指标体系的建立

测土配方施肥是以肥料田间试验和土壤测试为基础，根据作物需肥规律、土壤供肥性能和肥料效应，在合理施用有机肥料基础上，提出氮、磷、钾及中微量元素等肥料的施用品种、数量、施肥时期和施用方法的一套施肥技术体系。

莱州市的测土配方施肥起源于20世纪80年代。通过土壤普查，在试验、示范的基础上初步建立了莱州市棕壤、褐土两个土壤类型和主栽作物的土壤养分丰缺指标及推荐施肥指标体系。二十多年来，随着生产条件的不断改变，农民施用的肥料品种、施肥方式都已发生了巨大变化，主要粮油作物的产量水平、栽培方式以及土壤肥力水平也都发生了变化。原有的土壤养分丰缺指标、施肥指标体系和推荐施肥技术体系已经远远不能适应当前生产的需要，已不能正确指导农业生产，更不能精确指导科学施肥。

测土配方施肥包括土样采集检测、确定肥料配方、配方肥生产、配方肥供应、施肥技术指导五个环节，其中，确定科学合理的肥料配方是关键，确定肥料配方又要以测土配方施肥的技术指标体系作为技术支撑，所以说测土配方施肥的核心技术是建立施肥指标体系。因此，必须通过大量地试验建立和完善不同作物的测土配方施肥技术指标体系。

第一节　田间试验与大田示范方案设计

一、试验示范实施的基本情况

莱州市测土配方施肥试验主要采用“3414”完全试验设计、“3414”不完全试验设计(肥效参数试验)以及大田校验示范。

“3414”是指氮、磷、钾3个因素、4个水平、14个处理。该方案设计吸收了回归最优设计中处理少、效率高的优点，是这次测土配方施肥推荐使用的田间试验方案。4个水平的含义：“0水平”指不施肥，“2水平”指当地最佳施肥量的近似值，“1水平”为2水平×0.5，“3水平”为2水平×1.5(该水平为过量施肥水平)，见表10-1。该方案除了可应用14个处理进行氮、磷、钾三元二次效应方程的拟合以外，还可分别进行氮、磷、钾中任意二元或一元效应方程的拟合。例如:进行氮、磷二元效应方程拟合时,可选用处理 2～7、11、12,可求得在以 K_2 水平为基础的氮、磷二元二次效应方程。又如:选用处理 2、3、6、11 可求得在 P_2K_2 水平为基础的氮肥效应方程;选用处理 4、5、6、7 可求得在 N_2K_2 水平为基础的磷肥效应方程;选用处理 6、8、9、10 可求得在 N_2P_2 水平为基础的钾肥效应方程。

表 10-1 "3414"试验方案处理

试验编号	处理	N	P	K
1	$N_0P_0K_0$	0	0	0
2	$N_0P_2K_2$	0	2	2
3	$N_1P_2K_2$	1	2	2
4	$N_2P_0K_2$	2	0	2
5	$N_2P_1K_2$	2	1	2
6	$N_2P_2K_2$	2	2	2
7	$N_2P_3K_2$	2	3	2
8	$N_2P_2K_0$	2	2	0
9	$N_2P_2K_1$	2	2	1
10	$N_2P_2K_3$	2	2	3
11	$N_3P_2K_2$	3	2	2
12	$N_1P_1K_2$	1	1	2
13	$N_1P_2K_1$	1	2	1
14	$N_2P_1K_1$	2	1	1

自 2006 年以来,莱州市已经在小麦、玉米、花生主要粮油作物和苹果、生姜等主要经济作物上完成了"3414"田间肥效试验 38 处、肥效校验试验 40 处。

二、建立测土施肥指标体系的准备工作

1. "3414"试验中第二个水平的确立。采用"3414"试验,其第二个水平的确定非常重要。如果第二个水平太低,则可能造成肥料效应方程出现外推的情况,最佳施肥量超出第三水平。如果第二个水平太高,就会造成施肥水平远离最佳施肥量,不能反映最佳施肥量的情况。莱州市在确定试验的"2 水平"时,参考了近年来的田间试验结果,根据试验田获得的目标产量确定设计了第二个水平。

2. 氮肥基追比例。莱州市的小麦、玉米磷、钾肥基本上全作为基肥施用。在氮肥的施用上,习惯上将小麦、玉米的基肥和追肥按各占 50%的比例来分配,旱田小麦还普遍采用"一炮轰"的施肥习惯。现代施肥理念是土壤肥料中的氮素供应水平应与作物各时期对氮素的需求同步,以提高氮肥的利用率。

近年来莱州市耕地的土壤肥力和栽培制度已经发生了较大的变化,要使测土配方施

肥试验能够指导大田生产，对传统的基肥和追肥比例进行修整是十分必要的。为此，针对基肥和追肥比例问题安排了试验进行确定。

3. 重复的设置。由于“3414”完全试验占用耕地面积较大，安排重复比较困难，因此，“3414”试验没设重复。“3414”部分实施试验(一般为6个处理)设置三次重复。肥效校验试验每个处理面积在667m^2以上，不设置重复。

4. 试验地块的选择。在试验点的选择上，注意了随机性和代表性。按照高、中、低产田大体上各占1/3的比例，选择平坦、整齐、肥力均匀、具有代表性的不同肥力水平的地块，坡地选择在坡地平缓、肥力差异较小的地块，试验地避开了靠近道路、堆肥、渠道等场所的特殊地块，覆盖了莱州市的高、中、低不同肥力的土壤条件。同时兼顾了交通便利和农户的科技水平，达到了既保证试验的准确率和代表性，同时又使试验起到了典型示范的作用。

5. 基础采样。肥料试验的基础采样是试验成功的基础。为此所有试验都采集基础土样和植株样，每个试验点都抽取3～5个混合土壤样品，化验试验地块土壤养分含量，包括有机质、碱解氮、有效磷、速效钾、中微量元素、pH等土壤理化性状，同时进行植株营养诊断和测定。为保证试验的完整和准确，对试验的基础样品都保留了副本，以备样品复查，检验试验的正确性。

第二节 土壤丰缺指标、施肥参数和最佳施肥量的确定

通过对“3414”试验结果资料进行统计分析，可以得出肥料利用率、土壤养分校正系数、作物养分需要量、土壤养分丰缺指标等施肥参数。

一、丰缺指标的获取

1. 将某一较大的生态区域内的所有田间试验按土壤类型进行分类汇总。对某一特定作物，至少有30个点的“3414”完全试验或部分实施田间试验。

2. 计算各试验中缺氮、磷、钾的相对产量。根据缺素区产量与试验设计中的最佳施肥水平下的产量相比较计算相对产量，对“3414”试验而言：

缺氮的相对产量＝[处理2($N_0P_2K_2$)产量/处理6($N_2P_2K_2$)产量]×100％

缺磷的相对产量＝[处理4($N_2P_0K_2$)产量/处理6($N_2P_2K_2$)产量]×100％

缺钾的相对产量＝[处理8($N_2P_2K_0$)产量/处理6($N_2P_2K_2$)产量]×100％

3. 将每处试验的相对产量与土壤养分测定值配对。

4. 选择回归模型，对配对数据进行回归分析，建立二者的函数关系。常用模型$y=a+b\times\ln x$或$y=x/(ax+b)$，模型选定通常以相关系数大小为依据。

5. 利用函数计算相对产量分别为50％、70％、90％、95％时对应的土壤养分值。

6. 依据土壤养分的分级评价标准(表10-2)，建立土壤养分丰缺指标。

表 10-2 土壤养分的分级评价标准

相对产量(%)	<50	50～70	70～90	90～95	>95
评 价	极低	低	中	高	极高

二、试验参数的计算方法

1. 目标产量。可采用平均单产法来确定。平均单产法是利用施肥区前三年平均单产和年递增率为基础确定目标产量。其计算公式是：

目标产量(kg/hm^2)=(1+递增率)×前3年平均单产(kg/hm^2)

莱州市作物产量的递增率确定为10%。

2. 作物需肥量。通过对正常成熟的农作物全株养分的分析，测定各种作物100kg经济产量所需养分量，乘以目标产量即可获得作物需肥量。其计算公式是：

作物目标产量所需养分量(kg)=(目标产量/100)×100kg经济产量所需养分量

3. 肥料利用率。其计算公式是：

肥料利用率(%)=[(施肥区作物吸收的养分量－不施肥区农作物吸收的养分量)/肥料养分量]×100%

4. 土壤养分供给量。其计算公式是：

土壤养分供给量(kg)=土壤养分测定值×0.15×校正系数

土壤养分测定值以mg/kg表示，0.15为该养分在每亩150吨耕层土中换算成$kg/667m^2$的系数(下同)。

校正系数(%)=[缺素区作物地上部分吸收该元素量(kg)/该元素土壤测定值(mg/kg)]×0.15

5. 土壤养分利用系数。其计算公式是：

土壤养分利用系数=(不施肥区农作物某养分吸收量/土壤养分测定值)×0.15

6. 地力产量贡献率。其计算公式是：

地力产量贡献率(%)=(无肥区产量/习惯施肥区产量)×100%

7. 肥料产量贡献率。其计算公式是：

肥料产量贡献率(%)=[(施肥区产量－无肥区产量)/施肥区产量]×100%

8. 平衡施肥潜在增产潜力。其计算公式是：

平衡施肥潜在增产率(%)=[(平衡施肥处理产量－习惯施肥区产量)/习惯施肥区产量]×100%

9. 平衡施肥的纯效益。其计算公式是：

平衡施肥的产出增加值=(平衡施肥处理产量－习惯施肥对照产量)×农产品单位价格

平衡施肥的纯效益增加值=平衡施肥的产出增加值+平衡施肥的肥料节本值

计算施肥参数时，按试验地地力水平将各试验点归类，分别计算高、中、低肥力所有试验点施肥参数的平均值。

二、适宜施肥量分析

不同生产条件下的适宜施肥量主要以“3414”试验结果资料的回归分析来获取。主要目的是建立产量与施肥量之间的二次回归方程，然后通过方程确定最大施肥量与最佳施肥量，根据施肥量预测产量。运用“3414”完成实施方案的14个处理，建立N、P、K三个因素与产量的三元二次效应方程，部分实施方案（或选择完全施肥方案的部分处理）可建立某一个或某二个因素与产量的一元二次或二元二次效应方程。

1. 三元二次肥料效应回归分析。

标准的“3414”试验的三元二次方程：

$$y=b_0+b_1x_1+b_2x_2+b_3x_3+b_4x_{12}+b_5x_{22}+b_6x_{32}+b_7x_1x_3+b_8x_1x_3+b_9x_2x_3$$

最高施肥量自变量 $x_j(j=1,2,3,\cdots)$ 的边际效应等于0。

$$b_1+2b_4x_1+b_7x_2+b_8x_3=0$$

$$b_2+2b_5x_2+b_7x_1+b_9x_2=0$$

$$b_3+2b_6x_{32}+b_8x_1+b_9x_2=0$$

求解上述方程组，获取最高施肥量 x_1,x_2,x_3。

最佳施肥量自变量 $x_j(j=1,2,3,\cdots)$ 的边际效应等于肥料价格与产出品价格值比。

$$b_1+2b_4x_1+b_7x_2+b_8x_3=P_{x_1}/P_y$$

$$b_2+2b_5x_2+b_7x_1+b_9x_2=P_{x_2}/P_y$$

$$b_3+2b_6x_{32}+b_8x_1+b_9x_2=P_{x_3}/P_y$$

求解上述方程组，获取最佳施肥量 x_1,x_2,x_3。

本书实验数据统计分析计算采用现成的计算机软件来完成，包括利用中国肥料信息网等网络工具进行运算和利用EXCEL进行计算。

2. 一元二次肥料效应回归分析（以磷钾为例）。先逐点计算每处试验条件下的适宜施肥量，利用方案中 $N_2P_0K_2$、$N_2P_1K_2$、$N_2P_2K_2$、$N_2P_3K_2$（$N_2P_2K_0$、$N_2P_2K_1$、$N_2P_2K_2$、$N_2P_2K_3$）的四个处理，分析最佳施磷（钾）量。

步骤1：通过散点图观察产量随施肥量的变化，如无规律，则暂时按该点不需施肥处理。

步骤2：简单计算不同处理产量的差异。如不超过5%，则视为该点不需施肥。最佳施肥量为零。如施肥处理与不施肥处理产量的差异超过5%，但施肥处理间产量差异不超过5%，则最佳施肥量为最低设计施肥水平。

步骤3：如产量变化有规律，则进行一元回归分析。回归方法：一是EXCEL散点图添加趋势线法；二是EXCEL回归计算法。

步骤4：用回归方程计算最佳施肥量。

利用极值原理，计算最大施肥量：

$$\frac{\partial x}{\partial n}=0 \quad \frac{\partial y}{\partial p}=0 \quad \frac{\partial y}{\partial k}=0$$

利用极值原理，计算最佳施肥量：

$$\frac{\partial y}{\partial n}=\frac{p_n}{p_y} \quad \frac{\partial y}{\partial p}=\frac{p_p}{p_y} \quad \frac{\partial y}{\partial k}=\frac{p_k}{p_y}$$

3. 不同生产条件下的适宜施肥量分析。

(1)计算不同产量水平下的最佳施肥量。将试验点按高、中、低产量水平分类。统计计算每一产量水平所有试验点最佳施肥量的变幅和平均值。

(2)计算不同土壤养分等级情况下的最佳施肥量。将试验点按土壤养分等级分类。统计计算每一土壤养分等级内所有试验点最佳施肥量的变幅和平均值。

土壤养分等级分级标准:按某作物的丰缺指标分析结果分级。

第三节 小麦测土配方施肥指标体系

一、小麦主要施肥参数的分析计算

1. 小麦100kg籽粒需氮量。小麦100kg籽粒需氮量参数的取得,主要结合试验田植株全量养分(全氮、全磷、全钾)分析进行的。对在各类试验(包括"3414"完全实施试验、"3414"不完全实施试验、肥效校验试验)中采集的植株样品进行化验,通过计算得到每生产100kg籽粒吸收养分的全氮、全磷、全钾总量(见表10-3)。

表10-3 莱州市每生产100kg小麦籽粒所需养分量

小麦产量 ($kg/667m^2$)	N(kg)		P_2O_5(kg)		K_2O(kg)	
	变幅	平均	变幅	平均	变幅	平均
>600	2.85～3.24	3.02	1.05～1.51	1.38	2.71～3.33	2.88
500～600	2.67～3.26	2.98	1.07～1.47	1.36	2.69～3.29	2.85
400～500	2.49～3.21	2.97	1.01～1.47	1.27	2.63～3.25	2.74
300～400	2.42～3.27	2.93	0.94～1.21	1.09	2.54～3.10	2.63
<300	2.40～3.26	2.90	0.88～1.24	1.10	2.59～2.97	2.55
平均	2.40～3.27	2.96	0.88～1.51	1.24	2.54～3.33	2.73

以上结果与全国以前常有的100kg小麦籽粒需肥量N 3.00kg、P_2O_5 1.25kg、K_2O 2.50kg相比,氮、磷相当,钾有所增加。

2. 土壤养分利用系数。通过对莱州市肥效小区试验的土壤养分利用系数的汇总分析,小麦在土壤碱解氮50～100mg/kg,有效磷10～40mg/kg,速效钾60～110mg/kg条件下,土壤养分平均利用系数为:土壤碱解氮56.6%,有效磷50.3%,速效钾52.4%,见表10-4。

表 10-4　　莱州市小麦栽培土壤养分利用系数

土壤类型	氮素利用系数(%)	磷素利用系数(%)	钾素利用系数(%)
棕壤	54.4	41.6	61.8
褐土	57.1	46.3	59.4
潮土	62.6	60.7	47.3
砂姜黑土	52.4	52.5	41.2
平均	56.6	50.3	52.4

3. 肥料利用率。通过对肥效小区试验的肥料利用率的汇总分析，在土壤碱解氮 50～100mg/kg，有效磷 10～40mg/kg，速效钾 60～110mg/kg 条件下，莱州市肥料平均利用率为：氮肥 31.1%，磷肥 16.5%，钾肥 39.4%，见表 10-5。

表 10-5　　莱州市小麦栽培肥料利用率

土壤类型	氮肥利用率(%)	磷肥利用率(%)	钾肥利用率(%)
棕壤	32.8	16.2	43.2
褐土	29.7	16.7	31.7
潮土	31.6	15.5	38.6
砂姜黑土	30.3	17.6	44.1
平均	31.1	16.5	39.4

二、小麦测土配方施肥丰缺指标

1. 土壤氮素丰缺指标及氮肥推荐用量。根据试验结果和莱州市农田养分的实际情况，将小麦田土壤肥力等级划分为五个等级，即极高、高、中、低、极低。土壤供氮等级越高，相对产量越高，氮肥推荐用量越低。如处于供氮极高等级的麦田，相对产量高于 95%，土壤碱解氮含量高于 137mg/kg，氮肥推荐用量为 10kg/667m^2。处于供氮极低等级的麦田，相对产量低于 50%，土壤碱解氮含量低于 42mg/kg，氮肥推荐用量为 16～18kg/667m^2。处于供氮中等等级的麦田，相对产量 75%～90%，土壤碱解氮含量 75～108mg/kg，氮肥推荐用量为 13～15kg/667m^2，见表 10-6。

表 10-6 土壤碱解氮丰缺指标及氮肥推荐用量

肥力等级	相对产量（%）	碱解氮含量（mg/kg）	氮肥推荐用量（kg/667m²）
极高	>95	>137	10
高	90～95	108～137	11～13
中	75～90	75～108	13～15
低	50～75	42～75	15～17
极低	<50	<42	16～18

2. 土壤磷素丰缺指标及磷肥推荐用量。莱州市小麦田有效磷含量等级划分与土壤氮素一样，划分为五个等级，即极高、高、中、低、极低。处于供磷极高等级的麦田，相对产量高于95%，土壤有效磷含量高于50mg/kg，磷肥推荐用量为0～2kg/667m^2。处于供磷极低等级的麦田，相对产量低于50%，土壤有效磷含量低于10mg/kg，磷肥推荐用量为10～12kg/667m^2。处于供磷中等等级的麦田，相对产量75%～90%，土壤有效磷含量20～40mg/kg，磷肥推荐用量为6～8kg/667m^2，见表10-7。

表 10-7 土壤有效磷丰缺指标及磷肥推荐用量

肥力等级	相对产量（%）	有效磷含量（mg/kg）	磷肥推荐用量（kg/667m²）
极高	>95	>50	1～3
高	90～95	40～50	4～6
中	75～90	20～40	6～8
低	50～75	10～20	8～10
极低	<50	<10	10～12

3. 土壤钾素丰缺指标及钾肥推荐用量

同样，莱州市小麦田速效钾含量等级划分为五个等级。如处于供钾极高等级的麦田，相对产量高于95%，土壤速效钾含量高于150mg/kg，建议不施钾肥。处于供钾极低等级的麦田，相对产量低于50%，土壤速效钾含量低于50mg/kg，钾肥推荐用量为12～15kg/667m^2。处于供钾中等等级的麦田，相对产量75%～90%，土壤速效钾含量90～120mg/kg，钾肥推荐用量为5～8kg/667m^2，见表10-8。

表 10-8 土壤速效钾丰缺指标及钾肥推荐用量

肥力等级	相对产量（%）	速效钾含量（mg/kg）	钾肥推荐用量（$kg/667m^2$）
极高	＞95	＞150	0
高	90～95	120～150	2～4
中	75～90	80～120	5～8
低	50～75	50～80	8～12
极低	＜50	＜50	12～15

三、基肥和追肥比例

为了确定小麦氮肥中基肥和追肥的比例，安排了小麦氮肥不同基肥、追肥比例试验，试验处理为 N $14kg/667m^2$、P_2O_5 $6kg/667m^2$、K_2O $8kg/667m^2$，氮肥的基肥比例分别设置为 70%、60%、50%、40%、30%（见表 10-9）。

表 10-9 小麦氮肥、基肥、追肥比例试验结果

基肥比例	产量水平（$kg/667m^2$）		
	高产田	中产田	低产田
70%	563.8	391.5	309.7
60%	594.7	428.1	327.4
50%	605.6	452.6	314.1
40%	627.3	421.7	289.5
30%	601.2	407.4	281.3

在试验的基础上，确定了莱州市不同肥力小麦田氮肥基肥和追肥比例。高产水平小麦田，基肥占 40%，60%的氮肥用于春季追肥，施用时间适当后移；中等产量水平小麦田，基肥、追肥各占 50%；低产产量水平小麦田，基肥要占到总施氮量的 60%（见表 10-10）。

表 10-10 土壤肥力分级与小麦氮肥基追比例的参考方案

土壤肥力	全氮含量（g/kg）	小麦产量水平（$kg/667m^2$）	基肥比例（%）	追肥比例（%）
低	＜0.5	＜300	60	40
中	0.5～1	300～500	50	50
高	＞1	＞500	40	60

四、小麦的最佳施肥量分析

1. 磷最佳施肥量。根据小麦试验计算出最佳施肥量。将试验点按土壤磷素的丰缺指标和小麦不同产量水平分类汇总，统计出土壤磷素不同含量水平下最佳施肥量的平均值（见表 10-11）和小麦不同产量水平（指试验中缺磷素处理区）最佳施肥量的平均值（见表 10-12）。

表 10-11 小麦不同磷素含量水平磷的最佳施肥量

分级标准	极低	低	中	较高	高
相对产量（%）	<50	50～75	75～90	90～95	>95
土壤磷素含量（mg/kg）	<10	10～20	20～40	40～50	>50
施肥量（kg/667m²）	5.7	6.1	6.4	4.6	3.2

表 10-12 小麦不同产量水平磷的最佳施肥量

产量水平	低产	中产	高产
产量（kg/667m²）	<300	300～500	>500
施肥量（kg/667m²）	4.5	5.8	4.2

2. 钾最佳施肥量。根据小麦试验计算出最佳施肥量。将试验点按土壤钾素的丰缺指标和小麦不同产量水平分类汇总，统计出土壤钾素不同含量水平下最佳施肥量的平均值（见表 10-13）和小麦不同产量水平（指试验中缺钾素处理区）最佳施肥量的平均值（见表 10-14）。

表 10-13 小麦不同钾素含量水平钾的最佳施肥量

分级标准	极低	低	中	较高	高
相对产量（%）	<50	50～75	75～90	90～95	>95
土壤钾素含量（mg/kg）	<50	50～80	80～120	120～150	>150
施肥量（kg/667m²）	3.6	3.8	4.3	3.5	2.2

表 10-14 小麦不同产量水平钾的最佳施肥量

产量水平	低产	中产	高产
产量（kg/667m²）	<300	300～500	>500
施肥量（kg/667m²）	5.7	4.1	3.2

第四节 玉米测土配方施肥指标体系

一、玉米主要施肥参数的分析计算

1. 玉米100kg籽粒需氮量。通过对玉米肥料试验植株样品全量养分(全氮、全磷、全钾)进行化验,计算得到每生产100kg籽粒吸收养分的总量。通过试验得出,莱州市玉米每100kg籽粒产量需要吸收养分量为N 2.62kg,P_2O_5 0.89kg,K_2O 2.28kg(见表10-15)。

表10-15 莱州市每生产100kg玉米籽粒所需养分量

小麦产量(kg/667m^2)	N(kg)		P_2O_5(kg)		K_2O(kg)	
	变幅	平均	变幅	平均	变幅	平均
>700	2.70~2.99	2.79	0.83~1.42	1.08	2.33~2.71	2.53
600~700	2.53~2.85	2.72	0.80~1.39	1.05	2.07~2.54	2.37
500~600	2.41~2.81	2.61	0.74~1.15	0.93	1.88~2.56	2.22
400~500	2.31~2.81	2.56	0.60~0.88	0.74	2.09~2.25	2.17
<400	2.22~2.64	2.43	0.55~0.75	0.65	1.82~2.40	2.11
平均	2.22~2.99	2.62	0.55~1.42	0.89	1.82~2.71	2.28

莱州市100kg玉米籽粒需肥量与全国以前常用的100kg玉米籽粒需肥量N 2.57kg、P_2O_5 0.86kg、K_2 2.14kg相比,氮、磷、钾都略有增加。

2. 土壤养分利用系数。通过对莱州市肥效小区试验的土壤养分利用系数的汇总分析可知,玉米在土壤碱解氮50~100mg/kg,有效磷10~40mg/kg,速效钾60~110mg/kg条件下,土壤养分平均利用系数为:碱解氮58.7%,有效磷75.5%;速效钾49.6%,见表10-16。

表10-16 莱州市玉米栽培土壤养分利用系数

土壤类型	氮素利用系数(%)	磷素利用系数(%)	钾素利用系数(%)
棕壤	64.6	77.3	58.1
褐土	58.1	76.1	46.2
潮土	62.4	73.5	51.3
砂姜黑土	49.8	75.2	42.9
平均	58.7	75.5	49.6

3. 肥料利用率。通过对莱州市肥效小区试验的肥料利用率的汇总分析可知，在土壤碱解氮 50～100mg/kg，有效磷 10～40mg/kg，速效钾 60～110mg/kg 条件下栽培玉米，氮肥平均利用率 30.9%；磷肥平均利用率 22.5%；钾肥平均利用率 42.6%。不同土壤类型之间比较接近，见表 10-17。

表 10-17 莱州市玉米栽培肥料利用率

土壤类型	氮肥利用率（%）	磷肥利用率（%）	钾肥利用率（%）
棕壤	28.6	22.1	43.4
褐土	32.5	20.7	45.6
潮土	30.3	20.5	41.2
砂姜黑土	32.1	26.7	40.3
平均	30.9	22.5	42.6

二、玉米测土配方施肥丰缺指标

1. 土壤氮丰缺指标及氮肥推荐用量。玉米氮含量等级按照农田养分的实际情况划分为五个等级，即极高、高、中、低、极低。土壤供氮等级越高，相对产量越高，氮肥推荐用量越低。如处于供氮极高等级的玉米田，相对产量高于 95%，土壤碱解氮含量高于 139mg/kg，氮肥推荐用量为 $10kg/667m^2$。处于供氮极低等级的玉米田，相对产量低于 50%，土壤碱解氮含量低于 44mg/kg，氮肥推荐用量为 $16～18kg/667m^2$。处于供氮中等等级的玉米田，相对产量 75%～90%，土壤碱解氮含量 83～112mg/kg，氮肥推荐用量为 $12～15kg/667m^2$（见表 10-18）。

表 10-18 玉米土壤碱解氮丰缺指标及氮肥推荐用量

等 级	相对产量（%）	碱解氮含量（mg/kg）	氮肥推荐用量（$kg/667m^2$）
极高	＞95	＞139	10
高	90～95	112～139	10～12
中	75～90	83～112	13～15
低	50～75	44～83	14～16
极低	＜50	＜44	16～18

2. 土壤磷丰缺指标及磷肥推荐用量。玉米田土壤有效磷等级按照农田养分的实际情况划分为五个等级。处于供磷极高等级的玉米田，相对产量高于 95%，土壤有效磷含量高于 47mg/kg，磷肥推荐用量为 $1～3kg/667m^2$。处于供磷极低等级的玉米田，相对产量低于 50%，土壤有效磷含量低于 10mg/kg，磷肥推荐用量为 $10～12kg/667m^2$。处于供

磷中等等级的玉米田，相对产量75%～90%，土壤有效磷含量21～34mg/kg，磷肥推荐用量为6～8kg/667m²（见表10-19）。

表10-19　玉米土壤有效磷丰缺指标及磷肥推荐用量

等　级	相对产量（%）	有效磷含量（mg/kg）	磷肥推荐用量（kg/667m²）
极高	＞95	＞47	1～3
高	90～95	34～47	4～6
中	75～90	21～34	6～8
低	50～75	10～21	8～10
极低	＜50	＜10	10～12

3. 土壤钾丰缺指标及钾肥推荐用量。玉米田土壤肥力等级按照莱州市农田养分的实际情况划分为五个等级，即极高、高、中、低、极低。处于供钾极高等级的玉米田，相对产量高于95%，土壤速效钾含量高于140mg/kg，可以不施钾肥。处于供钾极低等级的玉米田，相对产量低于50%，土壤速效钾含量低于50mg/kg，钾肥推荐用量为12～15kg/667m²。处于供钾中等等级的玉米田，相对产量75%～90%，土壤速效钾含量80～100mg/kg，钾肥推荐用量为4～8kg/667m²（见表10-20）。

表10-20　玉米土壤速效钾丰缺指标及钾肥推荐用量

等　级	相对产量（%）	速效钾含量（mg/kg）	钾肥推荐用量（kg/667m²）
极高	≥95	＞140	0
高	90～95	120～140	2～4
中	75～90	80～120	4～8
低	50～75	50～80	8～12
极低	＜50	＜50	12～15

三、玉米的最佳施肥量分析

1. 磷最佳施肥量

根据玉米试验计算出最佳施肥量。将各试验点按土壤磷素的丰缺指标和玉米不同产量水平分类汇总，统计出土壤磷素不同含量水平下最佳施肥量的平均值（见表10-21）和玉米不同产量水平（指试验中缺磷素处理区）最佳施肥量的平均值（见表10-22）。

表 10-21　　玉米不同磷素含量水平磷的最佳施肥量

分级标准	极低	低	中	较高	高
相对产量(%)	<50	50～75	75～90	90～95	>95
土壤磷素含量(mg/kg)	<10	10～21	21～34	34～47	>47
施肥量(kg/667m^2)	5.7	6.4	7.5	5.2	3.7

表 10-22　　玉米不同产量水平磷的最佳施肥量

产量水平	低产	中产	高产
产量(kg/667m^2)	<400	400～600	>600
施肥量(kg/667m^2)	6.1	6.6	4.5

2. 钾最佳施肥量

根据玉米试验计算出最佳施肥量，将试验点按土壤钾素的丰缺指标和玉米不同产量水平分类汇总，统计出土壤钾素不同含量水平下最佳施肥量的平均值(见表 10-23)和玉米不同产量水平(指试验中缺钾素处理区)最佳施肥量的平均值(见表 10-24)。

表 10-23　　玉米不同钾素含量水平钾的最佳施肥量

分级标准	极低	低	中	较高	高
相对产量(%)	<50	50～75	75～90	90～95	>95
土壤钾素含量(mg/kg)	<50	50～80	80～120	120～140	>140
施肥量(kg/667m^2)	3.5	4.5	5.1	2.7	1.2

表 10-24　　玉米不同产量水平钾的最佳施肥量

产量水平	低产	中产	高产
产量(kg/667m^2)	<400	400～600	>600
施肥量(kg/667m^2)	5.9	4.3	3.0

第五节　花生测土配方施肥指标体系

一、花生主要施肥参数的计算

1. 花生 100kg 荚果需氮量。对各类试验示范田采集植株样品进行全氮、全磷、全钾的全量化验，通过计算得到每生产 100kg 荚果吸收养分的总量。花生每 100kg 荚果产量需要吸收养分量为 N 6.33kg、P_2O_5 1.27kg、K_2O 3.28kg(见表 10-25)。

表 10-25 花生生产 100kg 荚果所需养分量

产量范围 (kg/667m²)	N(kg)		P_2O_5(kg)		K_2O(kg)	
	变幅	平均	变幅	平均	变幅	平均
＞400	6.49～7.12	6.75	1.40～1.56	1.48	3.11～3.87	3.49
400～300	6.01～7.01	6.26	1.37～1.45	1.41	3.08～3.54	3.30
300～200	6.03～6.57	6.31	1.19～1.35	1.27	2.02～3.48	3.21
200～100	5.82～6.48	6.20	1.10～1.22	1.16	3.09～3.41	3.25
＜100	5.80～6.46	6.13	1.04～1.06	1.05	2.82～3.52	3.17
平均	5.80～7.12	6.33	1.04～1.56	1.27	2.82～3.87	3.28

从以上试验结果可以看出，莱州市 100kg 玉米籽粒需肥量与全国以前常用的 100kg 花生荚果需肥量 N 6.80kg、P_2O_5 1.30kg、K_2 3.80kg 相比，氮、磷、钾都有所降低。

2. 土壤养分利用系数。通过对肥效小区试验的土壤养分利用系数的汇总分析可知，花生田在一般土壤肥力情况下，土壤养分平均利用系数为：碱解氮 64.7%，有效磷 74.7%，速效钾 68.5%，见表 10-26。

表 10-26 主要土壤类型花生田土壤氮磷钾养分利用系数

土壤类型	氮素利用系数 (%)	磷素利用系数 (%)	钾素利用系数 (%)
棕壤	68.0	78.6	78.1
褐土	63.4	75.1	66.5
潮土	62.8	70.3	60.8
平均	64.7	74.7	68.5

3. 肥料利用率。莱州市花生田氮肥平均利用率为 31.1%，褐土＞棕壤＞潮土；磷肥平均利用率为 18.6%，褐土＞潮土＞棕壤；钾肥利平均用率为 42.8%，褐土＞潮土＞棕壤。见表 10-27。

表 10-27 主要土壤类型花生肥料利用率

土壤类型	氮肥利用率 (%)	磷肥利用率 (%)	钾肥利用率 (%)
棕壤	32.6	16.7	40.4
褐土	33.3	21.0	45.8
潮土	27.5	18.2	42.3
平均	31.1	18.6	42.8

二、花生测土配方施肥丰缺指标

1. 土壤氮丰缺指标及氮肥推荐用量

花生为豆科作物，生育中后期生长的根瘤中含有具备固氮作用的根瘤菌，可以替代部分氮素化肥。因此，氮肥推荐用量略低于小麦与玉米等禾本科作物。相对产量高于95%供氮极高等级的玉米田，土壤碱解氮含量高于125mg/kg，氮肥推荐用量为3kg/667m²。相对产量低于50%供氮极低等级的玉米田，土壤碱解氮含量低于40mg/kg，氮肥推荐用量为9kg/667m²。相对产量75%～90%中等供氮能力的玉米田，土壤碱解氮含量70～95mg/kg，氮肥推荐用量为5kg/667m²（见表10-28）。

表10-28　花生土壤碱解氮丰缺指标及氮肥推荐用量

肥力等级	相对产量（%）	碱解氮含量（mg/kg）	氮肥推荐用量（kg/667m²）
极高	＞95	＞125	3
高	90～95	95～120	4
中	75～90	70～95	5
低	50～75	40～70	7
极低	＜50	＜40	9

2. 土壤磷丰缺指标及磷肥推荐用量。花生田有效磷等级划分为极高、高、中、低、极低共五个等级。处于供磷极高等级的花生田，相对产量高于95%，土壤有效磷含量高于42mg/kg，磷肥推荐用量为1～2kg/667m²。处于供磷极低等级的花生田，相对产量低于50%，土壤有效磷含量低于8mg/kg，磷肥推荐用量为10～12kg/667m²。处于供磷中等等级的花生田，相对产量75%～90%，土壤有效磷含量15～28g/kg，磷肥推荐用量为6～8kg/667m²（见表10-29）。

表10-29　花生土壤有效磷丰缺指标及磷肥推荐用量

等　级	相对产量（%）	有效磷含量（mg/kg）	磷肥推荐用量（kg/667m²）
极高	＞95	＞42	1～2
高	90～95	28～42	4～6
中	75～90	15～28	6～8
低	50～75	8～15	8～10
极低	＜50	＜8	10～12

3. 土壤钾丰缺指标及磷肥推荐用量。花生田土壤速效钾等级划分为极高、高、中、低、极低五个等级。处于供钾极高等级的花生田，相对产量高于95%，土壤速效钾含量高

于140mg/kg，钾肥推荐用量为0～2kg/667m²。处于供钾极低等级的花生田，相对产量低于50%，土壤速效钾含量低于40mg/kg，钾肥推荐用量为12～15kg/667m²。处于供钾中等等级的花生田，相对产量75%～90%，土壤速效钾含量70～120mg/kg，钾肥推荐用量为4～8kg/667m²（见表10-30）。

表10-30 花生土壤速效钾丰缺指标及钾肥推荐用量

肥力等级	相对产量（%）	速效钾含量（mg/kg）	钾肥推荐用量（kg/667m²）
极高	＞95	＞140	0～2
高	90～95	120～140	2～4
中	75～90	70～120	4～8
低	50～75	40～70	8～12
极低	＜50	＜40	12～15

三、花生的最佳施肥量分析

1. 磷最佳施肥量。根据花生试验计算出最佳施肥量。将各试验点按土壤磷素的丰缺指标和花生不同产量水平分类汇总，统计出土壤磷素不同含量水平下最佳施肥量的平均值（见表10-31）和花生不同产量水平（指试验中缺磷素处理区）最佳施肥量的平均值（见表10-32）。

表10-31 花生不同磷素含量水平磷的最佳施肥量

分级标准	极低	低	中	较高	高
相对产量（%）	＜50	50～75	75～90	90～95	＞95
土壤磷素含量（mg/kg）	＜8	8～15	15～28	28～42	＞42
施肥量（kg/667m²）	5.8	6.0	7.7	4.1	3.2

表10-32 花生不同产量水平磷的最佳施肥量

产量水平	低产	中产	高产
产量（kg/667m²）	＜200	200～350	＞350
施肥量（kg/667m²）	6.7	5.5	4.0

2. 钾最佳施肥量

根据花生试验计算出最佳施肥量。将试验点按土壤钾素的丰缺指标和花生不同产量水平分类汇总，统计出土壤钾素不同含量水平下最佳施肥量的平均值（见表10-33）和花生不同产量水平（指试验中缺钾素处理区）最佳施肥量的平均值（见表10-34）。

表 10-33 花生不同钾素含量水平钾的最佳施肥量

分级标准	极低	低	中	较高	高
相对产量(%)	<50	50～75	75～90	90～95	>95
土壤钾素含量(mg/kg)	<40	40～70	70～120	120～140	>140
施肥量(kg/667m²)	4.6	4.3	3.8	3.1	2.3

表 10-34 花生不同产量水平钾的最佳施肥量

产量水平	低产	中产	高产
产量(kg/667m²)	<200	200～350	>350
施肥量(kg/667m²)	6.2	5.4	3.5

第六节 苹果树测土配方施肥指标体系

莱州市苹果树面积占果园面积的79.44%，由于果树是多年生植物，试验研究难度较大，相关资料还不完善，所以测土配方施肥起步较晚。在初步试验基础上，结合有关资料介绍，提出了当地苹果树土壤养分分级指标(见表10-35)供参考。有关果树的施肥参数有待于进一步试验研究。

表 10-35 莱州市苹果园地力评价指标

项目	丰富	较高	中	低	缺乏
有机质(g/kg)	>20	15～20	10～15	8～10	<8
碱解氮(mg/kg)	>120	100～120	80～100	60～80	<60
有效磷(mg/kg)	>50	40～50	20～40	10～20	<10
速效钾(mg/kg)	>200	150～200	100～150	70～100	<70

第七节 生姜测土配方施肥指标体系

生姜是莱州市的优势蔬菜品种。在初步试验及施肥调查的基础上，结合有关资料介绍，提出了当地生姜种植土壤养分分级指标(见表10-36)。

表 10-36 莱州市生姜地地力评价指标

项 目	丰富	较高	适中	偏低	缺乏
有机质(g/kg)	>25	20～25	15～20	10～15	<10
碱解氮(mg/kg)	>150	120～150	90～120	60～90	<60

续表

项 目	丰富	较高	适中	偏低	缺乏
有效磷(mg/kg)	>120	120～80	50～80	20～50	<20
速效钾(mg/kg)	>400	300～400	200～300	100～200	<100

除生姜外，其他需肥量高的蔬菜也可参考此指标。

第八节 农田土壤营养元素分级指标体系

综合前面几节所述，针对莱州市小麦、玉米、花生田土壤碱解氮、有效磷、速效钾的丰缺指标，提出了莱州市农田种植粮食、油料作物时地力评价指标(见表10-37)，供莱州市试用。

表10-37 莱州市粮田地力评价指标

项 目	丰富	中	低	缺乏
有机质(g/kg)	>20	12～20	8～12	<8
碱解氮(mg/kg)	>110	80～110	50～80	<50
速效磷(mg/kg)	>40	15～40	10～15	<10
速效钾(mg/kg)	>120	80～120	50～80	<50

根据营养元素同等重要性和不可替代性原理，微量元素与大量元素同等重要。一般情况下，作物需要的微量元素主要来自于土壤，微量元素的种类主要有铁、锰、铜、硼、锌、钼和氯。莱州市土壤所含的微量元素极不平衡，铜、铁、锰和氯丰富或较为丰富，而硼、锌、钼则普遍缺乏，多在临界值以下(硼、锌、钼临界值分别为0.5mg/kg、1.0mg/kg、0.15mg/kg)(见表10-38)。

表10-38 农田微量元素地力评价指标

项 目	丰富	中	低	缺乏
有效硼(mg/kg)	>2	2～1	1～0.5	<0.5
有效锌(mg/kg)	>3	3～2	2～1	<1
有效钼(mg/kg)	>0.25	0.25～0.20	0.20～0.15	<0.15
有效铁(mg/kg)	>20	20～10	10～5	<5
有效锰(mg/kg)	>30	30～15	15～5	<5
有效铜(mg/kg)	>2	2～1	1～0.5	<0.5

不同作物对微量元素的吸收量虽有差异，但整体差别不大。所以该农田微量元素地力评价指标不仅适用于小麦、玉米、花生等粮油作物，也可以在果品、蔬菜生产中借鉴参考。

第十一章　肥料配方设计与技术应用

确定科学合理的肥料配方是测土配方施肥工作的重要环节，也是测土配方施肥技术的具体体现。将田间土壤样品测定的大量数据进行优化，按照不同地区养分分布的特点和作物对养分的吸收规律，设计出适宜区域作物的肥料配方，并结合测土配方施肥技术指标体系进行区域配肥，将配方肥应用到农田是测土配方施肥的最终目的。近年来，随着计算机技术和信息技术的快速发展与广泛应用，施肥配方趋向系列化、多样化，灵活性、适应性、可操作性更强，区域配肥和推荐施肥技术发挥的作用将更大。

第一节　肥料配方设计的基本环节

在运用全球卫星定位系统(GPS)进行土壤采样与测试的基础上，综合考虑行政区划、土壤类型、土壤质地、气象条件、种植结构、作物需肥规律等因素，借助信息技术生成区域性土壤养分空间变异图和县域施肥分区，优化设计不同分区的肥料配方。

一、GPS定位指导下的土壤样品采集

土壤样品采集要使用GPS定位，采样点的空间分布应相对均匀，大约每亩采集一个土壤样品，先在土壤图上大致确定采样位置，然后在标记位置附近采集多点混合土样。

1. 区域土壤采样点的确定。根据研究区域的地形，设计区域采样点的布置方法，根据研究区域面积和拟采样点数目设置取样间距。莱州市地貌类型复杂，点位的代表性差，合理布点尤为重要。根据土壤类型、土壤母质类型、作物种类、种植方式等，在全市1∶500000的土壤图上按照土种分布、点位空间距离进行了详细、认真地布点。区域土壤采样点的布置和采样点数目决定了GIS分析的精确度，是整项工作的基础。根据全市的地形条件和精确研究区域的采样点位置和采样数目，涉及了全市所有的16处镇、街道办事处，1017个行政村。

2. 田间采样。采样点位置确定后，采样是否具有代表性也是决定分析结果的关键因素之一。利用GPS记录采样点的地理坐标，每个样点以坐标点为圆心，在周边10m直径范围内，采集不少于15个点位，混合为1个基础农化。土样采样深度粮田为0～20cm，菜园为0～25cm，果园为0～40cm。

二、土壤测试与土壤养分空间数据库的建立

将土样带回实验室中风干测定土壤养分。土壤养分含量的测定应该按规范的标准步

骤进行，一个点的土壤养分含量的差异可能会导致整个区域土壤养分图出现偏差。为了保证数据录入工作的准确性，由专人负责，测定一批及时录入电脑，规范的数据录人能有效的提高工作效率和减少返工的几率。将土壤养分的测定值保存在EXCEL表中。

土壤样品及时处理化验后，将土壤测试数据和空间位置建立对应关系，形成空间数据库，以便于能在GIS中进行分析。

三、土壤养分分区图的制作

基于区域土壤养分分级指标，以地理信息系统(GIS)为操作平台，使用Kriging等方法进行土壤养分空间插值，制作土壤养分分区图。

1. 地理信息系统简介。地理信息系统是20世纪60年代开始迅速发展起来的地理学研究新技术，是多学科交叉的产物。地理信息系统的定义由两个部分组成：一方面，地理信息系统是一门科学，是描述、存储、分析和输出空间信息的理论和方法的一门新兴交叉学科；另一方面，地理信息系统是一个技术系统，是以地理空间数据库为基础，采用地理模型分析方法，适时提供多种空间的动态地理信息，为地理研究和地理决策服务的计算机技术系统。其基本特点是以图层的形式储存各类空间数据，不同的图层相互叠加形成完整的地理地图。

2. 土壤养分图的制作。对于土壤有机质、氮、磷、钾、锌、硼、钼等养分数据，首先按照野外实际调查点进行整理，建立了以各养分为字段，以调查点为记录的数据库，之后进行了土壤采样样点图与分析数据库的连接，在此基础上对各养分数据进行自动的插值处理。

在测土配方施肥工作中，土壤养分图的用途主要是为了直接服务于区域配肥，因此土壤养分的分级应以土壤养分丰缺指标为依据，不需要为了突出空间变异而划分过多等级。

四、分区配方制定与施肥推荐

根据土壤养分的空间分布特点，结合作物养分需求规律以及施肥决策系统，生成县域施肥分区图和分区域的肥料配方。设计配方时，应掌握以下技术原则：

1. 区域氮素总量控制与分期调控。土壤氮素具有总体稳定和局部变异的双重特点，依据前者，可将一定区域范围内作物全生育期氮肥施用总量控制在一个合理的范围内；依据后者，可以在这个范围的基础上，根据作物氮素吸收规律，对不同生育期的氮肥用量进行分配。结合已有的研究结果，可以从三个方面实现区域氮素的总量控制、分期调控：一是通过长期定位试验和多年多点的分散肥料试验的汇总，确定一定区域范围内作物平均施氮量。例如，莱州市多年多点肥料试验表明，对于中等供氮土壤，小麦—玉米轮作体系每季作物氮肥用量应控制在210～240kg/hm^{2}之间，如果在小麦播种时和拔节期两次施氮，比例应为50%∶50%，如果在小麦播种、返青和拔节三次施氮，基追比例应为30%∶20%∶50%。二是通过一定区域农田生态系统氮素平衡来确定作物氮肥供应总量。对于农田生态系统来说，氮素的输入项主要包括化肥、有机肥(包括秸秆还田)、环境氮素(包括大气沉降、灌溉水、生物固氮等)、种子及秧苗带入的氮素；氮素的输出主要包括收获作物带走的氮素和氮素损失量两个部分，其中氮素损失又包括氮素淋洗、铵挥发和硝化反硝化损失等。三是通过作物目标产量和氮素吸收总量确定一定区域内氮素施用总量。对于莱州市来说，形成100kg籽粒小麦吸收需氮量的变化范围为2.97～3.02kg。对于目标产量为6000～8000kg/hm^2的小麦籽粒产量来说，氮肥施用总量应控制在180～240kg/hm^2之间，该方法获取的区域氮肥施用总量略低于根据试验汇总的区域氮肥施用总量。

2. 区域磷、钾恒量监控。与土壤氮素变异特征不同，土壤磷、钾具有连续变异的特点，这一变异的大小和方向由磷肥、钾肥施用量和作物需求量之间的动态平衡决定。因此，可以根据一定区域范围内土壤有效磷、速效钾的测试值和作物多年施肥的反应，确定较长时段(一般3～5年)磷、钾的相对恒定用量，将作物根层土壤有效磷、速效钾水平构建或保持在一个适宜的水平上，该水平既可以满足高产优质作物对磷、钾供应的需求，又避免过量投入造成的资源浪费。具体来讲，当土壤有效磷、速效钾处于较低水平时，区域磷、钾管理的目标除增加作物产量外，还应稳步提高土壤有效磷、速效钾的水平，故磷、钾肥用量要投入大于产出；当土壤有效磷、速效钾处于适宜水平时，区域磷、钾管理的目标应增加作物产量、维持土壤有效磷、速效钾水平，故磷、钾肥用量投入等于产出；当作物根层土壤有效磷、速效钾处于较高水平时，区域磷、钾管理的目标应控制磷、钾肥用量，逐年降低土壤有效磷钾含量，直至适宜水平，故磷钾肥用量投入小于产出。

在农业生产中，磷、钾肥一般作为基肥一次性施入，磷、钾分期调控主要考虑轮作周期内磷、钾分配比例。在区域磷、钾分期调控中不能仅仅考虑小麦或玉米当季作物，而应将小麦—玉米轮作周期的磷、钾通盘考虑，统一运筹。小麦对磷敏感，可2/3左右磷肥用在小麦上，1/3左右磷肥用在玉米上；钾则相反，可将40%左右钾肥用在小麦上，60%左右钾肥用在玉米上。

3. 区域中微量元素的因缺补施。莱州市土壤大都存在某种或几种微量元素缺乏问题。微量元素施肥原则与大量元素不同，在确定了土壤丰缺临界值的基础上，一般微肥用量相对固定。因此，可以通过土壤测试或田间缺素试验确定区域土壤的微量元素缺乏程度。

第二节 区域施肥配方设计

一、肥料配方设计的基本流程

在确定施肥区域后，根据施肥分区养分丰缺指标，考虑农民的施肥习惯，制定区域内的推荐施肥方案和肥料配方，再经过肥料配方田间对比试验的验证，才能最终确定肥料配方，应用到农业生产中去，基本流程如图11-1所示。

下面以小麦、苹果为例，对莱州市测土配方施肥中区域施肥配方的设计方法、步骤进行具体说明。

1. 小麦区域配方设计。根据莱州市土壤养分含量和适宜施肥量的情况看，土壤磷、钾建议各分为两个等级。分级标准为：

土壤有效磷：中低＜40mg/kg，高≥40mg/kg。

土壤速效钾：中低＜110mg/kg，高≥110mg/kg。

按照以上分级标准，小麦施肥配方推荐时，氮肥的推荐主要采用以产定氮法：

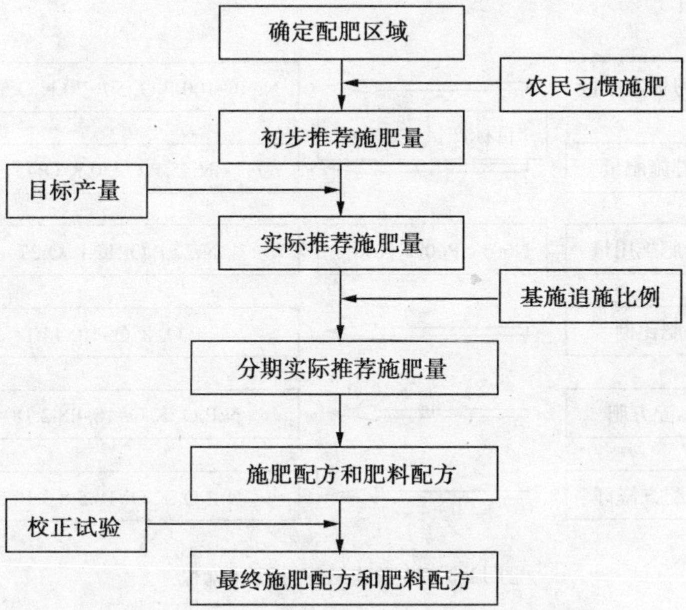

图 11-1　区域施肥配方设计基本流程

$$N=0.025\times 目标产量(kg)+4.0$$

磷、钾肥的推荐则根据土壤养分状况综合分析结果，分别拟定不同配方，即中低磷、钾类型区，高磷、高钾类型区，高磷、中低钾类型区，中低磷、高钾类型区四种类型。图 11-2 是小麦施肥配方的流程图。

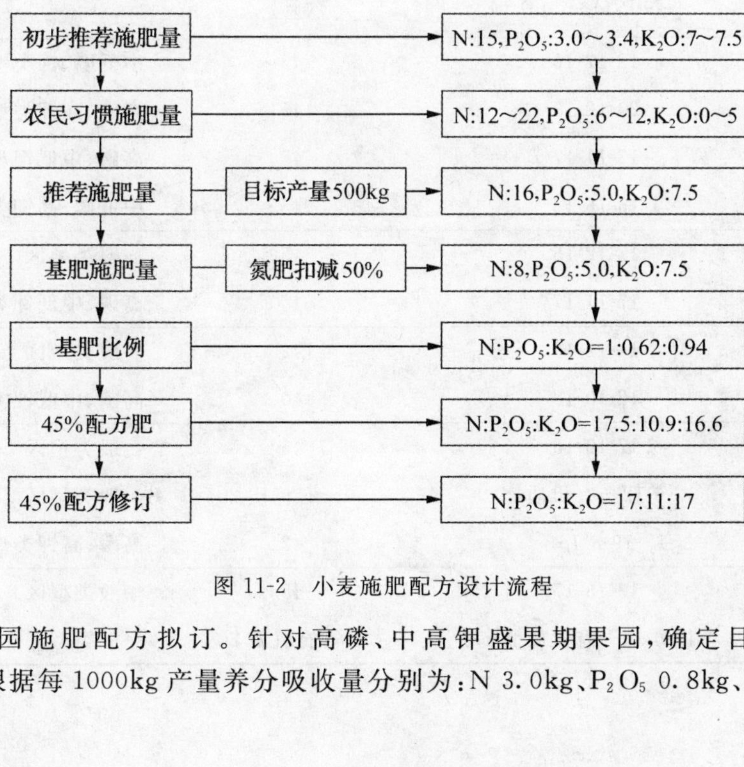

图 11-2　小麦施肥配方设计流程

2. 苹果园施肥配方拟订。针对高磷、中高钾盛果期果园，确定目标产量 3000 kg/667m^2，根据每 1000kg 产量养分吸收量分别为：N 3.0kg、P_2O_5 0.8kg、K_2O 3.2kg 拟定施肥配方(见图 11-3)。

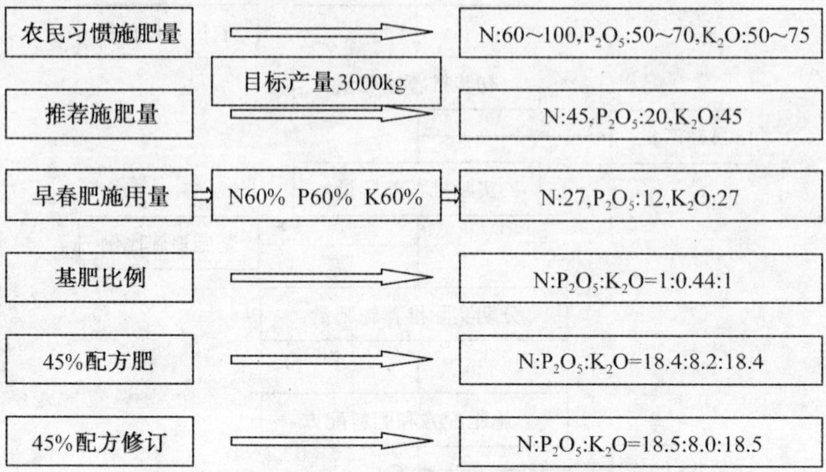

图 11-3 苹果施肥配方设计流程

二、配方肥种类

根据莱州市土壤养分状况和主要种植作物的需肥规律及特点,提出并优化了小麦、玉米、花生、果树、生姜的主要肥料配方,供农民选购肥料时参考(见表 11-1)。

表 11-1 莱州市主要配方肥配方

适用作物	配方 ($N-P_2O_5-K_2O$)	总含量 (%)	推荐施用范围
小麦	12-17-16	45	中低磷、钾类型区
	20-12-13	45	高磷、高钾类型区
	17-11-17	45	高磷、中低钾类型区
	16-16-13	45	中低磷、高钾类型区
玉米	18-12-15	45	一般类型区
	17-11-17	45	高磷、中低钾类型区
花生	14-12-16	42	一般类型区
	12-10-18	40	高磷、中低钾类型区
果树	17-10-18	45	一般类型区
	12-6-12+有机质 20	30+有机质 20	一般类型区
	19-8-15	42	高磷、高钾类型区
生姜	13-15-17	45	一般类型区
	10-6-14+有机质 20	30+有机质 20	一般类型区

第三节 测土配方施肥技术应用

莱州市自2006年实施测土配方施肥项目以来，取得了显著的效果，主要体现在施肥结构发生了变化，土壤养分向相对协调的方向发展，大大提高了农业生产的社会效益、经济效益和生态效益。

一、施肥结构发生了明显变化

国家测土配方施肥项目的实施，已引起了全社会的积极响应，农民对测土配方施肥技术的认知程度显著增强，对这项工作的开展和效果反应强烈。农民传统的施肥习惯正在改变，肥料投入结构不合理、不依地力、不分作物盲目施肥、单一施肥或过量施肥的习惯正逐步得到遏制，农民的施肥观念正在发生变化，自觉接受新技术的程度正在提高，施肥技术正在由“经验型”向“标准型”、“定量型”转变。

经过连续5年对莱州市100多个农户和大量示范区的小麦、玉米、花生、苹果、蔬菜等作物的施肥情况进行跟踪调查，可以看出，随着测土配方施肥工作的开展，投入农田的肥料结构出现了变化，总体上氮肥、磷肥用量下降，而有机肥、钾肥和微肥用量有不同程度的增加，肥料结构正在趋于合理，平均增减情况如表11-2表示。

表11-2 肥料施用量变化情况

作物	有机肥增减量（$kg/667m^2$）	N增减量（$kg/667m^2$）	P_2O_5增减量（$kg/667m^2$）	K_2O增减量（$kg/667m^2$）	微肥增减量（$kg/667m^2$）
小麦	+531	−4.14	−2.82	+1.14	+0.20
玉米	—	−4.89	−3.97	+2.34	+0.16
花生	+218	−3.40	−2.21	+1.17	+0.15
苹果	+235	−11.49	−6.58	+3.64	+0.53
蔬菜	+336	−16.73	−13.91	−2.76	+1.30
平均	+203	−5.24	−3.76	−1.94	+0.22

二、土壤养分不断协调

莱州市自2006年建立了20个县级耕地地力监测点和17个国家级耕地地力监测点，连续5年对土壤中的有机质、全氮、有效磷、有效钾含量进行了监测。可以看出，随着测土配方施肥工作的不断深入，土壤养分状况已经开始发生变化，平均增减情况如表11-3所示。

表 11-3 耕地土壤养分变化情况

成分	有机质		全氮		有效磷		有效钾	
项目	增减值 (g/kg)	增减率 (%)	增减值 (g/kg)	增减率 (%)	增减值 (mg/kg)	增减率 (%)	增减值 (mg/kg)	增减率 (%)
变化量	+0.013	+0.11	−0.001	−0.17	−1.001	−4.17	+1.228	+1.58

三、效益显著

1. 经济效益。莱州市自 2006 年测土配方施肥项目实施以来，累计推广应用测土配方施肥技术面积达 134463hm^2，其中小麦 37332hm^2、玉米 64665hm^2、花生 18000hm^2、果树 13333hm^2、蔬菜 1133hm^2。经过对示范区考察，与农民习惯施肥相比，测土配方施肥后节本增效效果十分显著(见表 11-4)。

表 11-4 测土配方施肥节本增效情况

作物	节肥 (kg/667m^2)	节本 (元/667m^2)	增产 (kg/667m^2)	增收 (元/667m^2)	总节肥 (万吨)	总增产 (万吨)	总节本增效 (万元)
小麦	5.62	27.61	20.5	36.13	0.31	1.15	3569.31
玉米	6.36	23.42	23.4	39.86	0.62	2.27	6138.00
花生	4.29	18.24	18.8	73.93	0.12	0.51	2488.59
苹果	13.90	59.08	152.5	288.24	0.28	3.05	6946.23
蔬菜	32.10	136.43	198.0	434.07	0.05	0.34	969.56
合计	6.84	28.38	36.25	71.34	1.38	7.32	20111.69

通过项目的实施，提高了农业综合生产能力，促进了农业节本增效和农民增收。测土配方施肥技术推广，已成为各地社会主义新农村建设的重要内容，为农民收入的增加注入了新的活力。

2. 社会效益。通过项目的实施，广大农民真正在田间地头享受到了全方位的免费检测和技术指导服务，享受到了测土配方施肥技术应用的成果。随着中央对"三农"工作力度的不断加大，国内许多知名肥料生产企业、经营单位寻求围绕"三农"拓宽发展空间的结合点。测土配方施肥项目搭建了肥料生产企业、农业技术推广部门、肥料经营单位与农民群众之间的对接平台。在这个平台上，多方对接并融为一体，形成了强大合力。经过投标筛选的配方肥定点生产企业，一方面为严格控制产品质量，进行技术改造，更新企业发展理念，给企业发展注入新活力，另一方面又因产品质量优、价格廉而赢得了政府、农业技术推广部门、肥料经营单位、农民群众的赞誉，无形资产及效益大幅度增加；配方肥配送中心打破了传统经营理念，实现了从"经营利润"向"经营信誉"转变的高级发展阶段；配方肥委托供应点在为农服务中获得了成就感，自觉地承担起了咨询、指导等工作；农民群众是测土配方施肥的最大受益者，不仅得到了现实的利益，更重要的是施肥、购肥观念发生了深刻变化。随着配方肥的研制和推广,更多的肥料生产企业和农资经营户主动要求参与测土配方施肥工程,遏制了哄抬物价和以假充好现象的发生,净化了农资市场,农民真正用上了物美价廉的放心肥,没了后顾之忧。测土配方施肥已跨越了纯技术的内涵,成为全社会共同参与的施肥技术革命。变配方施肥为施配方肥,这是农民用肥观念的一场重大变革。测土配方施肥技术推广自始至终受到了各级的重视和支持,进一步推动了测土配方施肥由技术措施上升为政策措施,由部门行为上升为政府行为,引起了全社会的共识,国家开展的测土配方施肥补贴项目利国惠农,已深入人心。

3. 生态效益。测土配方施肥项目的实施,大大降低了莱州市农田持续高量的氮、磷投入,农田土壤氮、磷养分盈余量大幅度下降,氮、磷养分流失到环境中的程度得到降低,减弱了对生态环境的影响,极大地减轻了农业面源污染问题,为莱州市生态城市建设、减少碳排放、发展低碳经济发挥不可替代的作用。另外,氮、磷肥施用量下降,对于莱州立地条件较差的果园棕壤来说,酸化趋势将减缓,对于改善土壤养分失调将起到较大的作用。由于测土配方施肥是基于环境友好下养分综合管理理念的体现,因此,测土配方施肥项目不断向纵深发展,将有利于莱州市土壤质量的提高,改善农产品品质,生态环境效益将逐步显现出来,测土配方施肥工作必将展现出更加广阔的推广及应用前景。

第十二章 主要农作物测土配方施肥技术

第一节 小麦施肥技术

一、小麦施肥量的确定

依据测土配方施肥的原理，针对测土结果，确定了小麦施肥量的理论计算方法。

经验模式法：

$NT = 0.025 \times YM + CN$

$PT = 0.015 \times YM + (15 - PS) \times 0.1 + CP$

式中：NT、PT 为每亩氮、磷推荐量，YM 为目标产量，PS 为耕层土壤有效磷测定值，CN、CP 为基础参数。

高产田有机质低于 12g/kg、中低产田有机质低于 9g/kg，$CN=4$。

土壤速效钾含量高于 100mg/kg 或每亩单产低于 350kg，不施钾肥；土壤速效钾含量 85～100mg/kg 施 K_2O 3kg；70～85mg/kg 施 K_2O 5kg；低于 70mg/kg 施 K_2O 7kg。

小麦产量高于 400kg/667m^2 的地块，每增加 10kg 小麦，建议每亩增施纯 N 0.25kg，P_2O_5 0.1kg，K_2O 0.3kg；低于 400kg/667m^2 的地块，每减少 10kg 小麦，每亩减施纯 N 0.20kg，P_2O_5 0.1kg，K_2O 0.25kg。小麦施肥方法，氮肥 40%基施，60%追施；中量元素考虑所选化肥品种，一般不需要单独施用；微量元素按丰缺程度适当增减。

小麦推荐施肥量：根据土壤磷高、钾低的养分状况，以及氮、磷、钾肥施用比例失调的现状，在小麦生产中，实施了“控氮、稳磷、补钾”技术，重点加大“补钾工程”的力度，推广“高钾低磷”配方肥（见表 12-1）。

表 12-1　　小麦推荐施肥量

目标产量（kg/667m^2）	小麦推荐施肥量（kg/667m^2）						
	氮	土壤有效磷（mg/kg）			土壤速效钾（mg/kg）		
		<15	15～30	>30	<75	75～100	>100
400	10～12	6～7	5～6	1～2	5	3	0
500	12～14	8	7	3	6	5	3
600	14～16	9	8	4	9	7	5

二、小麦的需肥量和需肥规律

小麦是莱州市的主要粮食作物之一，常年播种面积在 40000hm^2 以上，总产量占粮食总产 40%～50%，是保障粮食战略安全的关键作物。小麦正常生长发育需氮、磷、钾、铁、锌、铜、锰等多种元素。在氮、磷、钾三要素中相对需氮、钾较多，需磷较少。冬小麦生育期长达 250～260 天，大致每生产 100kg 需吸收 N 约 3kg，P_2O_5 1～1.5kg，K_2O 2～4kg，三者的吸收比例为 3：1：3。莱州市经过试验得出的结果是每生产 100kg 需吸收 N 2.96kg，P_2O_5 1.24kg，K_2O 2.73kg，三者的吸收比例为 2.39：1：2.20。小麦对氮、磷、钾的吸收量因土壤、气候、品种特性和栽培条件而有所变化。

小麦氮素的吸收有两个高峰阶段：一是出苗到拔节阶段（越冬期和返青期），吸收氮素占吸氮总量的 40%左右；二是拔节到孕穗阶段，占吸氮总量的 30%～40%。小麦在分蘖期吸收磷素和钾素分别占各自吸收总量的 30%左右，拔节以后吸收速度急剧增长。磷素在孕穗到成熟期吸收最多，约占总吸收量的 40%，钾素的吸收以拔节到孕穗开花阶段最多，占总吸收量的 60%左右，到开花时对钾素的吸收达到最大量。

三、施肥时期及方法

根据冬小麦的生育规律和营养特点，应施足基肥。在整地前，一般每亩平均施农家肥 1000～1500kg 或商品有机肥 200～400kg，同时将 40%～60%的氮肥、全部磷肥、50%～100%的钾肥基施，最好选用复合肥（配方肥）。建议配施锌肥 1kg，硼肥 0.5kg。施用时建议在耕地前均匀撒于地表，及时耕翻入土。追肥一般在拔节期进行，以氮肥为主。氮肥追施量占总施量的 40%～60%。小麦分蘖多，苗情好，长势旺盛，可适当晚施，并减少施用量。弱苗麦田追肥要提前至返青期，最好在返青和孕穗期追肥 2 次。磷、钾肥基施不足的，也要通过追肥补充，但追施磷、钾肥应尽量提前到返青期。追肥方法一般是用施肥耧隔行串施，深度 7～10cm。土壤水分不足时，追肥后要及时浇水，灌水定额在 40m^3左右，不要大水漫灌。

叶面喷肥也是追肥的一种形式。在后期根系吸收能力差时，叶面追肥更直接有效，同时能有效防治干热风危害。叶面喷肥品种主要是尿素、磷酸二氢钾、微肥等，浓度为 0.5%～2%。喷施一般在早 8 点前、下午 5 点后或阴天进行，遇到喷后降雨要重喷。

第二节　玉米施肥技术

一、玉米施肥量的确定

采用经验模式法：

$$NT=0.02\times YM+CN$$

$$PT=0.02\times(YM-400)+(15-PS)\times 0.15+CP$$

式中：NT、PT 为每亩氮、磷推荐量，YM 为目标产量，PS 为耕层土壤有效磷测定值，CN、

CP 为基础参数。

土壤有机质高于 12g/kg 时，*CN*＝2；土壤有机质 9～12g/kg 时，*CN*＝4；土壤有机质低于 9g/kg 时，*CN*＝5。

YM 大于 $400kg/667m^2$ 时，施用磷肥，低于 $400kg/667m^2$ 时，不施磷肥。

钾肥用量的确定：重点实施了“增钾、补锌”的配方施肥技术。土壤速效钾含量高于 100mg/kg 或每亩单产低于 400kg，不施钾肥；土壤速效钾 85～100mg/kg 施 K_2O 4kg；70～85mg/kg 每亩施 K_2O 6kg；低于 70mg/kg 施 K_2O 8kg。见表 12-2。

表 12-2 玉米推荐施肥量

目标产量 ($kg/667m^2$)	玉米推荐施肥量 ($kg/667m^2$)						
	氮	土壤有效磷(mg/kg)			土壤速效钾(mg/kg)		
		＜15	15～30	＞30	＜75	75～100	＞100
400	10～12	6～7	5～6	1～2	5	3	0
500	12～14	8	7	3	6	5	3
600	14～16	9	8	4	9	7	5

二、玉米的需肥量和需肥规律

玉米正常生长发育需氮、磷、钾、铁、锌、铜、锰等多种元素。夏玉米是高产作物，需肥量大，每生产 100kg 籽粒需吸收 N 2.5～2.7kg，P_2O_5 1.1～1.4kg，K_2O 3.2～3.8kg，三者比例为 1∶0.36∶1.1。莱州市经过试验得出的结果是每生产 100kg 需吸收 N 2.62kg，P_2O_5 0.89kg，K_2O 2.28kg，三者的吸收比例为 1∶0.34∶0.87。不同品种、产量水平及栽培方式有差异，一般玉米全生育期需要施 N 10～16kg、P_2O_5 3～5kg、K_2O_5 5～8kg。玉米幼苗生长慢，吸收量不超过 10%，拔节期到开花期生长加快，吸收氮素占总吸收量的 45%，穗期吸收氮素占总吸收量的 32%，之后养分吸收减慢。

三、施肥时期及方法

依据上述，夏玉米从拔节期到穗期是施肥的关键时期，对增加产量非常重要。

1. 基肥。在整地前，同时将 30%左右的氮肥、全部磷肥、50%以上的钾肥基施，有条件的可配施农家肥 1000～1500kg 或商品有机肥 200～400kg。可结合起垄一次施入播种沟内，使肥料施到 10～15cm 的耕层中。建议配施锌肥 1kg。施用时最好顺犁沟条施，也可在耕地前均匀撒于地表，并及时耕翻入土。不便施基肥的地块可在苗期开沟串施或穴施，施用深度 7～10cm。

2. 种肥。玉米种肥一般以氮肥为主，数量不宜超过 5kg，不能太多。近几年，全市有的农民将大部分甚至全部肥料用做种肥，随玉米种子一起下地，这种施肥方法使种子、化肥难以隔离，很容易造成伤根烧苗。

3. 追肥。总量为总施氮量的 60%左右及 50%的钾肥。追肥一般分两次进行，可在拔节后 10 天和玉米抽雄前 10～15 天大喇叭口期两次追施，前轻后重，比例掌握在 2∶3。

一次性施肥的地块，可在大喇叭口初期一次追施。追肥方法一般可以条施，也可以穴施，施肥深度 7～10cm，施后要及时覆土。土壤水分不足时，追肥后要及时浇水，但不要大水漫灌。

叶面喷肥是追肥的有效方式之一。叶面喷肥品种主要是尿素、磷酸二氢钾、微肥等，浓度掌握在 1%～2%。

4. 缓控释肥料的施用。缓控释肥是一种根据作物不同生长阶段对营养需求而释放养分的新型肥料，具有控制肥料养分释放、肥效周期长等特征，可减轻农民劳动强度，提高肥料的利用率、降低生产成本和提高作物产量。据中科院南京土壤研究所的研究结果表明，每年我国有 123.5 万吨氮通过地表水径流到江河湖泊，49.4 万吨氮进入地下水，299 万吨氮进入大气。长江、黄河和珠江每年输出的溶解态无机氮达到了 97.5 万吨，在这些氮素中 90%来自农业，而氮肥占了 50%，从而造成严重的农业面源污染、水体富营养化、土壤板结等现象，同时通过反硝化作用还向大气释放出一氧化二氮等温室气体，造成温室效应。因此，发展具有较高肥效利用率的缓控释肥料，减少速效化肥的使用量，有效地保护生态环境。

近年来，莱州市缓控释肥料施用量逐年增加，特别是在玉米上应用面积增长较快，但也出现了一些问题。一是烧苗问题，由于缓控释肥料一般养分含量高，有的只是对部分氮肥进行了缓控释放处理，且包被材料不一，如果肥料与种子隔离不好，会发生烧种、烧苗现象。二是脱肥问题，缓控释肥料在玉米上要做基肥或定苗后的提苗肥及早施用，以防因显效慢造成玉米前期脱肥。生育后期也要注意观察玉米长势长相，如果发生叶片发黄等脱肥现象时，要及时适量追施氮肥。

第三节　花生施肥技术

一、花生施肥量的确定

采用经验模式法：

$$NT=0.023\times YM$$

$$PT=0.015\times YM+(15-PS)\times 0.1+1$$

式中：NT、PT 为每亩氮、磷推荐量，YM 为目标产量，PS 为耕层土壤有效磷测定值。

钾肥用量的确定：土壤速效钾含量大于 120mg/kg，不施钾肥；土壤速效钾 100～120mg/kg 施 K_2O 2.5kg；90～100mg/kg 施 K_2O 5kg；80～90mg/kg 施 K_2O 7kg；70～80mg/kg 施 K_2O 10kg；低于 70mg/kg 施 K_2O 12kg。

二、花生对营养元素的吸收特点

花生是需肥量较大的作物之一，对氮、磷、钾、钙、硫、铁以及钼的吸收量较大。资料介绍，一般每生产 100kg 荚果需要吸收 N 6.8kg，P_2O_5 1.3kg，K_2O 3.8kg，CaO 1.5～3.5kg，硫 0.45kg，铁 0.16kg。花生对各种营养元素的吸收因不同生育时期而异，肥大的子叶中含有较多的营养物质，幼苗期对氮、磷、钾的吸收量也较少；花针期开始显著增加，结荚期达到吸收高峰。花生花针期是植株营养生长的高峰期，需要较多的钾，而结荚期是蛋白质等营养物质的积累时期，也是氮、磷的吸收高峰期。

三、花生合理施肥技术

花生施肥总体上应掌握以下基本原则：重施基肥，适量追肥，有机肥为主，化肥为辅，大量、中量及微量元素相结合。

1. 基肥。用量一般占施肥量的80%左右，中等地力耕地一般每亩施经过彻底腐熟的优质农家肥 2000～3000kg/667m^2 和 60%的氮肥、70%的磷、钾肥。有机肥施用量少时，可把有机肥和化肥混合均匀，再集中条施在垄下；有机肥施用量多时，可以在整地起垄前撒施耙匀，然后起垄；也可以把 2/3 的有机肥撒施，1/3 有机肥与化肥混匀，再集中条施在垄下。

2. 种肥。根据基肥施用情况，可用 5%的氮肥做种肥，但一定注意种、肥隔离，以防烧苗。

3. 追肥。苗期追肥以氮肥为主，出苗后 15～20 天，结合中耕追施 5%～10%的氮肥；花针期重追一次肥，剩余的 30%的氮、磷、钾肥全部用上。

4. 微量元素肥料。花生对钼较敏感，钼可促进根瘤固氮作用和花生增产，在苗期和盛花期喷施 0.1%～0.2%的钼酸铵溶液；也可以每亩用 2g 钼酸铵（配成 0.1%～0.2%的溶液）拌种。此外，花生对硼肥也较敏感，可在起垄时每亩施 0.5kg 的硼砂；也可以用 0.2%的硼砂溶液喷施。

覆膜花生追肥困难，也可将全部化肥做基肥和种肥施用。

第四节 苹果施肥技术

一、苹果施肥量的计算

苹果是莱州市栽培面积最大、产量最高的果树，红富士苹果是果树的主要栽培品种。在苹果栽培中，施肥是最基础的技术环节，直接影响苹果的产量和品质。生产中，可参考以下计算公式：

$$NT = YM \times 0.412/40$$

$$PT = (YM \times 0.00068 - CP \times PS) \times 2.3/0.22$$

$$KT = (YM \times 0.00513 - CK \times KS) \times 1.2/0.45$$

式中：NT、PT、KT 为每亩氮、磷、钾推荐量，YM 为目标产量，PS 为土壤有效磷测定值，KS 为土壤速效钾测定值，CP、CK 为基础参数。

磷肥：测试值低于 50 时，$CP=0$；测试值 50～100 时，$CP=0.0225$；测试值高于 100 时，$CP=0.015$；当 PT 计算值低于 0 时，不施磷肥，或施用少量磷肥。

钾肥：测试值低于 120 时，$CK=0$，钾推荐量为 $KT=YM\times0.00513\times1.2/0.4$；测试值 120～250 时，$CK=0.045$；测试值 250～320 时，$CK=0.0375$；测试值高于 320 时，$CK=0.0345$；当钾推荐量 KT 计算值低于 0 时，不施钾肥，或施用少量钾肥。

二、苹果树的营养特点

1. 果树多年生长，各时期对养分的要求不同。果树生长期大致可以分为幼年期、初果期、盛果期、更新期和衰老期。幼年期（开花结果之前）：该期需肥量较少，但对肥料非常敏感。要多施有机肥，化肥要施足磷肥，适当配施钾肥，控制施用氮肥。初果期（开花结果—形成经济产量之前）：是营养生长到生殖生长转化的时期。若营养生长长势较强，以磷肥为主，配施钾肥，少施氮肥；若营养生长较弱，以磷肥为主，适当增加氮肥的施用，配施钾肥。盛果期（大量结果时期）：施肥目的以促进优质丰产，维持健壮长势，根据产量和树势适当调节氮、磷、钾比例，同时要注意微量元素肥料的施用，种植果树年份长，且土壤pH低（低于5.5）的土壤要注意钙肥和镁肥等中量元素肥料的施用。更新期和衰老期：偏施氮肥，以延长结果时间，维持产量。

2. 储藏营养对果树生长有重要影响。果树储藏营养的特性，使得施肥对果树的直接效果降低，但通过施肥增加果树储藏营养水平，对果树丰产稳产具有重要作用。在整个生长季节，应重视平衡施肥和根外追肥，同时注意疏花疏果、控制新梢过旺生长，以减少养分的无效消耗。果实收获后到落叶前及早施用基肥，是增加储藏营养的关键措施。

3. 营养生长与生殖生长对养分的吸收竞争激烈。在生命周期中，幼树良好的营养生长是开花结果的基础。在有机肥充足的果园可以少施氮肥，多施磷肥，但在贫瘠土壤上要重视施用氮肥，同时要加强根外追肥。当营养生长进行到一定阶段（苹果的标志是树干周长在20cm以上），要及时促进营养生长向生殖生长的转化，土壤施肥以磷、钾为主，少施氮肥；叶面施肥早期以氮为主，中后期以磷、钾为主。盛果期果树要氮、磷、钾配合，增加氮、钾用量，以满足果实生长和维持健壮树势的需要。

三、果树施肥技术

1. 果树的施肥原则。第一，用地与养地相结合，有机与无机相结合；第二，改土养根与施肥相结合；第三，平衡施肥；第四，合理施用微量元素肥料和中量元素肥料。

2. 果树年周期营养的施肥时期。以盛果期果树为例，基肥施用时期：秋季果实收获后立即施用基肥，以有机肥为主，配合施用氮、磷、钾化肥，根据长势调节氮、磷、钾的使用比例，注意施用微量元素和中量元素肥料。早春萌芽前后：追施氮肥，若上年秋季没有施用基肥，可在早春补施。花芽分化前：花芽分化前追肥对提高产量的效果最明显，在莱州市苹果花芽分化一般在6月中旬，施肥应在5月底或6月初，以氮磷为主，配施钾肥。果实膨大期：施肥以磷、钾为主，一般不再施用氮肥。

3. 苹果对矿质营养的需求。苹果对矿质营养元素吸收量的顺序为：钙＞钾＞氮＞镁＞磷。氮、磷、钾是苹果生长必需的，也是构成果实的主要矿质营养，消耗量大，土壤供给不足，需要持续周期性补充。钙和镁主要存在于根、茎、叶中，果实中含量很少，并且在莱州市苹果栽培土壤中，一般情况下钙和镁的含量较丰富，不需要或者不需要每年施用钙镁肥料。微量元素养分硼、锌、铁、锰、铜、钼也是苹果生长必需的营养元素，就莱州市土壤条件来说，锌和硼是最需及时补充的养分，铁、锰、铜较丰富，有的园片出现锰中毒现象。苹果对氮的需求分为三个时期：第一时期，从萌芽到新梢快速生长为大量需氮期；第二时期，新梢生长后期到采收前为稳定需氮期；第三时期，果实采收后到落叶为氮素储备期。苹果树周年营养对磷的需求平稳，基本无高峰和低谷，对钾的需求量以果实膨大期最大。

4. 幼年期苹果树施肥

对于新辟果园幼年期苹果树每亩每年应施用有机肥 3000～4000kg。如果土壤养分含量水平在中等范围内，每株年施用 N 0.2～0.3kg，N、P_2O_5、K_2O 比例为 1.0∶1.2～1.3∶1.0，化肥用量应随树龄逐年增加。如果在老果园土壤上更新果园，应根据土壤肥力高低调节 N、P_2O_5、K_2O 的施用量及其比例（N、P_2O_5、K_2O 比例一般掌握在 1.0∶1.0∶0.8）。全年的有机肥和化肥可以在秋季一次施入。

5. 初果期苹果树施肥。保持有机肥施用充足，每亩每年施用 N 15～22kg，施肥量随树龄逐年增加，N、P_2O_5、K_2O 比例为 1.0∶0.8∶1.0。施肥时期分为三次：第一次施肥，秋季基肥，将全年的有机肥，全年 N、P_2O_5、K_2O 各 30%与有机肥一起施入。施用微肥数量为每株 50g 硼砂和 100g 硫酸锌，与有机肥同时施用。如果基肥没有施用微量元素肥料，可根据需要进行根外追肥。第二次施肥（次年 3 月萌芽前），全年 N 的 40%，P_2O_5 的 30%，K_2O 的 20%。第三次施肥（6 月花芽分化期），N 的 30%，P_2O_5 的 40%，K_2O 的 50%。

6. 盛果期苹果树施肥。根据资料介绍，在中等肥力土壤上，每 1000kg 苹果产量推荐施用 N 7～9kg，N、P_2O_5、K_2O 施用比例为 1.0∶0.5∶1.1。在土壤某一养分含量过高或者过低的情况下，可以适当调节 N、P_2O_5、K_2O 三者的施用比例。第一次施肥（秋季基肥）：全年的有机肥，全年 N、P_2O_5、K_2O 的各 20%，微肥可以与基肥一起施入（微肥一次施用可以持续 2～3 年有效）。第二次施肥（次年 3 月春季萌芽前）：全年 N 的 50%，P_2O_5 的 30%。第三次施肥（6 月果实膨大期）：全年 N 的 30%，P_2O_5 的 30%，K_2O 的 40%。第四次施肥（9 月果实营养储存期）：P_2O_5 的 20%，K_2O 的 40%。

在需要施用钙肥的情况下，可以在果实膨大期喷洒硝酸钙，一般喷 3～4 次，浓度为 0.3%。需要施用镁肥时硫酸镁的喷洒浓度为 0.08%～0.15%。硝酸钙和硫酸镁也可以作基肥施用。在基肥没有施用微肥时，初花期和盛花期喷洒 0.3%的硼砂溶液 2～3 次；在盛花期后 2～3 周，每隔 7～10 天喷洒 0.2%～0.3%硫酸锌溶液一次，共喷洒 3 次。

第五节 生姜施肥技术

一、生姜的营养特点

生姜是莱州市蔬菜生产的主要栽培品种。施肥量对生姜生长及产量的影响极大，生姜要求在施足有机肥的基础上，氮、磷、钾等大量元素肥料配合施用，同时补充锌、硼等微量元素，才能达到高产优质。

据烟台市农科院研究介绍，在生姜产量每亩超过 2500kg 的条件下，每生产 1000kg 鲜姜，需吸收 N 4.44kg，P_2O_5 1.30kg，K_2O 6.92kg，三者比例大约为 3∶1∶5。过量施肥，会破坏土壤环境中的营养平衡，容易加剧各种病害的发生，产量反而下降。

二、生姜的施肥技术

1. 基肥。生姜的生长期长，需肥量大，生姜的施肥应重施基肥，为高产优质奠定基础。基肥一般于耕地时每亩用腐熟优质厩肥 5000～10000kg，随即翻入土中。将地做好垅，在播种前，可于沟中施种肥，一般每亩施用配方肥 15～20kg，之后与土混匀，浇水、播种。对缺硼、缺锌的地块，每亩基施 1kg 硼砂和 2kg 硫酸锌。

2. 追肥。在重施基肥的基础上，还要在生姜生长的过程当中，结合生姜的长势及其需肥规律，分期进行追肥。

发芽期幼苗生长量很小，主要依靠种姜的养分生长，从土壤中吸收养分极少，因此不需要追肥。

幼苗期植株生长量小，需肥量不大，但生姜幼苗期较长，为使幼苗健壮生长，通常在苗高 25～30cm，并具有一个或两个小分杈时，进行第一次追肥，称为“小追肥”或“壮苗肥”，每亩可施 N 4～6kg、P_2O_5 6～8kg，开沟施入或浇水时随水冲入。

在姜苗处于三股杈时期，进行第二次追肥。此次追肥对生姜产量形成十分重要，称为“大追肥”或“转折肥”，是获得丰产的关键。这次追肥一般在立秋前后结合拔除杂草或拆除姜棚来进行，要求肥料一是量大，二是营养全面，三是肥效持久。施肥方法是在姜苗北侧距植株基部 15～20cm 处开一施肥沟，每亩腐熟彻底的优质有机肥 500kg，另加配方肥 25～50kg。肥土混合后覆土封沟。

9 月上中旬，姜苗具有 6～8 个分杈，此时是根茎迅速膨大期，可根据植株长势，酌情进行第三次追肥，称为“补充肥”。一般每亩施 N 4～5kg。这次追肥一方面促使茎叶茂盛，保持较强的同化能力，使生姜根茎迅速膨大；另一方面可以防止生长后期脱肥而导致茎叶早衰，影响产量。

第十三章 耕地地力提升对策

第一节 耕地地力的培肥措施

莱州市整体生产能力不高，农田有机质含量偏低，磷、钾养分不协调，中低产田面积较大，土壤土体薄，质地粗，土壤理化性状差，各种养分含量不协调，水、肥、气、热矛盾突出，抵抗旱涝等自然灾害能力差。由于以上问题的存在，严重影响了莱州市农业生产能力的进一步提高。因此，加强耕地地力培肥，提升耕地地力是农田高产、优质、持续增产的重要途径。

一、增施有机肥料

有机肥料又称农家肥，主要来自农村和城市可用作肥料的有机物料，它是我国传统农业的基础。有机肥含有大量有机质，除能提高土壤有机质含量、提供作物养分、维持培肥地力外，在改良土壤结构、提高作物品质等方面是化学肥料无法代替的。近年来，农家肥用量锐减，以人畜粪便为主。同时，商品有机肥的兴起和施用，为农业生产开辟了新的有机肥源。

二、实行秸秆还田

秸秆还田的方式主要有三种：一是小麦高留茬；二是玉米秸秆粉碎直接还田；三是农田、果园秸秆覆盖。秸秆还田除具有与施用有机肥相似的效果外，作用更加广泛。秸秆还田有如下效果：一是提高了作物产量；二是培肥地力；三是减少土壤养分的扩散和蒸发，提高土壤蓄水保墒的能力；四是还具有减缓水土流失，防止土壤环境污染的功效；五是可减少田间杂草，节约生产成本。

三、逐步深耕改土

深耕改土是在不翻转土层的情况下，用深松机具对犁底层和心土层进行深松，调整耕层以下的土壤构造状况，为作物生长创造比较适宜的土壤条件。与传统耕作方法相比，此方法不翻转土层耕作层，耕作质量较好，地面平整细碎无坷垃。通过破除犁底层和疏松心土层，降低了土壤容重，增加了孔隙度，提高了土壤水分的保蓄能力，促进了根系发育。

要因地制宜地进行土壤深耕、深松，可以每 2～3 年进行一次，并逐步加深耕层，结合增施有机肥，促进土壤熟化和良好结构的形成。要防止一次耕翻过深，以致生土出露或把下面生产性状不良的土层翻出来，影响当年生产。

四、合理轮作换茬

合理的轮作换茬对培育和形成土壤团粒结构有良好的促进作用。一般来讲，一年生或多年生的禾本科或豆科作物生长健壮，根系发达，都能促进土壤团粒形成。多年生牧草每年提供土壤的蛋白质、碳水化合物及其胶结物质比一年生作物要多。一年生作物因耕作频繁，土壤有机质消耗快，不利于团粒的保持。近年来，一些国家推行的少耕法或免耕法的目的之一，就在于减少有机物质的消耗，改良土壤结构。

同样，实施牧草和农作物轮作，对改良土壤结构、培肥地力具有重要作用。我国农民利用豆科牧草与作物轮作的历史悠久，对增加有机质的积累、培育团粒结构、提高土壤肥力都是行之有效的途径。

第二节　土壤障碍及改良途径

一、农田障碍问题

农田土壤障碍严重影响农田持续生产力。莱州市土壤类型中棕壤面积最大，占耕地面积的43.61%，棕壤母质为弱酸性母质，发育成的土壤也呈酸性，另有部分酸性粗骨土、酸性石质土。酸性土壤的主要障碍因素是pH低、游离铝和交换性铝浓度过高、还原态锰浓度过大易发生铝、锰毒害，缺乏磷、钾、钼。各种障碍因子在不利的生态条件下其危害程度不同，有时是某一种因素起主导作用，而有时则是几种因素的综合作用。莱州市调查分析的土壤中，因 H^+ 直接产生的毒害范围不大，更为重要的是通过影响土壤溶液的pH状况而对土壤产生的间接影响，土壤中抑制植物生长的主要因素是铝和锰的浓度过高，即铝毒和锰毒。

(一)氢离子的毒害

当土壤 $pH<4$ 时，H^+ 对植物生长会产生直接的毒害作用，根量减少，而且形态发生变化，如根变短、变粗，根表面呈暗棕色至暗灰色等症状，严重时造成根尖死亡。植物地上部分的反应开始时尚不很明显，但在根系严重受损后，植株生长即受到抑制，最后叶片枯萎直至死亡。

1. 破坏生物膜。高浓度 H^+ 通过竞争作用将稳定原生质膜结构的阳离子交换下来，其中最为重要的是钙，从而使质膜的酯化键桥解体，导致膜透性增强。试验表明，在 $pH<4$ 时，植物根系中的大部分矿质元素(如钾、钙、磷、可溶性氮等)和一些有机物质都会外渗，同时，还降低根系对介质中矿质养分的选择性吸收。因此，在 H^+ 过多的条件下，植物要获得与正常土壤上相同的生长量，就要求生长介质中有更多的有效养分。

2. 降低土壤微生物活性。根瘤菌的固氮作用对豆科植物的氮素营养有重要作用，而高浓度 H^+ 抑制根瘤菌浸染，并降低其固氮效率，从而造成植物缺氮。土壤过酸还会严重降低土壤有机质的矿化速率。原因是当土壤pH过低时，多种微生物的活性都会受到严重的影响，导致矿化速率下降，使有机物中的矿质养分释放受阻，其中氮和磷受影响最大。

因此，低 pH 条件下，上述养分的有效性都比较低。土壤中矿质养分不同形态之间的转化也受高浓度 H^+ 的影响。其中对土壤氮素转化的影响最为突出。研究表明，当土壤 pH<4.5时，硝化细菌的活动受到严重抑制，硝化作用基本上不能进行，而氨化细菌受抑程度比较轻，从而使土壤中积累大量铵态氮。然而，植物吸收铵态氮后根系又会向根际分泌 H^+，进一步增强根际土壤的酸性，加重酸害。

（二）铝的毒害

根系是铝毒危害最敏感的部位。土壤溶液中铝可以多种形态存在，各种形态铝含量及其比例取决于溶液的 pH。在 pH<5 的土壤溶液中，Al^{3+} 离子浓度较高；pH 为 5～6 时，$Al(OH)^{2+}$ 离子占优势，而在 pH>6 的条件下，其他形态的可溶性铝如 $Al(OH)_3$ 和 $Al(OH)_4^-$ 数量很多。当土壤溶液中可溶性铝离子浓度超过一定的限度时，植物根就会表现出典型的中毒症状；根系生长明显受阻，根短小，出现畸形卷曲，脆弱易断。在植株地上部分往往表现出缺钙和缺铁的症状。据报道，造成植物铝害的机理有以下几种可能：

1. 抑制根分生组织细胞分裂，干扰 DNA 的复制。

2. 破坏细胞膜结构，降低 ATP 酶活性。

3. 影响多种养分的吸收，过量铝也会抑制钙和镁的吸收。铝抑制钙、镁吸收的主要原因是铝与钙镁离子竞争质膜上载体结合位点。铝的这种抑制作用会导致多种作物（如大豆、玉米）顶端分生组织缺钙，造成严重减产。过量铝还会影响植物铁营养状况。铝对铁的影响主要是它干扰 Fe^{3+} 还原成 Fe^{2+} 的过程，阻碍植物根系对铁的吸收，并使植物体内的铁不能充分发挥作用。

4. 抑制豆科植物的根瘤固氮。土壤中可溶性铝含量过高时，根系伸长和侧根形成受到严重抑制，根毛数量大量减少。由于根瘤菌恰恰是通过根毛进行浸染的，因此铝毒严重减少了根瘤菌的浸染率，造成结瘤量下降。此外，由于铝毒抑制钙、镁、铁等矿质养分的吸收，矿质营养不良也会使得根瘤菌的固氮酶活性降低，从而造成植物缺氮。例如，随着土壤铝饱和度的增加，豆科植物结瘤量明显下降，从而导致植株固氮能力锐减。

（三）锰的毒害

Mn^{2+} 是致毒的形态，而 Mn^{2+} 一般只有在 pH 较低的条件下才会出现。与铝毒不同，植物锰中毒的症状首先出现在地上部分，表现为叶片失绿，嫩叶变黄，严重时出现坏死斑点，锰中毒的老叶常出现黑色斑点，通过切片观察和成分分析，证明这是 MnO_2 的沉淀物。

锰过量造成植物缺钙是酸性土壤上常见的现象。供锰过量时，严重抑制了植株对钙的吸收，使植株平均含钙量远低于正常供锰植株。同时，过量锰还影响植物体内钙的分布，与正常供锰植株相比较，供锰过量时，植株根中的含钙量较高，而叶片中含钙量则较低，表明过量的锰阻碍了钙从根向叶的长距离运输。

二、土壤酸化问题

土壤酸化是指土壤内部产生和外部输入的氢离子引起土壤 pH 降低和盐基饱和度减小的过程。土壤酸化是一个速度非常缓慢的自然过程。但是，近些年来，由于人为活动的影响，土壤的酸化进程大大加快。其中酸沉降和不当的农田施肥措施是土壤酸化加快的主要原因。近二十年来，人们对酸沉降（或酸雨）给予了比较多的关注，但忽略了某些不当的农田施肥措施在土壤酸化中的作用。长期田间试验研究表明，施用铵态氮肥 80kg/hm^2 即加速了土壤酸化进程，施用尿素也显示了土壤酸度的增强。我国农田施氮肥远远超过了 80kg/hm^2 用量，尤其经济作物，其对土壤酸化的影响是不容忽视的。土壤酸化导致铝、锰等对植物的毒害及土壤中营养元素 Ca、Mg 的缺乏，从而使作物减产。土壤酸化是土壤质量退化的一个重要方面，在许多地区日益成为农业生产的障碍因素。

(一)农田土壤酸化状况及成因

莱州市耕地已经开始出现土壤酸化问题，甚至部分果园、菜田比较严重。全市耕地 pH 平均值 6.3，与 1979 年第二次土壤普查时的 6.9 相比，降低了 0.6，呈现显著下降趋势。据 4085 个土壤样本测定表明，pH＜5.5 的样本占了 17.55%，耕地面积为 10240.1hm^2，占耕地的 12.77%。从种植作物来划分，粮田 pH 平均为 6.4，果园平均为 6.0，菜田平均为 5.9。

农田土壤酸化的主要原因有两个方面：一方面是自然因素，莱州市地处胶东半岛，半数土壤为弱酸性母质，土壤质地以轻壤、砂壤为主，加之降雨量较大，土壤碱性盐基离子发生淋溶较强，土壤上层盐基饱和度下降，造成土壤 pH 下降；另一方面，农田施肥措施不当引起土壤酸化。农作物尤其是蔬菜、果园施氮量远超过各自需要量，并且主要以铵态氮肥形式施入土壤，加速了土壤酸化。施氮量与土壤 pH 呈现出负相关关系。土壤酸化对农业生产造成许多不利影响。例如，果园酸化造成土壤碱性钙离子的淋失和重金属锰的解析、释放引发果树苦痘病、粗皮病等病害发生严重。

(二)酸性土壤改良

1. 控制酸沉降的污染源。主要是控制 N、S 的排放。其中燃煤脱硫处理和制成型煤对控制 S 排放有良好的作用。并应加强研究控制燃料燃烧产生并排放到大气中的 NO 和 NO_2，应用氮肥深施技术，提高氮肥利用率，也可减少对大气的排放。

2. 施用有机肥料。有机质含量偏低的现象在酸性土壤甚为普遍。增施有机质肥料，增加酸性土壤有机质含量有助于土壤物理、化学和生物性状的改良。不但如此，有机质肥料的添加亦具有提升酸性土壤 pH 的功效，而禽畜粪堆肥的施用对酸性土壤地力的提升效果更为显著。鸡粪堆肥的 pH 通常较高(有些甚至 pH＞8.0)，适合使用在酸性土壤。作物秸秆还田同样有效，作物收获从土壤中带走了碱性物质，秸秆还田不但能改善土壤环境，而且还能减少碱性物质的流失，对减缓土壤酸化是有利的。作物间作、套作对改善土壤结构、降低土壤容重也有很大的帮助。果园套种牧草能降低土壤的酸度，有效地改善土壤的理化性状。

3. 石灰物质的施用。将碱性的石灰物质施人土壤以提升土壤 pH，同时间接地增进土壤中养分的有效性及有益微生物的活性，是所有酸性土壤中最经济实惠的改良方法。石灰物质的施用对强酸性土壤改良的效果，受石灰物质的品质、施用量、土壤 pH 缓冲能力、施用方法及施用时期的影响。

(1)石灰物质的选择。石灰物质的品质可由其中和土壤酸度的能力来评估，而此中和效果又由石灰物质的化学组成的碱度和粒径分布(或称细度)来决定。石灰物质在中和土壤酸度的潜力通常以石灰石粉的相对碱度来表示，其中相对碱度愈大者，中和酸度的潜力也愈大，所需施用量亦愈少(见表 13-1)。

表 13-1　　几种形态石灰的中和值

石灰质材	中和值	石灰质材	中和值
CaO	179	$CaCO_3$	100
$Ca(OH)_2$	136	$CaMg(CO_3)_2$	109

石灰物质中所含阳离子和阴离子的种类为决定碱度高低的决定因子。一般而言，石灰物质遇水水解时，若产生强碱及弱酸者，其中和酸度的效果最佳(如生石灰、消石灰)，而产生弱碱及强酸者，其中和效果将下降(如石膏)。优良阳离子有 Ca^{2+}、Mg^{2+}，优良阴离子有 CO_3^{2+}、O^{2-}、OH^-、SiO_3^{2-}；不良阳离子有 Na^+，不良阴离子有 SO_4^{2-}、Cl^- 等。

由石灰物质中阳离子和阴离子的配对情况，可以了解石灰物质的中和效果，按中和土壤酸度效果高低将石灰物质分为三类，效果好的有石灰石粉($CaCO_3$)、生石灰(CaO)、熟石灰[$Ca(OH)_2$]、氧化镁、氢氧化镁等；效果一般的有氯化钙、氯化镁、硫酸钙、硫酸镁、碳酸钙、氢氧化钠等；效果差的有硫酸钠、氯化钠等。

以经济及对土壤保育的观点来衡量，选择使用效果较好的石灰质材来进行酸性土壤改良。有多种物质能在土壤中反应提高 pH，其中常用的有氧化钙、氢氧化钙以及土壤调酸改良剂。

一般而言，石灰物质愈细，表面积愈大，在单位体积内可发挥中和酸度效应的效果愈佳。如粒径小于 0.25mm(即可通过 60 目筛孔)者，中和能力最高(指数为 100)，粒径 0.25～0.85mm 者，中和能力为小于 0.25mm 者的 60%，而粒径 0.85～1.70mm 者则仅为 10%左右。

(2)石灰物质的施用量。在决定施用量之前应先了解种植作物的生长适宜 pH 范围，再以提升土壤 pH 至该 pH 范围的中间值为目标，确定石灰物质的施用量。

石灰需要量受土壤性质的影响很大。同样是 pH4.6 的两块农地，如果要施用石灰使土壤 pH 提高到 5.5，两块地所需要的石灰量未必相同。因为一般所测出的 pH 只代表存在于土壤溶液中氢离子的浓度(称为活性酸)，而施石灰所需中和的酸，除了活性酸之外，尚需包括存在于土壤胶体上的氢离子或铝离子(称为潜性酸)，而这些潜性酸主要是吸附在黏粒和有机质上。所以一般而言，有机质含量及黏粒含量愈高的土壤，表示其阳离子交换量愈大，因此石灰需要量亦愈大。

石灰需要量的多少，代表提升该土壤 pH 至某一目标值时，所需要施用的石灰量。石灰需要量的确定方法甚多，包括直接培育法及缓冲 pH 测定法，其中以直接培育法较为准确但也较耗时，而其他方法所需的时间虽然较短，但其适用性常因土壤性质不同而异。在耕地地力评价中，对莱州市耕地的 247 个土样石灰需要量进行了测定(氯化钙交换—中和滴定法)。对于无化验数据的耕地而言，可借助以下的方法来决定土壤的石灰需要量(单位：kg/hm^2，改良 20cm 土层厚度)。

酸性土壤石灰需要量可通过交换性酸量或水解性酸量进行大致估算。还可根据土壤的阳离子交换量及盐基饱和度、土壤潜性酸量等进行估算求得。依据阳离子交换量和盐基饱和度计算公式为：

石灰需要量(kg/hm^2)＝土壤体积×容重×阳离子交换量×(1－盐基饱和度)

例下：假设某土壤的 pH＝5，耕层土壤重量(土壤体积×容重)为 $2250000kg/hm^2$，土壤含水量为 20%，阳离子交换量为 10cmol/kg，盐基饱和度为 60%，试计算达到 pH＝7 时，中和活性酸和潜性酸的石灰需要量(理论值)。

中和活性酸 pH＝5 时，土壤溶液中$[H^+]=10^{-5}mol/kg$，则每公顷耕层土壤含 H^+ 离子为：$2250000\times20\%\times10^{-5}=4.5mol/hm^2$。

同理，pH＝7 时，每公顷土壤中含 H^+ 离子为：

$$2250000\times20\%\times10^{-7}=0.045mol/hm^2$$

所以，需要中和活性酸量为：$4.5-0.045=4.455mol/hm^2$

若以 CaO 中和，其需要量为：$(4.455\div2)\times56=124.7g$

中和潜性酸：

$$(2250000\div100)\times10\times(1-60\%)=90000mol/hm^2$$

$$(90000\times56)\div2=2520000kg/hm^2=2520kg/hm^2$$

可见，中和活性酸的石灰用量极少，而中和潜性酸的石灰用量需 $2520kg/hm^2$。用潜性酸的计算量是一个石灰需要量的理论估算，实际应用中理论值应乘以经验系数 0.5 (CaO)或 1.3($CaCO_3$)。

一般而言，除了种植钙需求量大的作物(如花生)外，施石灰提升土壤 pH 的目标，矿质土壤以 pH 6.0，矿质与有机质复合土壤以 pH 5.5，而有机质土壤以 pH 5.0 即可。因为在此 pH 下，铝与锰毒害已减轻至很低，同时石灰需要量可减少很多，且最经济可行。也就是说，除非土壤 pH<5.5，则可暂时不考虑施用石灰，但每年需重新测定土壤 pH，若土壤 pH<5.5，则需补充石灰。同时，改良的目标应为全层改良，除非是种植浅根性的作物，如蔬菜、草皮等，否则不可只改良表层 20cm 土壤，而应因作物根系的深浅而定。

(3)石灰的施用方法。由于石灰的溶解度不大，在土壤中的移动速度不快，所以应借助耕作农具将石灰与土壤均匀的混合，以发挥其最大的效果。石灰可在作物收获后与下季作物种植前的任何时间施用。但需注意的是，土壤具有 pH 缓冲能力，所以石灰施用后，土壤 pH 并不是立即调升至所盼望的目标，而是逐渐上升。若种植多年生作物，则石灰与土壤的混合必须在播种前完成，同时尽可能提前，以让石灰有充分时间发挥效果。如果土壤只是微酸性或作物对酸性并不是很敏感的话，则石灰施用时期与播种期靠近也无妨碍，若种植对酸度敏感的作物(如苜蓿、莴苣、芹菜、菠菜、洋葱、青椒等)，则需在种植前一年施用石灰，使土壤 pH 有足够时间调升，否则当季改良效果不理想。

石灰施用一般都采用表面撒施后再耕翻入土，以求目标深度内的土壤尽可能与石灰接触。一般石灰在土壤剖面中垂直移动距离极短，所以使土壤和石灰充分混合十分重要。完全靠表面撒施，仅能改善表土数厘米之内的酸度，对深根作物来说改良效果很差。改良底土的酸度可利用下列方法：

①直接将石灰深施或将石灰悬浮液灌入下部土层，但此种方法往往所需费用较高，缺乏有效施肥机械。

②表面施用石膏。石膏中的 Ca^{2+} 移动较一般石灰中的 Ca^{2+} 快，因此可由 Ca^{2+} 置换下部土层胶体上吸附的 Al^{3+}，石膏中的 SO_4^{2-} 也可与 Al^{3+} 形成毒性较低的 $AlSO_4^+$，以减

轻下部土层铝毒害。

③大量施用硝酸钙或硝酸钠，其中 Ca^{2+} 可随 NO_3^- 下移至下部土层，由于作物吸收 NO_3^- 的量将比 Ca^{2+} 多，因而植物根系会释出 OH^- 或 HCO_3^-，致使根圈附近土壤 pH 提升。

三、花生缺钼问题

(一)花生缺钼的症状

钼是对氮素代谢具有重要作用的元素，能促进蛋白质合成，可促进作物对氮素养分的利用，增加叶绿体含量，钼还能促进根瘤菌的发育，增强固氮能力。因此，花生缺钼的主要症状是生长不良、植株矮小，叶脉间失绿，叶片生长畸形，整个叶片布满斑点，甚至发生螺旋状扭曲，根瘤发育不良，根瘤小而量少，固氮能力下降。其症状与缺氮症状相似，但缺氮先表现在老叶上，而缺钼则首先表现在新生叶片上。

(二)花生缺钼的诊断

1. 根外喷施诊。将钼酸铵配成 0.1%的溶液，喷在病株叶部或涂在得病叶片上，或者将病株叶片浸在溶液中 1～2 小时，隔 7 天后观察病叶恢复情况，如果病叶有所恢复或新叶出叶速度加快，叶色正常，即可确认缺钼症状存在。

2. 注射诊断法。可分为叶脉注射法和小枝注射法。具体方法：用纱布做成捻子，一头放在茎切口处，另一头放在盛有 0.1%的钼酸铵溶液的试管中持续 7～12 小时取出，10 天后，观察病株的生长和症状变化，即可确诊。

(三)缺钼的原因

1. 土壤偏酸性。钼在酸性土壤中易被高岭石、氢氧化铁、氢氧化铝以及铁、铝、锰、钛的氧化物所吸附固定，并且吸附紧密，使得对植物有效的水溶性钼转化为溶解度很低的氧化态钼，对花生的有效性便差，所以缺钼多发生在酸性土壤中。

2. 有机肥用量少。土壤有机质含量低，土壤缓冲性能差，使有效钼活性降低，导致花生出现缺钼症状。

(四)补钼措施

1. 调节土壤酸碱度。土壤酸碱度与土壤有效钼密切相关。土壤对钼的最高吸附值为 pH3～6，pH6 以上吸附则减弱。综合考虑作物对其他元素(N、B、Mn)的吸收，应将 pH 调整为 6.0～7.5。首先可在酸性土壤中施碳酸钙 80～100kg/667m^2，这样既可调整土壤酸碱度，还可改良土壤的钙营养。其次应改善不合理的施肥习惯，改变肥料使用品种。常用的氯化钾、氯化铵及过磷酸钙均能增加土壤的酸性，氮肥可以尿素为主，钾肥以硫酸钾为主，磷肥可改用钙镁磷肥。

2. 增施有机肥。增施有机肥，提高土壤的有机质含量，改善土壤理化性状。据调查，连年重施有机肥，土壤缺钼现象明显减少。同时，有机肥还可起到调节土壤酸碱度的作用，有利于提高土壤中钼的供应。

3. 平衡施肥。虽然钼元素对花生生长至关重要，但在花生生产上应首先满足花生对大量元素氮、磷、钾的需求，因为钼等微量元素只有在大量元素满足的基础上才能充分发挥作用，如果忽视大量元素的使用，仅靠微量元素不会获得高产。

(五)钼肥的使用方法

1. 拌种。每千克种子用钼酸铵 2～4g,用 40℃～45℃的温水溶解后稀释到所需的体积,然后拌种。

2. 喷施。一般在花生苗期和开花前后各喷一次,每次每亩用 0.1%的钼酸铵溶液 50kg 左右即可。

(六)使用钼肥应注意事项

拌种或浸种及配制溶液时,不能使用铁、铝等金属容器。应选择无风天气进行叶面喷施,以增强喷施效果。钼肥与磷酸二氢钾混喷效果极佳,可在 50kg 的溶液中加入 100～200g磷酸二氢钾。钼酸铵有一定的毒性,经钼酸铵处理过的种子人畜不能食用,种子用多少拌多少,以免造成浪费。

四、苹果锰中毒问题

近年来,因锰过多导致苹果发生粗皮病的报道不少,一些酸性土壤果园苹果树常发生多锰症状,特别是红富士、新红星等品种非常易感粗皮病。

(一)苹果锰毒症状

苹果锰毒症状主要表现在枝干上,通常称作粗皮病。锰毒症状在叶片上也有一定表现。粗皮病树叶片小,从开花至落花一个月期间,很多花丛叶的叶脉间出现失绿现象,类似缺铁症。据测定,新梢中部叶片含铁量并不低,与正常树叶片基本一致。而锰含量高达 200～800mg/kg。病树春天发叶晚,秋天落叶早。幼树的锰毒症状一般先从主枝开始,个别严重的亦有在主干发生的。嫁接树多从主侧枝及以后的延伸枝发病,而原有的主干不发病。一般年份从 8 月下旬至 9 月上旬开始从韧皮部长出疹状小突起,用刀切开可以看见深棕色或黄色小粒点,有的在韧皮中部发生,有的深及木质部。病部中裂,以纵向为主。严重时枝干表面的病斑相互交错,呈特有的粗皮症状。

(二)发病原因

1. 土壤偏酸。对有粗皮病果园的土壤调查表明,pH 通常偏低,一般在 5.5 以下。

2. 树体锰含量高。苹果叶片锰的正常范围一般为 30～150mg/kg,出现多锰症时,叶内锰可达 196～600mg/kg,个别达到 600mg/kg 以上。

3. 土壤有效锰高。大多数粗皮病果园土壤都有铁锰结核存在,说明土壤有效锰含量偏高,这是果树发生粗皮病的直接原因。

4. 田间渍水使土壤有效锰含量提高。田间渍水条件下很容易使锰还原,只要渍水 3～5 天,即很容易引起锰毒害。

(三)防治措施

1. 完善果园排灌系统。岭坡地果园要尽量打破犁底层,扩大树穴,以改善土壤环境,促进苹果根系生长发育,有利于增强粗皮病树的自我调节能力;平洼地要挖好排水沟,防止雨季田间积水,造成土壤锰大量还原,诱发或加重苹果粗皮病。

2. 改良酸性土壤。在酸性土壤栽植果树,可于栽植前使用石灰降低土壤酸度,提高土壤 pH,从而降低土壤有效锰含量。对已定植苹果园,可于树盘下多挖穴,将碳酸钙施入 20～30cm 深处,树盘各处尽量分布均匀,以利于碳酸钙与游离酸更好地中和。但在实施时要注意避免伤及苹果树大根，导致苹果树势衰弱，加重粗皮病的发生程度。

3. 改善施肥管理。要以有机肥为主，以促进苹果根系生长，有利于树体尽快恢复。要避免使用生理酸性肥料（如硫酸铵、氯化钾等），防止土壤进一步酸化，增加土壤有效锰含量。同时，磷肥最好改用钙镁磷肥，可适当降低土壤酸度，并可补充苹果粗皮病果园钙、镁含量，以维持土壤中各种营养元素的平衡。

4. 叶面喷肥。据调查，粗皮病树新根生长量为正常树的30%～60%，因此单纯依靠土壤调节见效较慢，通过叶片吸收更有利于树体养分的平衡，以增强粗皮病树的光合作用，有利生产出更多的碳水化合物，促进根系和新梢生长，增强树体的自我调节能力。

第三节 耕地地力提升对策

一、粮田地力提升

（一）测土配方施肥，提高肥料利用率

当前，土壤肥力、化肥用量和作物产量三者之间矛盾突出。土壤肥力低，施肥又偏重氮、磷化肥，导致土壤养分失衡，因而生产中增肥不增产、增产不增收的现象逐年加重，严重影响了作物的产量和品质。推广测土配方施肥技术，加大农民培训力度，让农民了解作物营养特点，调整养分比例和化肥品种，掌握科学施肥技术，提高农民科技素质是提高肥料利用率和施肥效益的重要途径。粮田要遵循"稳氮、减磷、增钾、补锌"的施肥原则；花生田实行"氮减半、磷减量、钾全量、施石灰、补钼肥"的施肥技术。

（二）增施有机肥料，提高土壤肥力

一是要广辟有机肥源，大力发展畜牧业，实行"过腹还田"；二是积造各种堆沤肥料，合理利用人粪尿、草木灰及城镇生活垃圾等，施用商品有机肥，实现农田土壤有机质提升；三是要大力推广秸秆还田技术，实行小麦高留茬或应用催腐剂堆沤腐熟后还田，加大地力培肥力度；四是实行轮作换茬，采用小麦、玉米、花生两年三作的种植方式，因为不同作物的需肥特点不同，通过轮作换茬，可以使土壤养分互补，有利于平衡土壤养分，从而达到"地越种越肥、肥越用越少、效益越来越高"的目的。

二、菜田地力提升

（一）增施有机肥料

土壤有机质不足是莱州市菜地土壤存在的重要问题。增施充分腐熟的有机肥，可提高土壤有机质含量，增强对污染物的吸附能力和络合能力，能有效遏制重金属对作物的毒害。同时，施有机肥比施化肥硝酸盐含量降低45%左右，对菜田土壤环境的污染小。因此，增施有机肥料是蔬菜可持续生产的重要措施，也是发展无公害、绿色蔬菜基地建设的重要内容。提高蔬菜地土壤有机质含量可采取以下措施：

1. 调整有机肥使用品种，由原来单纯使用鸡粪，改为鸡粪配合施用土杂肥、腐熟秸秆等。但在有机肥施用前，尤其畜禽粪，必须进行腐熟和无害化处理，以防止造成对蔬菜的伤害和因有害元素、污染物的积累，造成土壤的环境污染。

2. 进行秸秆还田，将小麦、玉米秸秆直接覆盖或掩埋在蔬菜行间，或将秸秆堆腐后翻于蔬菜地。

（二）合理配比氮、磷、钾肥，协调土壤养分平衡

1. 合理确定肥料施用量。不能为了片面地追求高产量，盲目大量施用肥料，要科学、合理地确定肥料用量。

2. 控制氮肥用量。合理的化肥用量，除了能提高蔬菜的产量外，对蔬菜的品质也有一定作用。而当前氮素化肥施用量普遍过高，尤其是在保护地蔬菜和生姜上。因此，应选用低硝态氮肥、减少蔬菜中硝酸盐的含量（食用蔬菜中硝酸盐含量不超过标准允许量，一般控制在432mg/kg以下）。在氮肥的施用上，无机氮与有机氮的比例为1∶1，生长期短的蔬菜以氮素的70%作基肥，生长期长的以氮素总量的40%作基肥，采取深施基肥、底施种肥、沟施或穴施追肥，生长后期不施速效氮肥。

对于不同投入水平的菜田，需要采取不同的应对策略。

(1)连续多年施用高量有机肥和氮素化肥的菜地（如保护地、生姜地），土壤中氮素富集量较多，应控制氮素化肥用量，适当降低氮素循环强度。这样既有利于产量的提高，也利于降低土壤氮素过多的损失和土壤的恶化。

(2)对于投入肥料不足的菜田，特别是偏施氮素化肥而不注意施有机肥的菜田，应增加氮素特别是有机氮的投入，提高氮素循环强度。

(3)对于施肥不当或长期很少施肥的土壤，由于氮素严重亏缺，土壤结构已受到破坏，必须通过多施有机肥、种植豆科植物或合理轮作等措施改良土壤物理性状，并增加氮肥施用，改良土壤，不断提高其生产能力。

氮素投入在蔬菜的产量和品质方面起着十分重要的作用。早在20世纪90年代初期，发达国家对生产和进口蔬菜的品质已经制定了严格的标准，这一标准的制定使得菜农对氮素的投人格外谨慎，因为在氮素投入过量的情况下所造成的地下水硝酸盐污染问题是法律规定所不允许的。因此，研究人员十分重视合理氮素的推荐方法，而如今欧盟的主要成员国都有自己的氮肥推荐系统，而几乎所有的推荐系统的理论核心都是在一定的作物生产水平上的平衡施肥模式，这是在蔬菜栽培时合理施肥所应当借鉴的模式。

菜田土壤经过多年的培肥，土壤残存的无机态速效养分含量较高，尤其土壤无机氮累积现象比较普遍。必须充分利用这些养分，减少蔬菜对肥料的依赖，提高肥料利用率，减少无机氮在土壤中的进一步积累及其淋洗到地下水的水平。

3. 合理施用磷钾肥。土壤磷素的积累与缺乏并存，钾素养分相对不足是莱州市菜地存在的主要问题。由于磷、钾在土壤中具有比较稳定的特点，一般可2～3年测定一次土壤养分状况，作为磷、钾施肥的依据。莱州市较大面积菜地磷素含量增长过快，应以降低磷肥施用量为主，而钾素高低差距较大，应区别对待。可以将菜田按磷、钾素有效养分含量高低进行分级，通过不断的调控，将磷、钾维持在一个合理范围内。

（三）矫正施用微量元素肥料

土壤微量营养是蔬菜作物必需的，但需要保持一定适宜范围，才有利于蔬菜的生长，过高、过低均不利于蔬菜的发育。因此，施用微肥一定要注意合理的用量问题。莱州市土壤钼、硼含量普遍缺乏，注意钼肥、硼肥合理施用是必要的。

(四)保护地应适当减少化肥用量,合理配肥

目前温室超量施肥现象比较普遍,因此要采取必要的措施,搞好技术宣传和培训,提高菜农的认识,减少化肥投入。采用水肥一体化施肥技术,优化水肥管理。即在加压灌溉条件下将施肥与灌溉结合在一起(如滴灌、渗灌、喷灌等)可节省化肥40%~50%。日光温室蔬菜由于栽培品种和播种时期不一样,所用肥料种类和数量也不一样,瓜果类蔬菜如番茄、辣椒、黄瓜等,因需钾量较大,在施好氮磷钾复合肥的同时,应注意喷施磷酸二氢钾等叶面肥,但初果期施肥量不能太大,每次不超过 $30kg/667m^2$。

(五)对温室盐渍化土壤进行除盐

1. 采用科学的施肥方法。合理施用化肥是防止土壤次生盐渍化的重要途径。包括施肥量的确定、选择适宜的肥料品种、确定适宜施肥时期及方法等。确定施肥量应根据蔬菜产量水平、土壤供肥能力,肥料效应等进行计算。在目前肥力水平下,应以控氮、减磷、适当增钾、有针对性施用微肥为原则。选择肥料品种应根据肥料的性质及组成特点而定,一般不宜选用含氯的化肥,少用硫酸盐肥料,尽量不用硝态氮肥或含硝态氮的复混肥料。施肥时期的确定主要根据蔬菜生长期长短及收获部位分配用肥量。如速生菜可用1/2的氮和全部的磷钾肥作基肥,另1/2氮在早期根据作物生育情况灵活追施;生育期长的瓜、果类蔬菜,基肥用氮量可减少到1/3,另2/3采用少量多次的方法分期施用。如果土壤含盐量在0.2%以上时,最好不要用化肥作基肥。另外,氮肥深施效果好,尤其是石灰性土壤避免面施,防止氨挥发对蔬菜的伤害。

2. 利用夏秋季降水淋洗及生物排盐。经一冬一春的种植,塑料大棚和温室内的土壤盐分已积聚较多,宜在夏熟蔬菜收获后,深翻土壤,揭去棚膜,任雨水渗入并挖好排水沟,让盐分随水排走。另外,选用甘蓝、菠菜、南瓜、芹菜等耐盐的蔬菜品种或种植玉米等根系发达、吸收能力强的作物,不施肥,以降低盐分。

3. 加强棚室土壤管理。棚内覆盖地膜,可以减轻表土盐分积累。大棚内使用地膜等覆盖能够保持水分,具有稀释盐分的作用;同时,地膜覆盖后,下层土壤带有盐分的水分沿毛细管上升,除供应蔬菜吸收外,多余的水分凝结在地膜上形成水滴,滴入土中自上而下洗刷表土盐分。充分利用间套作技术,抑制盐分上升。例如早春在大棚、温室内种植生育期较长的番茄、茄子、辣椒等蔬菜,在行间栽培一些菠菜、茼蒿等速生菜,增加地面覆盖率,减少水分蒸发,以抑制返盐。及时中耕松土,切断土壤的毛细管,也可避免盐分随水上移至土壤表层。

4. 洗盐与换土。对盐渍化较强的大棚和温室土壤,采用排灌洗盐或暗管地下排盐法,有较好的效果。暗管地下排盐法,即采用双层波纹有孔塑料暗管排水洗盐。浅层暗管管顶距土表30cm,平均间距1.5m,灌水洗盐时耕作层内积聚的较多的盐分,随水由此排出。深层暗管管顶距土表60cm,间距6cm,随水下渗的部分盐分则由它排走,不使底层积盐。两层暗管将溶解盐的水集中在一起,并用垂直排水方法排到设施以外的地方。另外,采用客土或换土法解决盐渍化问题。各种方法应该根据当地的实际情况灵活应用。做到投入少,效益高,达到除盐目的。

5. 合理灌溉。不同作物对土壤湿度要求不同,如黄瓜、花椰菜、芹菜等根系入土浅且喜湿润土壤,灌水数量和次数应适当增加;根系入土较深的番茄、西葫芦、西瓜、甜瓜等耐

旱性较强，应尽量少灌水，避免土壤过湿。不同生育期对土壤湿度也有不同要求，苗期根系的吸水力弱，要求土壤湿度较高；发棵期要控制水分以蹲苗促根；结果期对喜湿蔬菜要勤浇水，经常保持表土层湿度在相对含水量85%左右；对于耐旱蔬菜此期则不宜供水过多。灌水宜采用沟灌、滴灌、膜下灌的方式，以减少空气的相对湿度，减轻病害。如果是用于洗盐灌水，应每次浇足、浇透，将表土聚积的盐分稀释下淋，供根吸收。

（六）实行水肥一体化综合管理

灌溉施肥与传统施肥相比，具有以下几个主要特点：

1. 有效性高。节水灌溉施肥使用的化肥及其他营养元素能在溶液的状态下，在相当长的时间内保持有效性，其浓度符合作物吸收要求，从而提高了化肥的有效利用率。

2. 施肥均匀，养分均衡。因为在施肥时，肥料是在对作物进行营养诊断的基础上按需配制的，肥料的供应和水的供应相一致，可使肥料均匀分布在作物根系的附近，更好的满足了作物对养分的需求。

3. 养分供应充分且迅速。由于灌溉施肥完全处于人为监控下，对其消耗变化能充分了解，可以随时调整补充，作物能以最快途径获得养分，并能定量按需得到满足。

4. 节省化肥，减少污染。可避免由于施肥过量、漫灌水肥流失和渗漏引起的地下水质污染和土壤板结等问题。

三、果园地力提升

果园地力提升主要在于对果树养分资源综合管理。果树养分资源综合管理就是在深入了解果园养分资源特征和果树营养特性基础之上，运用多种养分资源管理手段，以高产、优质、高效和环保为目标，最大限度实现经济效益、生态效益和社会效益的最佳化。通过果园养分资源综合管理提升果园地力的对策与策略主要包括：

1. 坚持以有机肥为主、化肥为辅的原则，加大有机肥的施用。根据我市目前果园土壤的肥力状况，果园有机质含量低是制约莱州果树生产的重要因素，因此增施有机肥料对于果树产量和品质的提高是非常必要的。在增加土壤有机质方面有以下几个途径：一是增施腐熟的农家肥，包括人粪尿、圈肥、堆沤肥等；二是推广果园秸秆还田，主要方式包括果园地秸秆覆盖或秸秆垄沟深埋等，充分利用作物秸秆资源，培肥地力；三是实行果园生草，果园生草可采用全园生草、行间生草和株间生草等方式，草种主要包括三叶草等矮秆绿肥及各种豆科类植物。生草可在果园地面长期生长，多年不用耕翻，待生草长至30～40cm高时，用机械或人工割草，并保留地上部10～15cm，将割下的草盖在树盘下可增加土壤有机质，提高土壤保水保肥能力。

2. 实施果园平衡施肥技术，大力推广科学施肥。实施平衡施肥，首先要改变果农传统的单一施肥方式及观念。根据莱州市果园土壤养分含量的现状，充分应用这次地力调查的成果，积极贯彻“稳氮肥、补磷肥、增钾肥、配微肥”的方针，合理调整肥料中大中微量元素的配比。对氮肥应力求定量准确，监控施用磷、钾肥，并应考虑肥料当季效应和后效的协调。矫正施用中、微量元素，通过土壤、植物测试及肥料效应试验验证，对缺乏这些养分的果园进行矫正施肥。对不同果园采取不同的施肥模式，以利于促使苹果向高产优质方向发展。其次，要改进施肥方法，大力推广氮肥深施、磷肥与有机肥堆沤作基施，杜绝肥料地面撒施，从而有效地提高肥料的利用率，同时减少过量施肥对环境的污染。然后，大力推广果树叶面喷肥技术，叶面喷肥用量少、见效快，尤其是一些中微量元素肥料更适宜叶面喷施。最后，肥水管理一体化，通过喷灌、滴灌、渗灌等灌溉方式，把速溶性肥料带入土壤。

3. 完善果园土壤肥力定期监测。通过这次地力调查工作，对全市果园肥力分级及土壤养分状况有了比较详细的了解，并在此基础上建立了完善的果园耕地资源管理信息系统。由于此次调查采用了 GPS 系统，使监测点定位更科学、准确，并对以后的动态管理提供了依据。对全市果园土壤实行定点监测，可随时掌握果园土壤时空变化情况以及生产活动对土壤性状和肥力的影响，从而科学合理地提出应对措施，及时调整果农在施肥中存在的不合理现象，更加科学地指导果业生产。

4. 建立优势产业基地，推动优势产业基地持续发展。莱州市地处胶东半岛，自然条件优越，光热资源丰富，具有发展优势果业基地的良好基础。随着人们食品安全意识的不断增强，对无公害产品、绿色基地建设要求越来越高。另外，市场经济的发展，果业国际竞争越来越激烈，对水果的品质要求增高。因此，发展无公害、绿色优势林果产业势在必行，应围绕苹果等发展一批无公害果品基地和果品出口和深加工的龙头企业，打造“水果之乡”名牌。同时，强化环境监测，控制和消除工业“三废”排放，从根本上防治果园污染、切实加强污水的监测和管理、化学肥料科学合理施用、严格控制化学农药的使用等，确保安全生产，保证果树高产优质。

附　录

附录一 数据册

表 1 全市耕地耕层土壤化验数量及平均含量

项 目	合 计		粮 田			果 园			菜 田		
	数量(个)	平均值	数量(个)	平均值	变化范围	数量(个)	平均值	变化范围	数量(个)	平均值	变化范围
全 氮(g/kg)	4122	0.77	3211	0.72	0.10～1.95	673	0.92	0.20～2.16	238	0.98	0.41～1.79
碱解氮(mg/kg)	2088	81	1547	77	27～147	413	91	29～143	128	97	46～148
有效磷(mg/kg)	4164	29.8	3253	25.3	0.5～166.0	673	42.5	2.2～169.4	238	54.7	5.9～143.9
速效钾(mg/kg)	4164	113.	3253	91	16～580	673	199	25～820	238	165	40～680
缓效钾(mg/kg)	2225	613	1485	549	48～2528	625	771	64～3276	115	584	89～1936
pH	4085	6.3	3180	6.4	4.3～8.9	671	6.0	4.2～8.4	234	5.9	4.7～7.4
有机质(g/kg)	4164	11.5	3253	11.5	3.4～23.0	673	10.4	3.4～23.5	238	11.6	6.1～24.3
有效铜(mg/kg)	2021	2.81	1458	1.80	0.12～39.43	422	6.16	0.25～38.13	141	3.21	0.63～16.33
有效锰(mg/kg)	2021	37.74	1458	35.26	1.76～301.30	422	33.56	2.32～311.20	141	32.87	3.34～170.79
有效铁(mg/kg)	2021	42.25	1458	36.84	2.81～124.32	422	47.50	3.44～134.29	141	53.84	11.01～140.94
有效锌(mg/kg)	2021	1.92	1458	1.46	0.16～16.28	422	3.24	0.18～53.45	141	2.74	0.51～12.69
有效硼(mg/kg)	2022	0.51	1460	0.51	0.03～3.05	421	0.52	0.01～3.30	141	0.45	0.01～2.17
交换性钙(mg/kg)	508	2144	254	2188	344～8831	170	2111	256～9131	84	1906	794～4306
交换性镁(mg/kg)	508	300	254	304	94～538	170	293	100～500	84	292	156～456
有效钼(mg/kg)	412	0.14	283	0.14	0.04～0.27	94	0.15	0.08～0.35	35	0.17	0.08～0.65
有效硫(mg/kg)	253	61.9	154	54.3	17.2～402.0	70	83.4	21.0～835.0	19	76.3	19.0～160.4
总含盐量(g/kg)	4085	0.39	3180	0.35	0.01～2.70	671	0.52	0.01～2.60	234	0.58	0.01～1.70
石灰需要量(kg/hm²)	247	496	170	438	85～1961	61	652	101～1792	16	517	254～1149

表 2 各镇街粮田耕层土壤有机质及大量元素含量

镇街	有机质(g/kg)		全氮(g/kg)		碱解氮(mg/kg)		有效磷(mg/kg)		速效钾(mg/kg)		缓效钾(mg/kg)	
	平均	变幅	平均	变幅	平均	变幅	平均	变幅	平均	变幅	平均	变幅
文昌路街道	13.6	9.8～17.7	0.71	0.34～1.15	72	53～98	23.2	7.0～44.2	75	42～188	470	235～1108
永安路街道	13.2	9.7～16.7	0.63	0.44～0.87	69	53～79	13.3	5.2～26.8	77	46～191	549	280～1053
城港路街道	12.4	5.1～18.4	0.69	0.34～1.17	73	41～103	25.7	2.5～101.5	90	26～580	567	172～1488
三山岛街道	13.3	4.4～22.3	0.77	0.31～1.34	79	39～121	27.8	3.4～97.1	124	23～540	743	270～1885
文峰路街道	12.4	7.4～18.8	0.72	0.40～0.98	75	27～118	19.2	5.5～80.9	79	39～142	515	273～1906
沙河镇	11.0	5.3～23.0	0.78	0.31～1.60	81	37～141	30.2	5.3～95.1	101	30～460	617	231～1938
朱桥镇	11.4	6.1～18.9	0.69	0.32～1.40	71	35～120	24.6	5.0～95.0	90	24～380	577	132～1808
郭家店镇	9.6	3.4～19.4	0.72	0.32～1.25	72	34～105	21.0	5.0～96.1	54	20～194	416	140～1126
土山镇	12.3	6.4～22.1	0.80	0.31～1.45	79	37～126	24.9	5.3～95.0	103	25～410	701	206～1626
虎头崖镇	11.4	4.6～18.5	0.67	0.31～1.27	64	36～92	18.2	5.0～93.0	82	22～340	486	167～1168
平里店镇	12.9	8.9～19.6	0.78	0.47～1.23	76	57～101	46.0	7.9～110.2	104	40～480	594	239～1912
驿道镇	11.4	5.4～19.4	0.71	0.36～1.17	86	60～115	32.1	2.8～165.9	91	30～520	604	177～2528
柞村镇	10.3	3.5～21.0	0.66	0.31～1.16	80	53～110	20.3	5.1～82.0	84	22～320	535	154～1025
程郭镇	10.6	5.6～20.0	0.68	0.33～1.33	74	43～125	24.2	3.7～81.1	82	29～400	123	48～1033
夏邱镇	11.4	7.3～16.7	0.79	0.44～1.22	80	53～115	26.1	5.0～70.3	103	28～200	572	314～1095
金城镇	12.6	7.1～21.3	0.72	0.34～1.17	81	51～122	26.4	5.5～77.0	118	39～460	655	320～1888

表 3　各镇街粮田耕层土壤微量元素含量

镇街	有效铁(mg/kg)		有效锰(mg/kg)		有效铜(mg/kg)		有效硼(mg/kg)		有效锌(mg/kg)		有效钼(mg/kg)	
	平均	变幅	平均	变幅	平均	变幅	平均	变幅	平均	变幅	平均	变幅
文昌路街道	37.2	10.7～63.2	24.6	9.1～40.9	0.67	0.35～1.50	0.42	0.22～0.66	1.15	0.64～2.13	0.18	0.08～0.19
永安路街道	9.3	4.6～16.3	8.3	2.1～18.5	0.71	0.32～1.14	0.50	0.26～0.85	1.29	0.48～1.83	0.16	0.09～0.21
城港路街道	25.0	4.3～86.7	23.0	4.0～57.7	1.04	0.31～3.33	0.67	0.15～1.49	1.19	0.19～3.86	0.15	0.10～0.27
三山岛街道	39.3	4.7～108.1	45.0	4.7～301.3	1.75	0.38～14.26	0.75	0.07～2.66	1.55	0.26～9.09	0.15	0.05～0.27
文峰路街道	25.6	4.9～52.8	24.8	4.4～75.1	0.78	0.32～2.28	0.57	0.18～1.49	1.14	0.54～2.03	0.13	0.08～0.26
沙河镇	23.6	3.9～69.4	26.8	5.6～124.0	1.73	0.62～7.53	0.54	0.15～3.05	1.97	0.25～8.63	0.12	0.07～0.19
朱桥镇	39.3	7.0～88.0	40.6	8.5～120.7	2.38	0.47～39.43	0.60	0.05～1.46	1.45	0.24～13.26	0.15	0.09～0.23
郭家店镇	48.6	3.9～124.3	52.2	12.4～123.3	1.89	0.2～21.33	0.35	0.05～1.10	0.96	0.19～4.82	0.14	0.09～0.17
土山镇	17.6	2.8～70.1	10.7	1.8～55.7	0.82	0.12～8.3	0.66	0.05～1.25	1.29	0.23～7.07	0.09	0.08～0.11
虎头崖镇	18.2	3.3～55.1	17.9	2.0～53.9	1.28	0.25～9.32	0.56	0.20～1.06	1.55	0.16～6.15	0.11	0.09～0.14
平里店镇	39.5	9.1～76.0	39.2	9.3～105.4	1.89	0.84～10.79	0.45	0.10～0.95	1.55	0.47～8.76	0.12	0.08～0.13
驿道镇	50.9	16.6～80.7	43.4	8.1～105.4	2.44	0.47～16.7	0.36	0.03～1.18	1.83	0.18～16.28	0.14	0.09～0.16
柞村镇	39.3	8.8～75.4	44.4	11.4～124.1	2.03	0.54～17	0.36	0.03～0.67	1.18	0.26～4.42	0.09	0.08～0.10
程郭镇	56.5	19～104.4	45.3	4.5～93.0	1.52	0.18～5.87	0.46	0.10～2.32	1.13	0.22～7.78	0.16	0.04～0.27
夏邱镇	43.1	12.8～85.2	23.7	3.1～59.0	1.70	0.47～11.02	0.41	0.21～0.77	1.24	0.18～10.54	0.12	0.09～0.15
金城镇	27.6	5.5～81.3	37.8	7.7～189.0	1.87	0.7～12.18	0.76	0.37～2.36	1.20	0.30～6.98	0.12	0.10～0.15

表 4　各镇街粮田耕层土壤中量元素、全盐含量及 pH、石灰需要量

镇 街	pH		交换性钙(mg/kg)		交换性镁(mg/kg)		有效硫(mg/kg)		总盐分(g/kg)		石灰需要量(mg/kg)	
	平均	变幅	平均	变幅	平均	变幅	平均	变幅	平均	变幅	平均	变幅
文昌路街道	6.0	4.9～7.0	1187	710～2431	244	178～362	27.8	19.4～116.7	0.3	0.1～1.1	546	397～1541
永安路街道	7.2	5.4～7.8	1543	1174～2215	216	163～298	31.7	20.8～184.2	0.4	0.2～0.6	1073	842～1369
城港路街道	6.9	5.6～8.2	1746	1380～2025	203	156～256	39.3	23.7～58.0	0.4	0.1～1.7	310	85～744
三山岛街道	6.6	4.9～8.2	1754	619～3006	315	94～533	47.2	17.5～181.3	0.6	0.1～2.4	425	85～1183
文峰路街道	6.6	5.6～7.9	2938	2588～3387	369	319～394	27.8	21.3～37.1	0.3	0.1～0.6	459	414～507
沙河镇	6.5	5.6～7.3	3771	2050～5513	425	313～538	35.9	18.9～84.0	0.3	0.1～1.2	170	88～287
朱桥镇	6.0	4.6～7.6	2630	1313～3488	367	325～438	41.8	35.6～146.0	0.4	0.1～2.1	643	101～1530
郭家店镇	5.4	4.3～6.8	1345	650～2044	359	281～469	35.1	23.4～43.9	0.2	0.1～1.9	775	194～1149
土山镇	7.4	6.0～8.5	3669	1813～8831	371	288～506	63.3	30.2～149.4	0.5	0.2～1.5	197	85～397
虎头崖镇	7.1	6.0～8.1	3455	2644～4250	409	369～475	32.5	25.4～53.8	0.3	0.1～0.8	205	92～321
平里店镇	6.2	5.2～7.2	3315	1556～4638	334	294～369	72.5	35.7～256.7	0.3	0.1～1.2	327	127～803
驿道镇	5.9	4.7～7.1	1132	769～1519	255	219～300	35.6	26.1～55.6	0.3	0.1～2.7	427	93～710
柞村镇	6.1	5.1～7.1	1133	344～2025	250	175～338	35.2	21～85.7	0.3	0.1～0.8	217	101～1428
程郭镇	5.9	4.3～7.4	1064	419～1581	237	175～313	58.0	25.4～220.4	0.3	0.1～1.1	532	85～1395
夏邱镇	6.2	5.2～7.2	1803	1425～2294	211	184～241	32.0	17.2～40.1	0.3	0.1～2.1	313	85～625
金城镇	7.0	5.5～8.2	1623	856～2797	223	169～269	134.6	31.6～402.0	0.5	0.1～1.4	352	92～957

表 5　各镇街菜田耕层土壤有机质及大量元素含量

镇街	有机质(g/kg)		全氮(g/kg)		碱解氮(mg/kg)		有效磷(mg/kg)		速效钾(mg/kg)		缓效钾(mg/kg)	
	平均	变幅	平均	变幅	平均	变幅	平均	变幅	平均	变幅	平均	变幅
文昌路街道	16.3	11.8～19.5	0.85	0.41～1.27	86	64～118	27.8	8.4～53.2	90	50～226	494	247～1163
永安路街道	15.7	11.4～23.0	1.26	0.99～1.79	100	72～124	40.0	10.9～85.3	164	90～290	874	632～1314
城港路街道	13.2	12.3～14.0	0.96	0.91～1.01	95	92～98	69.4	36.5～116.1	163	60～300	1122	792～1452
三山岛街道	10.3	8.6～16.2	0.82	0.41～1.13	79	58～92	48.3	10.1～136.1	162	52～360	1044	724～1936
文峰路街道	13.1	12.2～14.0	1.02	0.93～1.12	86	71～98	12.0	6.4～17.5	58	53～63	867	612～1127
沙河镇	10.8	7.3～20.0	0.96	0.51～1.69	94	46～137	50.1	13.9～95.4	153	49～420	957	283～1930
朱桥镇	10.7	9.4～13.1	0.70	0.43～1.14	75	55～103	38.9	11.5～68.7	96	42～210	620	330～1210
郭家店镇	11.0	8.7～13.5	1.05	0.63～1.35	91	68～112	37.2	15.2～58.5	123	52～200	664	372～1062
土山镇	14.8	7.7～24.3	0.96	0.47～1.60	95	48～147	29.9	6.4～114	124	50～431	736	216～1707
虎头崖镇	13.7	6.5～20.4	0.80	0.43～1.40	77	46～110	21.8	6.3～111.6	98	40～357	510	175～1226
平里店镇	12.0	7.5～18.3	0.93	0.65～1.34	85	64～108	70.2	9.8～143.9	149	54～470	718	413～1096
驿道镇	10.3	7.7～14.6	0.87	0.60～1.37	94	78～107	48.6	5.9～97.3	165	41～680	896	379～1056
柞村镇	8.2	6.1～11.9	0.86	0.75～1.11	97	88～113	33.1	12.4～52.1	64	48～94	373	306～456
程郭镇	13.8	7.7～21.3	1.13	0.73～1.72	107	84～148	58.5	7.5～132.1	185	56～600	112	89～153
夏邱镇	10.0	8.0～13.2	0.82	0.48～1.10	88	57～99	37.8	23.4～44.0	77	60～108	497	286～654
金城镇	15.1	8.5～23.4	0.86	0.41～1.29	97	61～146	31.7	6.6～92.4	142	47～483	688	336～1932

表 6 各镇街菜田耕层土壤微量元素含量

镇街	有效铁(mg/kg)		有效锰(mg/kg)		有效铜(mg/kg)		有效硼(mg/kg)		有效锌(mg/kg)		有效钼(mg/kg)	
	平均	变幅	平均	变幅	平均	变幅	平均	变幅	平均	变幅	平均	变幅
文昌路街道												
永安路街道	21.2	13.0～30.7	8.8	7.2～11.2	2.93	1.70～3.84	0.81	0.61～1.12	3.89	2.42～6.67	0.12	0.10～0.36
城港路街道	47.2	35.3～59.0	23.2	21.2～25.1	1.57	1.23～1.91	0.52	0.36～0.67	1.95	1.6～2.29	0.19	0.13～0.28
三山岛街道	23.7	12.1～38.6	37.7	5.6～170.7	1.53	0.68～3.94	0.85	0.41～2.17	2.29	0.92～5.23	0.15	0.09～0.17
文峰路街道												
沙河镇	49.2	16.2～87.4	32.4	8.7～105.8	3.7	1.27～10.09	0.55	0.19～1.41	4.17	1.18～12.59	0.13	0.11～0.16
朱桥镇	39.9	24.5～64.7	31.4	15.7～50.7	2.13	0.85～5.4	0.50	0.28～0.86	1.58	0.73～2.59	0.10	0.08～0.18
郭家店镇	24.6	16.3～67.9	47.6	27.5～66.3	2.77	0.63～6.47	0.43	0.25～0.82	1.82	0.88～3.30	0.14	0.10～0.16
土山镇												
虎头崖镇												
平里店镇	63.1	37.3～99.3	38.7	15.0～87.4	3.27	1.16～16.32	0.43	0.10～1.03	3.25	1.00～12.69	0.12	0.09～0.17
驿道镇	54.2	12.4～81.2	37.6	7.8～81.0	3.77	0.91～14.61	0.35	0.17～0.62	1.69	0.78～4.02	0.14	0.10～0.16
柞村镇	45.6	41.2～53.3	39.5	31.3～45.9	1.57	1.01～2.3	0.39	0.15～0.78	0.77	0.51～0.91	0.11	0.08～0.16
程郭镇	70.4	11.0～140.9	30.3	3.3～79.6	2.89	0.63～7.58	0.34	0.01～0.67	2.01	0.76～5.95	0.22	0.12～0.65
夏邱镇	42.0	29.0～58.6	21.1	12.8～27.3	2.60	1.20～4.76	0.40	0.36～0.45	2.84	1.36～5.01	0.11	0.08～0.21
金城镇												

表 7 各镇街菜田耕层土壤中量元素、全盐含量及 pH、石灰需要量

镇 街	pH		交换性钙(mg/kg)		交换性镁(mg/kg)		有效硫(mg/kg)		总盐分(g/kg)		石灰需要量(mg/kg)	
	平均	变幅	平均	变幅	平均	变幅	平均	变幅	平均	变幅	平均	变幅
文昌路街道												
永安路街道	6.7	6.3～7.2	1357	954～1792	314	276～427	64.3	51.8～85.4	0.7	0.4～1.7	410	279～513
城港路街道	6.0	5.4～6.5	1644	1141～1983	188	161～419	38.4	38.4～38.4	0.7	0.4～1.1	355	269～317
三山岛街道	6.5	5.3～7.2	1669	1219～3465	281	197～443	41.4	46.4～50.4	0.8	0.2～1.5	294	256～432
文峰路街道	6.1	5.7～6.4	1844	1547～2706	304	267～451						
沙河镇	6.4	5.6～7.3	1545	1027～2315	251	196～348	39.5	38.3～50.1	0.4	0.1～1.0	289	271～408
朱桥镇	5.9	5.5～6.7	2881	1679～2537	350	284～443	58.7	54.1～96.7	0.4	0.2～0.6	262	254～270
郭家店镇	5.4	4.8～6.6	2125	1844～2406	438	419～456	71.6	53.2～141.8	0.3	0.1～0.5	659	285～917
土山镇												
虎头崖镇												
平里店镇	5.8	4.8～6.7	3234	1969～4306	352	300～450	133.3	88.1～157.7	0.7	0.3～1.6	329	257～423
驿道镇	5.5	4.8～6.6	1575	1575～1575	300	249～452	115.1	87.6～143.5	0.6	0.2～1.5	440	254～627
柞村镇	5.9	5.6～6.3	1654	1427～3017	267	251～369	45.3	39.4～56.1	0.2	0.1～0.3	361	267～385
程郭镇	5.6	4.8～7.4	1391	794～3231	256	188～313	75.9	39.5～160.4	0.6	0.2～1.2	549	255～1082
夏邱镇	6.1	5.9～6.3	1100	1100～1100	156	162～307	18.9	19.0～18.9	0.5	0.2～1.0	379	278～544
金城镇												

表 8 各镇街果园耕层土壤有机质及大量元素含量

镇 街	有机质(g/kg)		全氮(g/kg)		碱解氮(mg/kg)		有效磷(mg/kg)		速效钾(mg/kg)		缓效钾(mg/kg)	
	平均	变幅	平均	变幅	平均	变幅	平均	变幅	平均	变幅	平均	变幅
文昌路街道	12.5	9.7～17.5	1.10	0.54～1.43	106	58～143	52.7	12.1～113.2	228	64～660	912	364～1736
永安路街道	9.5	7.2～11.7	1.01	0.86～1.24	96	85～117	33.7	6.7～66.6	175	65～460	674	339～938
城港路街道	8.6	4.8～13.3	0.86	0.39～1.45	89	68～136	41.6	3.3～165.4	203	40～780	802	228～1892
三山岛街道	9.7	4.2～19.8	0.80	0.37～1.42	82	48～125	45.7	6.3～169.3	252	30～820	968	282～1956
文峰路街道	9.4	6.3～19.1	0.99	0.74～1.72	99	80～131	25.3	8.0～105.9	98	28～300	655	232～1520
沙河镇	9.7	6.6～17.9	0.97	0.6～1.75	96	65～124	26.9	5.6～107.0	157	25～560	824	347～1772
朱桥镇	11.4	6.5～18.3	0.79	0.33～1.65	80	42～140	50.7	8.0～130.8	166	39～460	951	232～1968
郭家店镇	9.6	3.6～15.7	0.97	0.61～1.44	91	60～119	31.1	5.3～106.9	172	40～440	937	212～1964
土山镇	11.1	6.6～15.4	0.68	0.39～0.96	68	49～91	29.9	7.0～86.1	184	94～500	858	578～1184
虎头崖镇	9.3	4.4～17.4	0.67	0.38～1.60	67	29～143	18.2	5.3～106.0	117	33～460	700	234～1992
平里店镇	12.5	9.3～17.7	0.95	0.54～1.73	87	62～119	51.5	7.9～153.6	225	36～800	924	260～1848
驿道镇	10.7	6.9～16.4	0.79	0.35～1.25	89	73～116	49.4	7.9～110.2	189	54～720	976	278～3276
柞村镇	9.4	4.5～18.1	1.08	0.56～1.63	110	82～140	41.9	5.9～99.0	189	40～460	916	342～1640
程郭镇	13.2	7.6～23.5	1.11	0.64～1.73	105	59～140	52.3	6.3～126.3	220	42～680	113	64～174
夏邱镇	8.2	4.6～12.4	0.96	0.50～1.40	97	83～124	26.5	7.3～85.2	111	36～320	788	420～1708
金城镇	10.8	6.8～18.6	1.01	0.56～1.61	102	68～143	74.7	11.9～133.8	356	68～640	983	485～1980

表 9　各镇街果园耕层土壤微量元素含量

镇街	有效铁(mg/kg)		有效锰(mg/kg)		有效铜(mg/kg)		有效硼(mg/kg)		有效锌(mg/kg)		有效钼(mg/kg)	
	平均	变幅	平均	变幅	平均	变幅	平均	变幅	平均	变幅	平均	变幅
文昌路街道	44.8	7.2～77.9	43.8	8.9～84.2	5.32	1.03～15.8	0.62	0.25～3.01	3.68	1.01～20.45	0.11	0.10～0.12
永安路街道	34.6	9.0～85.0	30.3	8.5～95.5	3.45	0.96～6.74	0.77	0.50～1.73	1.85	0.66～4.64	0.17	0.12～0.22
城港路街道	44.8	6.6～98.7	24.1	4.3～50.7	4.64	0.84～29.3	0.31	0.15～0.84	3.83	0.35～53.45	0.19	0.12～0.35
三山岛街道	53.2	9.0～112.0	53.4	5～311.2	4.45	0.47～16.89	0.67	0.26～1.25	3.56	0.31～15.61	0.21	0.13～0.34
文峰路街道	23.3	5.5～79.3	31.3	5.5～62.3	2.54	1.34～6.35	0.67	0.32～3.04	2.07	0.51～15.98	0.11	0.09～0.12
沙河镇	37.5	12.2～110.8	29.1	11.4～52.6	4.48	1.25～15.61	0.54	0.34～0.75	2.46	0.7～12.84	0.15	0.10～0.23
朱桥镇	43.4	7.5～94.8	34.3	7.7～114.5	6.85	0.81～24.24	0.46	0.08～1.71	2.69	0.44～12.18	0.16	0.09～0.30
郭家店镇	67.1	16.0～121.9	37.9	12.5～84.2	8.94	1.36～24.75	0.45	0.05～0.88	2.42	0.18～12.83	0.13	0.11～0.16
土山镇	31.6	8.1～74.0	27.9	10.7～67.0	2.68	1.08～4.27	0.57	0.35～1.05	1.6	0.47～2.10	0.11	0.11～0.11
虎头崖镇	12.4	3.4～36.3	13.9	3.5～44.3	3.18	0.46～17.75	0.55	0.32～0.84	1.33	0.32～3.87	0.14	0.09～0.19
平里店镇	52.5	21.6～86.3	41.8	13.9～104.2	8.26	1.00～33.59	0.73	0.12～3.30	6.55	0.82～48.58	0.12	0.10～0.14
驿道镇	43.7	18.0～74.3	37.3	13.9～70.0	4.42	1.42～9.04	0.34	0.22～0.55	1.48	0.51～3.80	0.13	0.10～0.15
柞村镇	58.2	15.3～98.6	38.5	13.3～126.0	6.88	0.73～20.75	0.45	0.08～0.75	2.72	0.34～14.01	0.13	0.08～0.26
程郭镇	57.6	12.7～134.2	27.7	7.8～75.9	5.84	0.5～38.12	0.37	0.01～0.82	2.72	0.35～12.62	0.16	0.10～0.30
夏邱镇	42.0	18.7～92.9	23.0	14.1～29.2	5.8	1.26～19.37	0.61	0.38～0.80	2.52	0.27～10.67	0.13	0.13～0.13
金城镇	50.5	4.1～114.5	30.9	5.5～250.6	9.21	0.77～29.85	0.83	0.37～1.43	7.43	0.81～21.12	0.11	0.10～0.12

表 10　各镇街果园耕层土壤中量元素、全盐含量及 pH、石灰需要量

镇　街	pH		交换性钙(mg/kg)		交换性镁(mg/kg)		有效硫(mg/kg)		总盐分(g/kg)		石灰需要量(mg/kg)	
	平均	变幅	平均	变幅	平均	变幅	平均	变幅	平均	变幅	平均	变幅
文昌路街道	5.6	4.6～6.5	3121	1388～6475	250	219～294	43.2	28.5～52.8	0.4	0.2～0.5	283	220～347
永安路街道	6.3	5.6～6.8	1103	500～1706	322	306～338	54.2	27.5～80.9	0.6	0.2～1.0	267	211～393
城港路街道	5.8	4.7～6.6	1517	1019～1981	180	156～225	125.5	32.9～192.7	0.6	0.3～0.9	510	118～1200
三山岛街道	6.0	4.6～7.9	2072	625～3519	275	244～306	203.1	124.4～281.7	0.7	0.1～1.5	678	110～1792
文峰路街道	6.7	5.8～7.2	3094	3044～3144	378	369～388	32.9	30.5～35.3	0.5	0.2～1.2	310	118～414
沙河镇	6.4	5.6～7.3	2154	1411～3547	312	269～412	79.8	32.4～120.4	0.5	0.2～1.0	177	135～220
朱桥镇	5.8	5.2～6.9	2536	831～9131	326	213～444	77.3	25.1～387.9	0.5	0.1～0.7	621	135～1761
郭家店镇	5.3	4.3～6.9	1396	919～1775	315	238～394	65.1	37.1～118.3	0.3	0.1～1.1	1063	1014～1183
土山镇	7.0	5.9～7.8	8169	8169～8169	500	500～500	109.4	109.4～109.4	0.7	0.3～1.0	175	104～212
虎头崖镇	7.4	6.3～8.4	4169	3825～4513	450	431～469	75.2	45.6～103.1	0.5	0.1～2.0	245	108～423
平里店镇	6.0	4.9～7.0	2500	1444～3663	252	225～288	85.6	37.7～120.3	0.8	0.2～2.6	473	237～930
驿道镇	5.8	5.1～7.0	1173	581～1619	254	231～294	73.4	26.8～145.3	0.1	0.1～0.1	617	186～1048
柞村镇	5.6	4.3～6.4	1959	1038～2488	320	281～338	34.0	21.0～46.3	0.5	0.1～2.1	199	135～262
程郭镇	5.9	4.3～7.0	1137	256～3131	213	100～275	132.5	30.9～835	0.6	0.1～2.5	513	118～862
夏邱镇	6.1	5.4～7.1	1253	1253～1253	200	189～276	164.2	31.8～140.0	0.4	0.1～1.2	592	254～1133
金城镇	6.2	4.6～8.2	622	294～950	219	156～281	73.9	47～100.8	0.9	0.2～2.2	913	659～1352

表 11　　不同水源水样氮磷钾含量

水样类型	采样地点	雨季前(2009 年 6 月上旬)			雨季后(2009 年 9 月中旬)			
		氨态氮 (mg/L)	硝态氮 (mg/L)	可溶性磷 (mg/L)	氨态氮 (mg/L)	硝态氮 (mg/L)	可溶性磷 (mg/L)	可溶性钾 (mg/L)
	文昌路街道仲沟村	0.353	15.383	0.121	0.411	15.396	0.137	4.33
	永安路街道西关村	0.440	16.419	0.449	0.442	16.251	0.138	1.93
	城港路街道朱旺村	0.348	16.060	0.338	0.435	15.795	0.142	2.17
	城港路街道东原村	0.557	16.295	0.217	0.370	15.202	0.143	6.26
	三山岛街道仓南村	0.415	13.127	0.195	0.443	15.119	0.147	16.37
	三山岛街道后吕村	0.349	16.450	0.150	0.420	15.330	0.155	19.26
	文峰路街道八庙村	0.464	15.931	0.124	0.429	15.098	0.150	1.69
	沙河镇和平村	0.453	16.288	0.311	0.466	15.146	0.144	1.20
地	沙河镇北河崖村	0.491	15.644	0.117	0.475	14.845	0.131	0.96
下	朱桥镇卧龙村	1.101	14.982	0.120	0.428	12.985	0.123	0.96
灌	郭家店镇马台石村	0.445	14.534	0.120	0.473	14.810	0.129	1.93
溉	土山镇北庄村	1.031	15.839	0.140	0.484	15.330	0.132	1.69
水	虎头崖镇冯家村	0.376	15.127	0.121	0.320	15.042	0.131	1.44
	平里店镇战家洼村	0.601	16.654	0.140	0.306	15.743	0.136	1.20
	驿道镇东赵村	0.644	16.544	0.123	0.294	15.539	0.138	1.20
	柞村镇小屋村	0.364	15.032	0.129	0.323	14.603	0.136	2.41
	程郭镇宋家集村	0.480	16.234	0.123	0.356	14.676	0.133	1.93
	程郭镇车程村	0.425	9.366	0.121	0.428	9.715	0.133	1.93
	夏邱镇白沙村	0.528	16.129	0.169	0.384	15.311	0.121	1.69
	金城镇大西庄村	0.433	15.231	0.143	0.347	15.778	0.118	2.41
	平　均	0.515	15.363	0.174	0.402	14.886	0.136	3.65

续表

水样类型	采样地点	雨季前(2009年6月上旬)			雨季后(2009年9月中旬)			
		氨态氮(mg/L)	硝态氮(mg/L)	可溶性磷(mg/L)	氨态氮(mg/L)	硝态氮(mg/L)	可溶性磷(mg/L)	可溶性钾(mg/L)
饮用水	程郭镇西坊北村	0.484	15.841	0.127	0.356	15.292	0.119	1.69
	朱桥镇朱桥村	0.343	16.594	0.281	0.303	16.057	0.117	1.20
	郭家店镇马台石村	0.461	15.530	0.120	0.346	15.297	0.117	0.96
	平里店镇平里店村	0.573	16.697	0.175	0.308	14.890	0.062	6.50
	驿道镇刘家洼村	0.433	15.860	0.159	0.334	10.443	0.063	0.96
	平　均	0.459	16.104	0.172	0.329	14.396	0.096	2.26
地表水	三山岛街道街西村				0.360	7.190	0.068	4.33
	文峰路街道关桥村				0.344	5.017	0.059	4.33
	沙河镇西杜村				0.371	3.083	0.057	3.13
	郭家店镇太平庄村				0.408	13.757	0.057	3.85
	虎头崖镇冯家村				0.514	13.526	0.066	5.30
	平里店镇贾战家村				0.330	14.877	0.043	3.85
	驿道镇西赵村				0.392	3.007	0.059	4.82
	柞村镇陈家村				0.331	14.796	0.055	3.61
	程郭镇蒋家村				0.430	8.421	0.068	2.65
	夏邱镇白沙村				0.588	13.531	0.064	4.33
	平　均				0.407	9.721	0.06	4.02

附录二　成果图

莱州市土地利用现状图

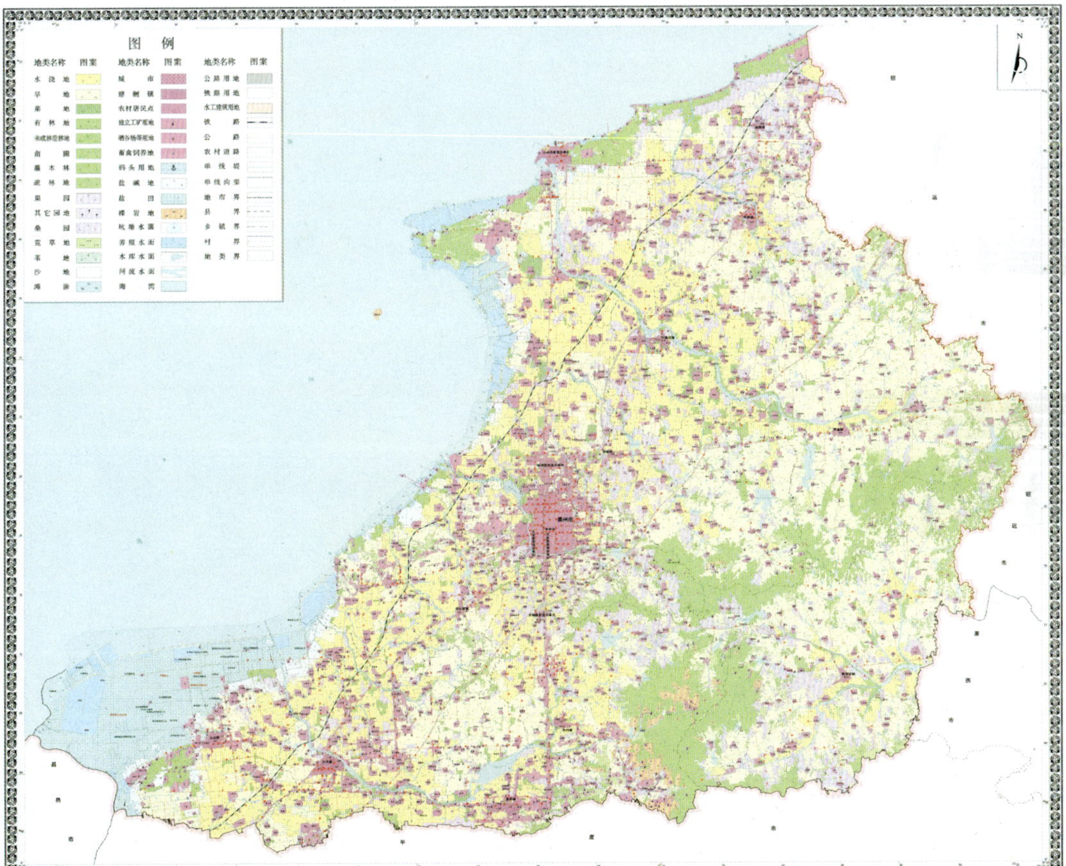

1954 年北京坐标系
1956 年黄海高程系

比例尺 1:500000
0 1 2 3km

山东农业大学资源与环境学院
山东天地亚太国土遥感有限公司　二〇〇九年十月

莱州市土壤图

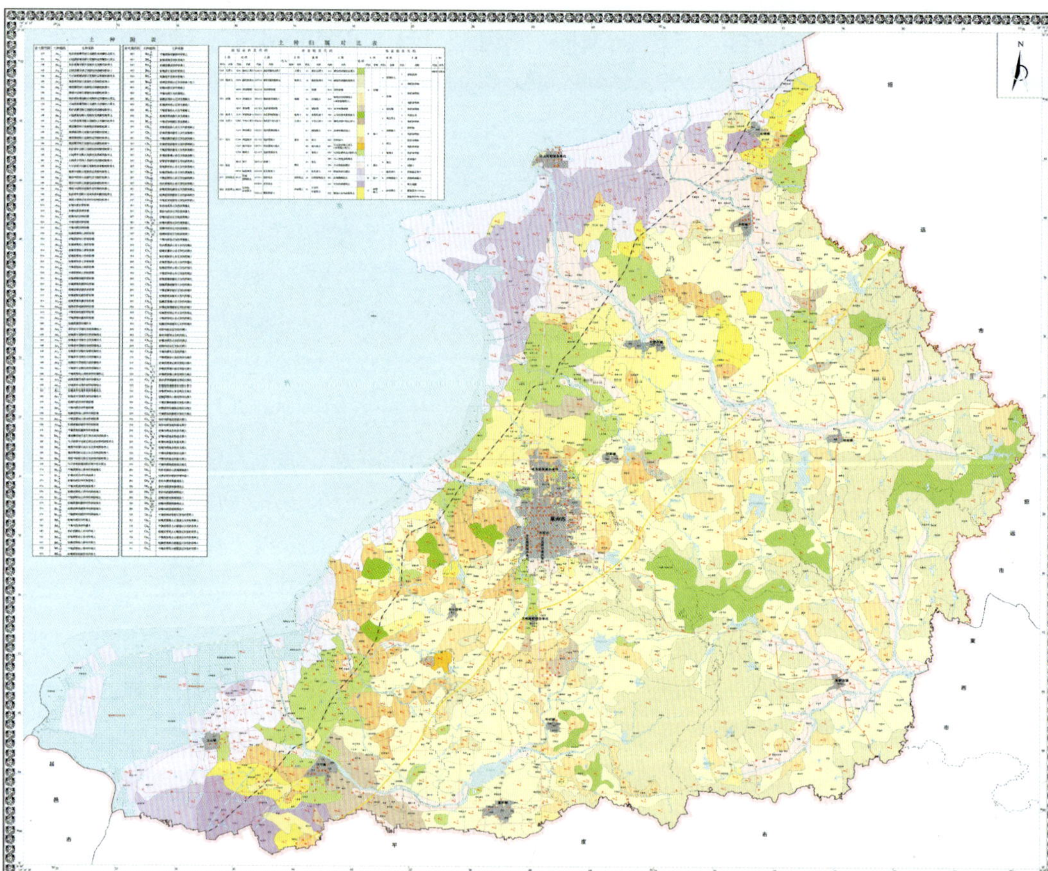

1954年北京坐标系
1956年黄海高程系

比例尺 1:500000
0 1 2 3km

山东农业大学资源与环境学院
山东天地亚太国土遥感有限公司
二〇〇九年十月

莱州市灌溉分区图

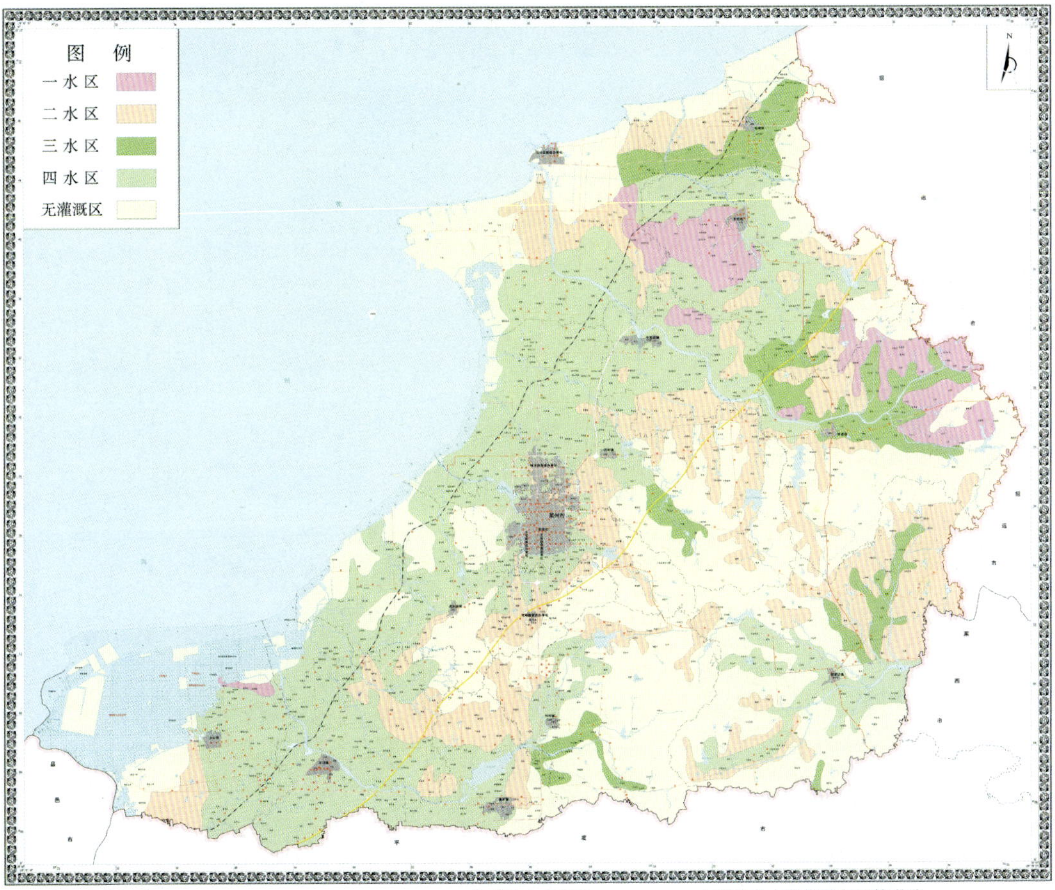

1954 年北京坐标系
1956 年黄海高程系

比例尺 1:500000
0 1 2 3km

山东农业大学资源与环境学院
山东天地亚太国土遥感有限公司
二〇〇九年十月

莱 州 市 地 貌 图

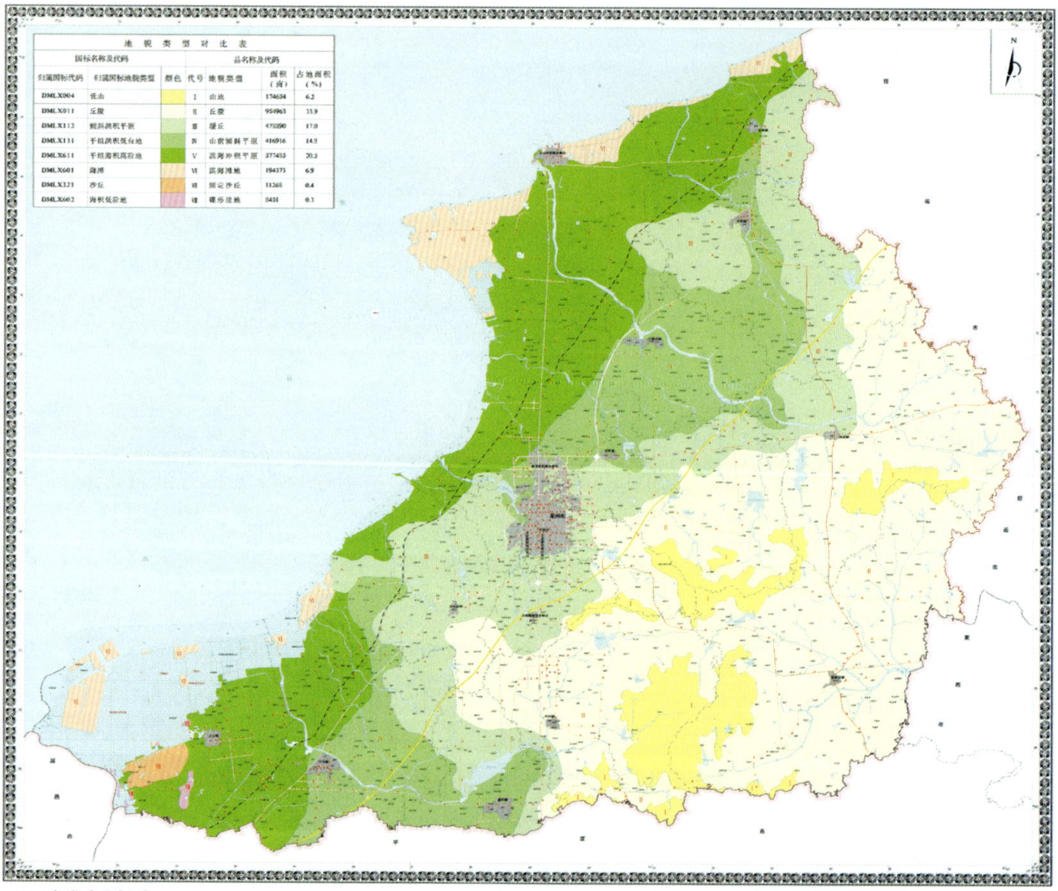

1954 年北京坐标系
1956 年黄海高程系

比例尺 1:500000
0 1 2 3km

山东农业大学资源与环境学院
山东天地亚太国土遥感有限公司 二〇〇九年十月

莱州市坡度图

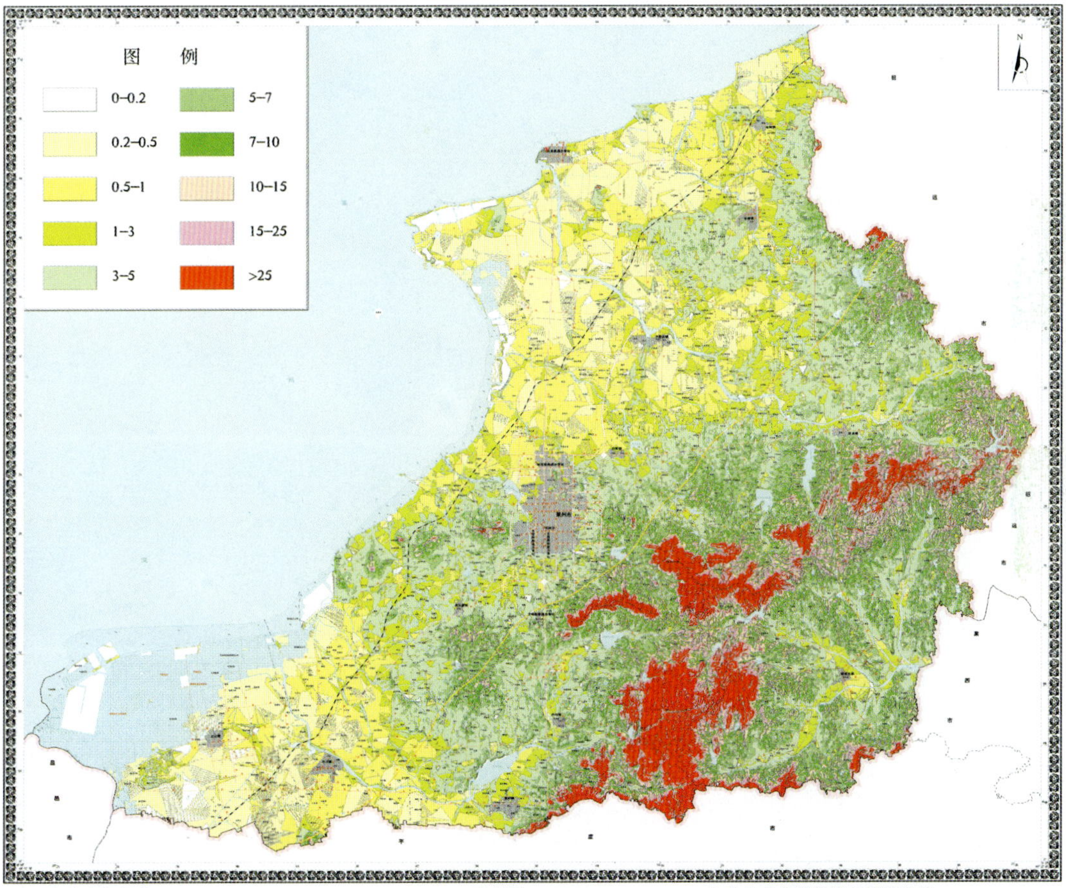

1954 年北京坐标系
1956 年黄海高程系

比例尺 1:500000
0 1 2 3km

山东农业大学资源与环境学院
山东天地亚太国土遥感有限公司 二〇〇九年十月

莱州市耕地地力评价等级图

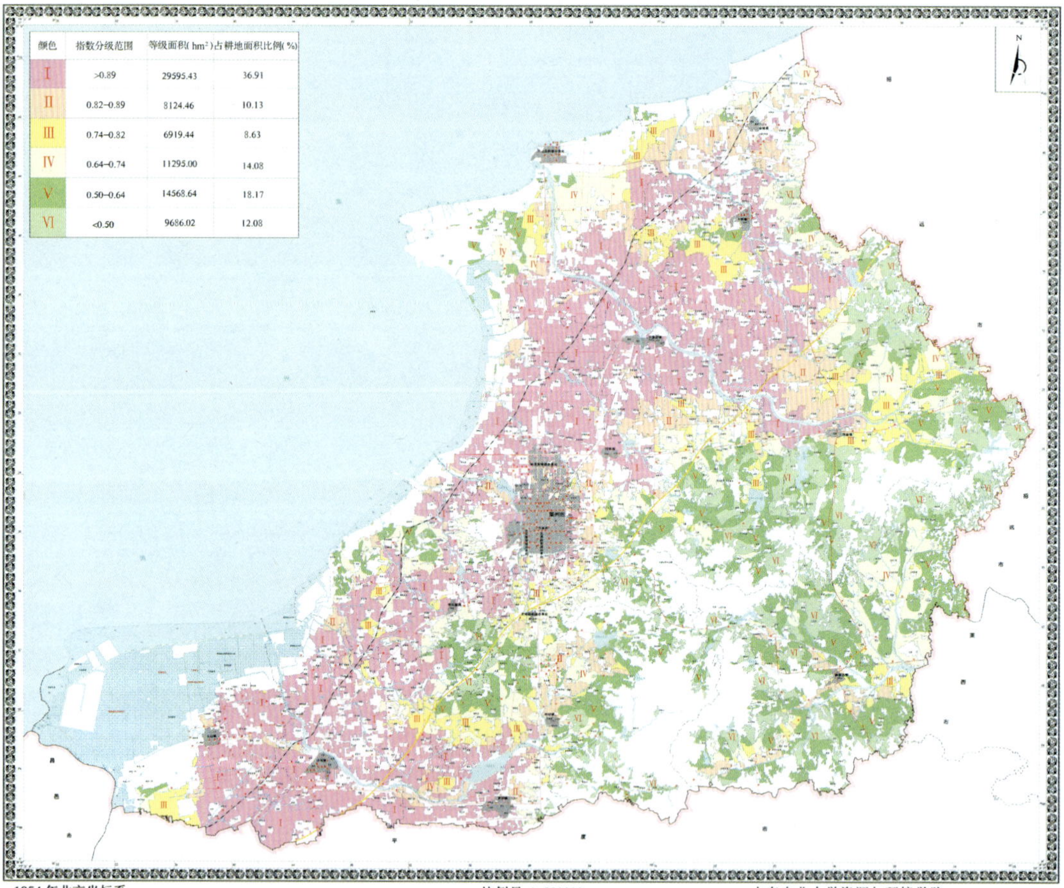

颜色	指数分级范围	等级面积(hm²)	占耕地面积比例(%)
Ⅰ	>0.89	29595.43	36.91
Ⅱ	0.82~0.89	8124.46	10.13
Ⅲ	0.74~0.82	6919.44	8.63
Ⅳ	0.64~0.74	11295.00	14.08
Ⅴ	0.50~0.64	14568.64	18.17
Ⅵ	<0.50	9686.02	12.08

1954年北京坐标系
1956年黄海高程系

比例尺 1:500000
0 1 2 3

山东农业大学资源与环境学院
山东天地亚太国土遥感有限公司 二〇〇九年十月

莱州市土壤 pH 分布图

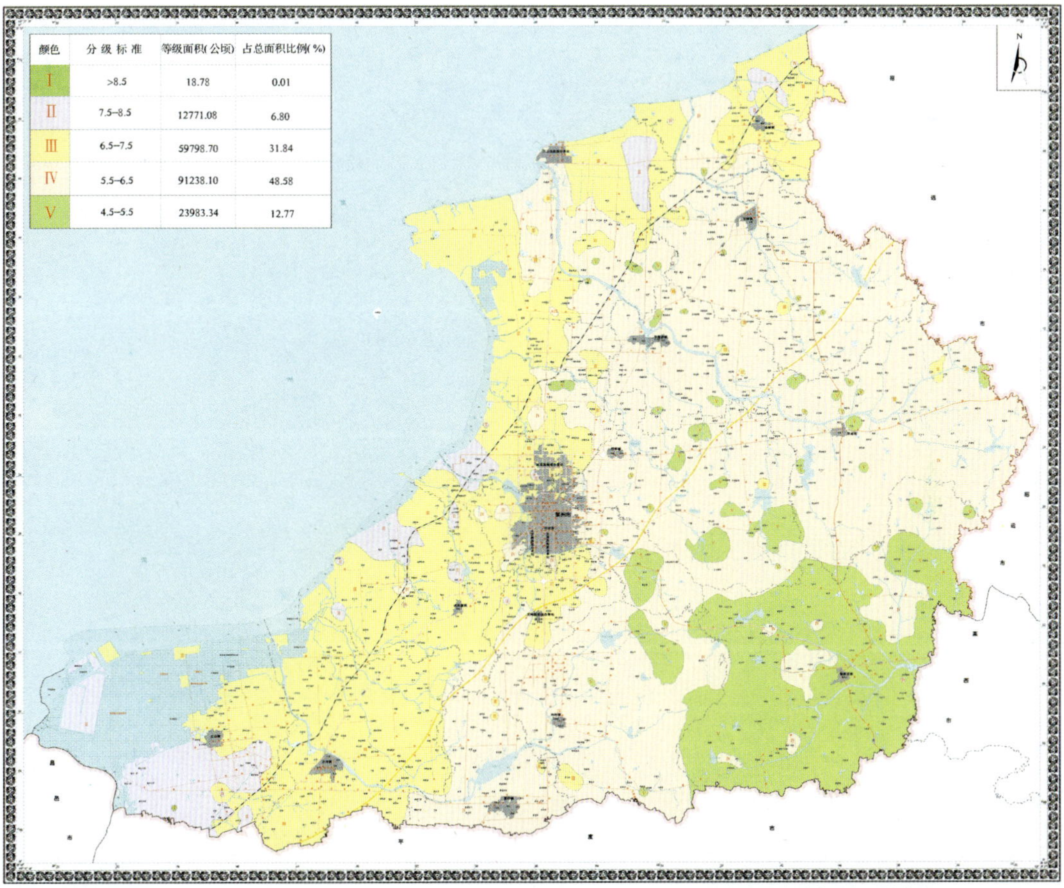

颜色	分级标准	等级面积(公顷)	占总面积比例(%)
Ⅰ	>8.5	18.78	0.01
Ⅱ	7.5–8.5	12771.08	6.80
Ⅲ	6.5–7.5	59798.70	31.84
Ⅳ	5.5–6.5	91238.10	48.58
Ⅴ	4.5–5.5	23983.34	12.77

1954 年北京坐标系
1956 年黄海高程系

比例尺 1:500000
0 1 2 3km

山东农业大学资源与环境学院
山东天地亚太国土遥感有限公司
二〇〇九年十月

莱州市土壤有机质含量分布图

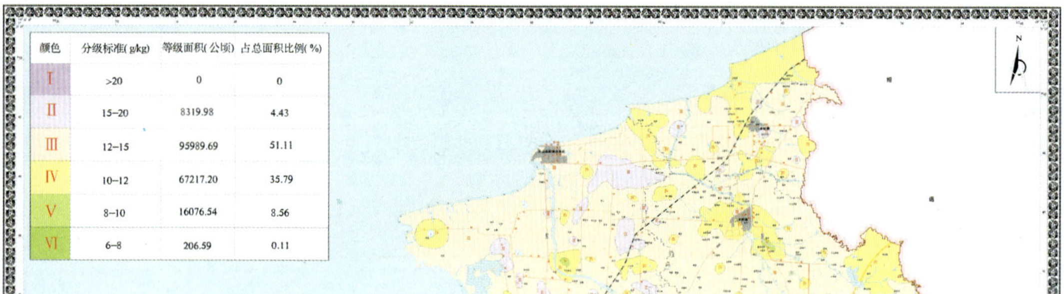

1954 年北京坐标系
1956 年黄海高程系

比例尺 1:500000
0 1 2 3km

山东农业大学资源与环境学院
山东天地亚太国土遥感有限公司
二〇〇九年十月

莱州市土壤全氮含量分布图

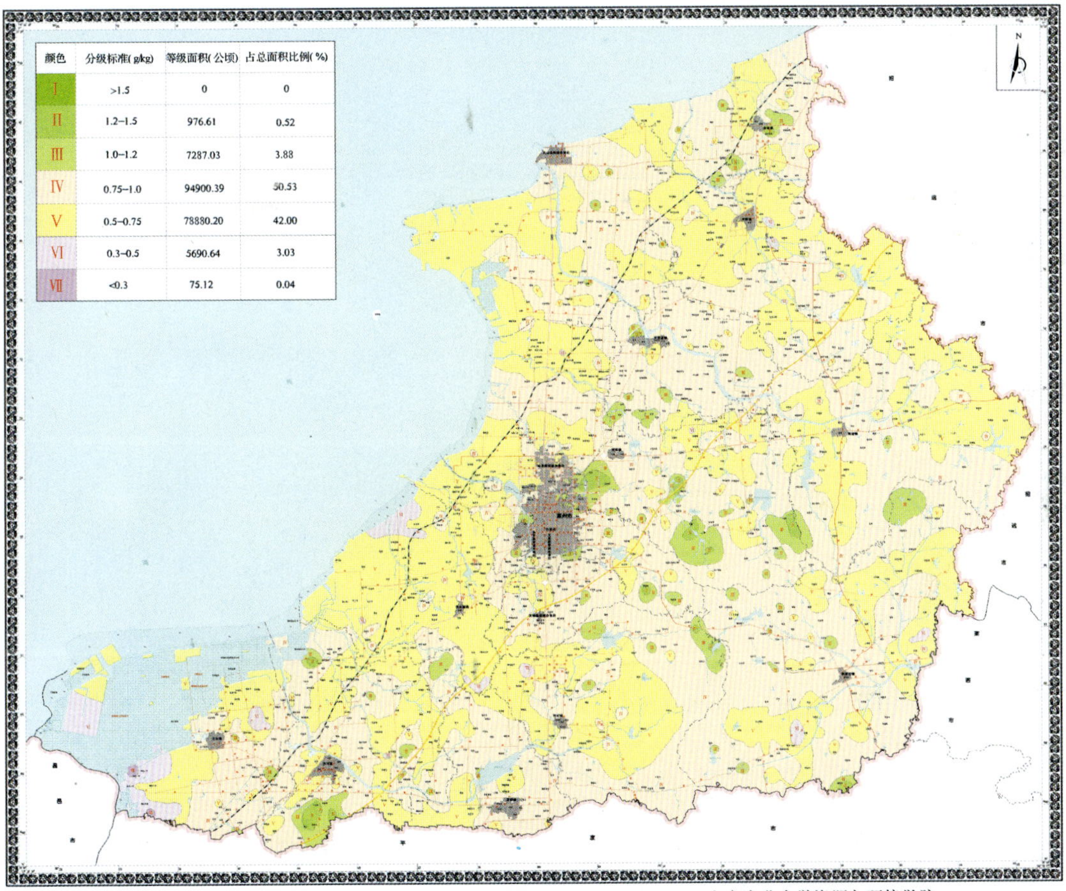

颜色	分级标准(g/kg)	等级面积(公顷)	占总面积比例(%)
Ⅰ	>1.5	0	0
Ⅱ	1.2–1.5	976.61	0.52
Ⅲ	1.0–1.2	7287.03	3.88
Ⅳ	0.75–1.0	94900.39	50.53
Ⅴ	0.5–0.75	78880.20	42.00
Ⅵ	0.3–0.5	5690.64	3.03
Ⅶ	<0.3	75.12	0.04

1954 年北京坐标系
1956 年黄海高程系

比例尺 1∶500000
0 1 2 3km

山东农业大学资源与环境学院
山东天地亚太国土遥感有限公司
二〇〇九年十月

莱州市土壤碱解氮含量分布图

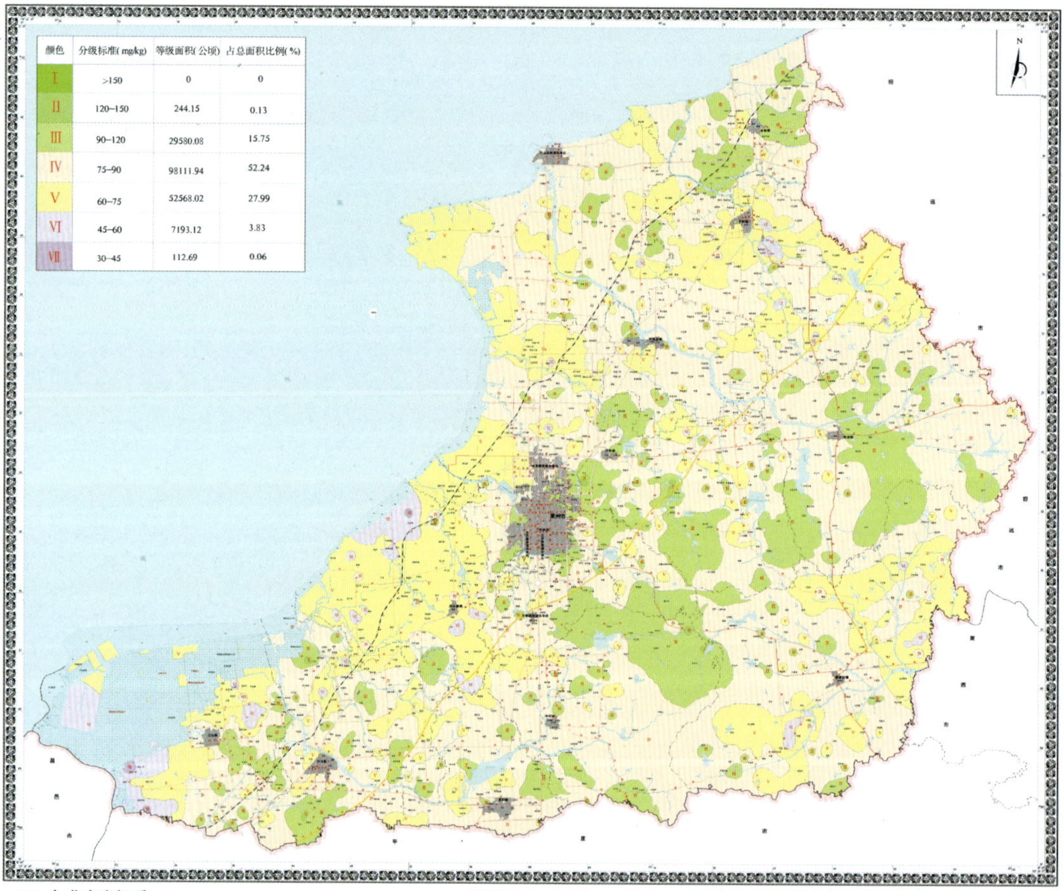

颜色	分级标准(mg/kg)	等级面积(公顷)	占总面积比例(%)
Ⅰ	>150	0	0
Ⅱ	120~150	244.15	0.13
Ⅲ	90~120	29580.08	15.75
Ⅳ	75~90	98111.94	52.24
Ⅴ	60~75	52568.02	27.99
Ⅵ	45~60	7193.12	3.83
Ⅶ	30~45	112.69	0.06

1954 年北京坐标系
1956 年黄海高程系

比例尺 1:500000
0 1 2 3km

山东农业大学资源与环境学院
山东天地亚太国土遥感有限公司
二〇〇九年十月

莱州市土壤有效磷含量分布图

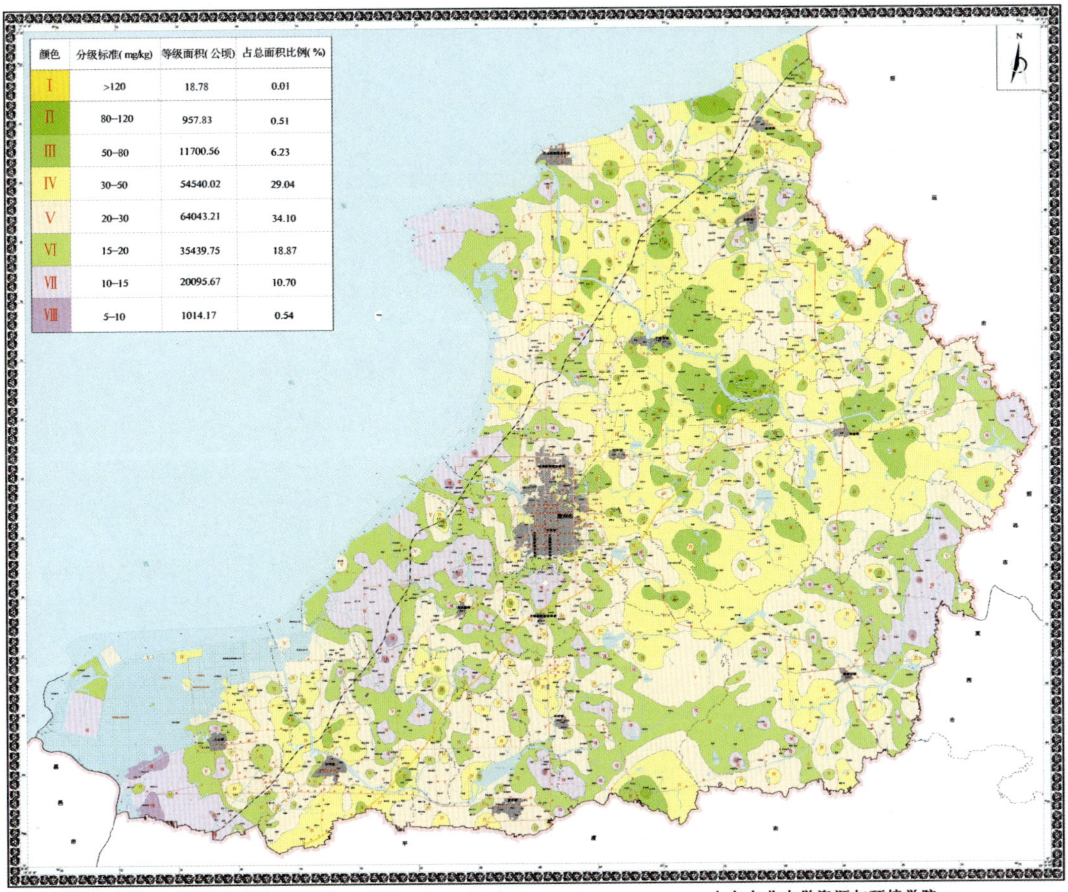

颜色	分级标准(mg/kg)	等级面积(公顷)	占总面积比例(%)
Ⅰ	>120	18.78	0.01
Ⅱ	80–120	957.83	0.51
Ⅲ	50–80	11700.56	6.23
Ⅳ	30–50	54540.02	29.04
Ⅴ	20–30	64043.21	34.10
Ⅵ	15–20	35439.75	18.87
Ⅶ	10–15	20095.67	10.70
Ⅷ	5–10	1014.17	0.54

1954 年北京坐标系
1956 年黄海高程系

比例尺 1:500000
0 1 2 3km

山东农业大学资源与环境学院
山东天地亚太国土遥感有限公司 二〇〇九年十月

莱州市土壤速效钾含量分布图

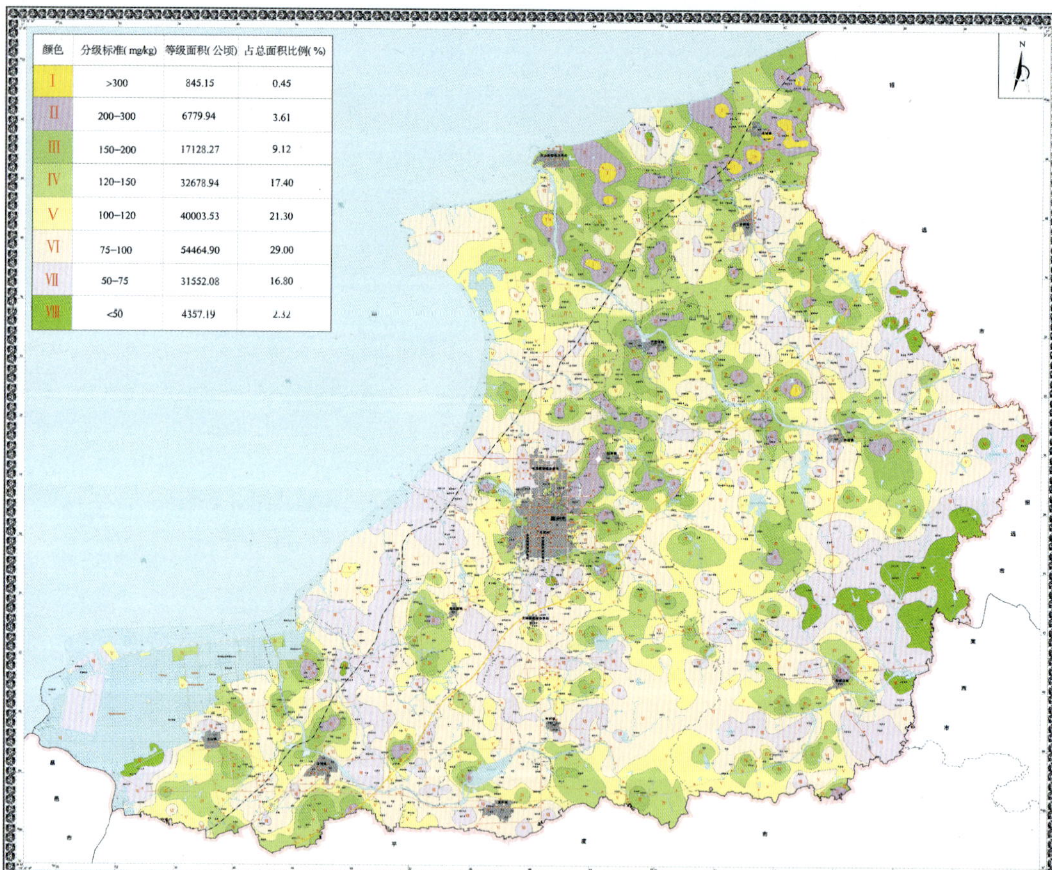

颜色	分级标准(mg/kg)	等级面积(公顷)	占总面积比例(%)
Ⅰ	>300	845.15	0.45
Ⅱ	200–300	6779.94	3.61
Ⅲ	150–200	17128.27	9.12
Ⅳ	120–150	32678.94	17.40
Ⅴ	100–120	40003.53	21.30
Ⅵ	75–100	54464.90	29.00
Ⅶ	50–75	31552.08	16.80
Ⅷ	<50	4357.19	2.32

1954年北京坐标系
1956年黄海高程系

比例尺 1∶500000
0 1 2 3km

山东农业大学资源与环境学院
山东天地亚太国土遥感有限公司
二〇〇九年十月

莱州市土壤缓效钾含量分布图

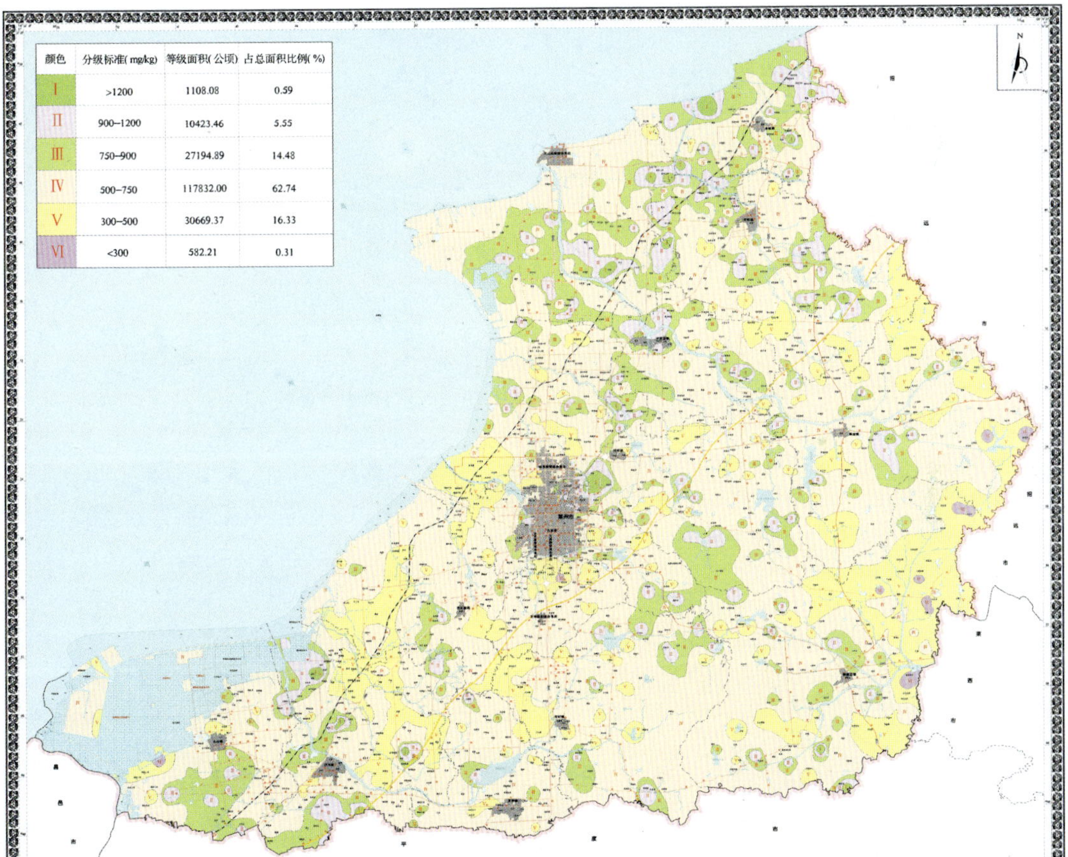

颜色	分级标准(mg/kg)	等级面积(公顷)	占总面积比例(%)
Ⅰ	>1200	1108.08	0.59
Ⅱ	900–1200	10423.46	5.55
Ⅲ	750–900	27194.89	14.48
Ⅳ	500–750	117832.00	62.74
Ⅴ	300–500	30669.37	16.33
Ⅵ	<300	582.21	0.31

1954 年北京坐标系
1956 年黄海高程系

比例尺 1∶500000
0 1 2 3km

山东农业大学资源与环境学院
山东天地亚太国土遥感有限公司　二〇〇九年十月

莱州市土壤交换性钙含量分布图

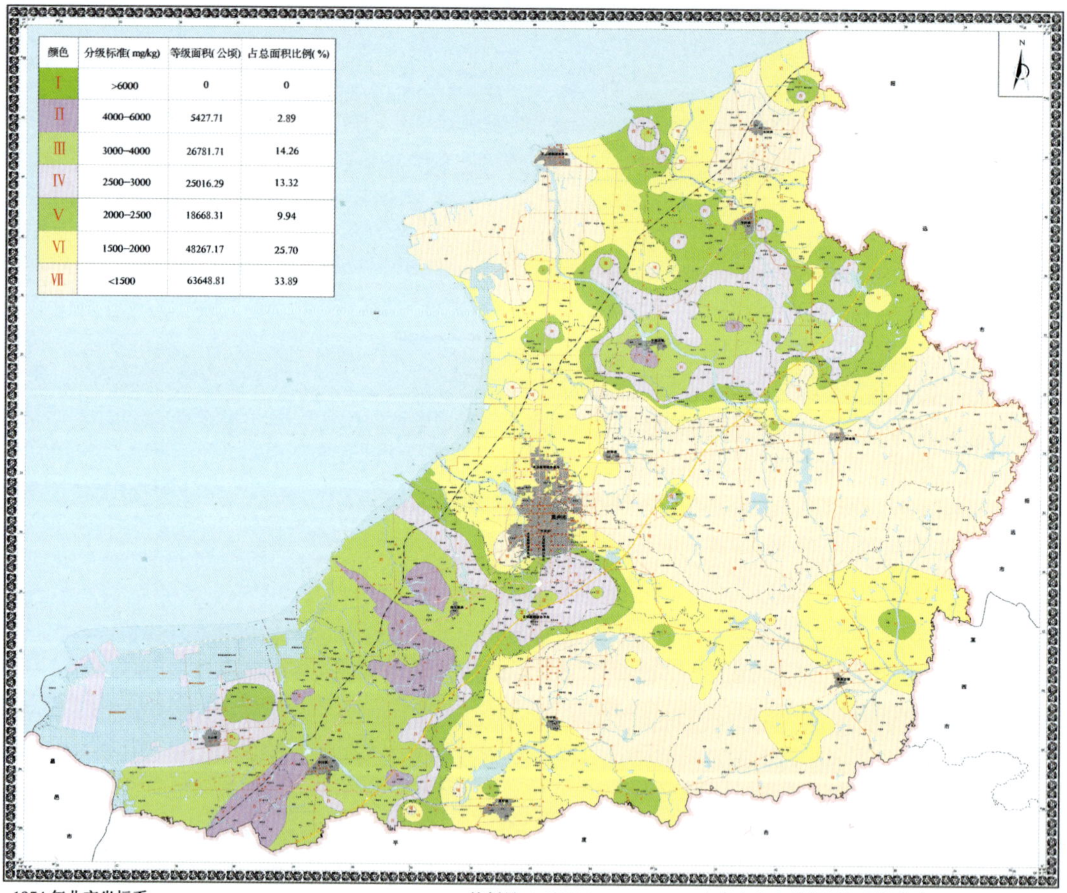

颜色	分级标准(mg/kg)	等级面积(公顷)	占总面积比例(%)
Ⅰ	>6000	0	0
Ⅱ	4000–6000	5427.71	2.89
Ⅲ	3000–4000	26781.71	14.26
Ⅳ	2500–3000	25016.29	13.32
Ⅴ	2000–2500	18668.31	9.94
Ⅵ	1500–2000	48267.17	25.70
Ⅶ	<1500	63648.81	33.89

1954年北京坐标系
1956年黄海高程系

比例尺 1:500000
0 1 2 3km

山东农业大学资源与环境学院
山东天地亚太国土遥感有限公司 二〇〇九年十月

莱州市土壤交换性镁含量分布图

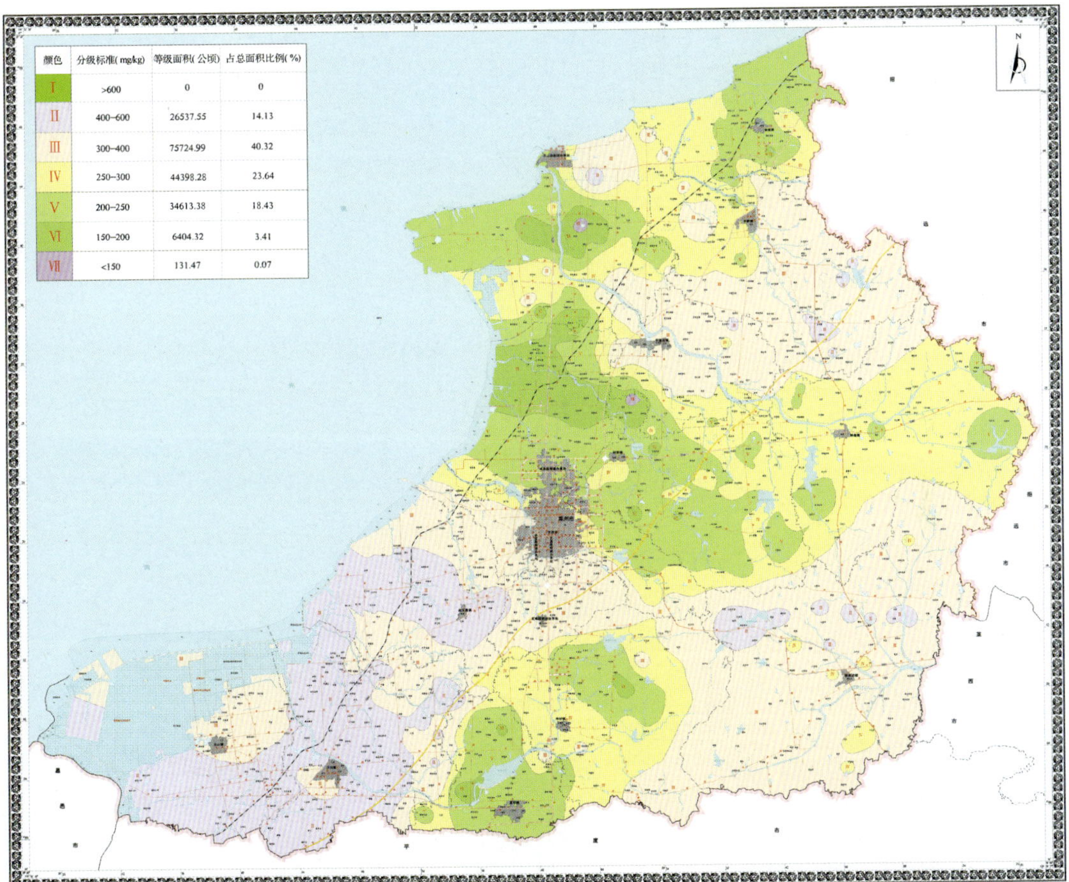

颜色	分级标准(mg/kg)	等级面积(公顷)	占总面积比例(%)
Ⅰ	>600	0	0
Ⅱ	400~600	26537.55	14.13
Ⅲ	300~400	75724.99	40.32
Ⅳ	250~300	44398.28	23.64
Ⅴ	200~250	34613.38	18.43
Ⅵ	150~200	6404.32	3.41
Ⅶ	<150	131.47	0.07

1954 年北京坐标系
1956 年黄海高程系

比例尺 1:500000
0 1 2 3km

山东农业大学资源与环境学院
山东天地亚太国土遥感有限公司
二〇〇九年十月

莱州市土壤有效硫含量分布图

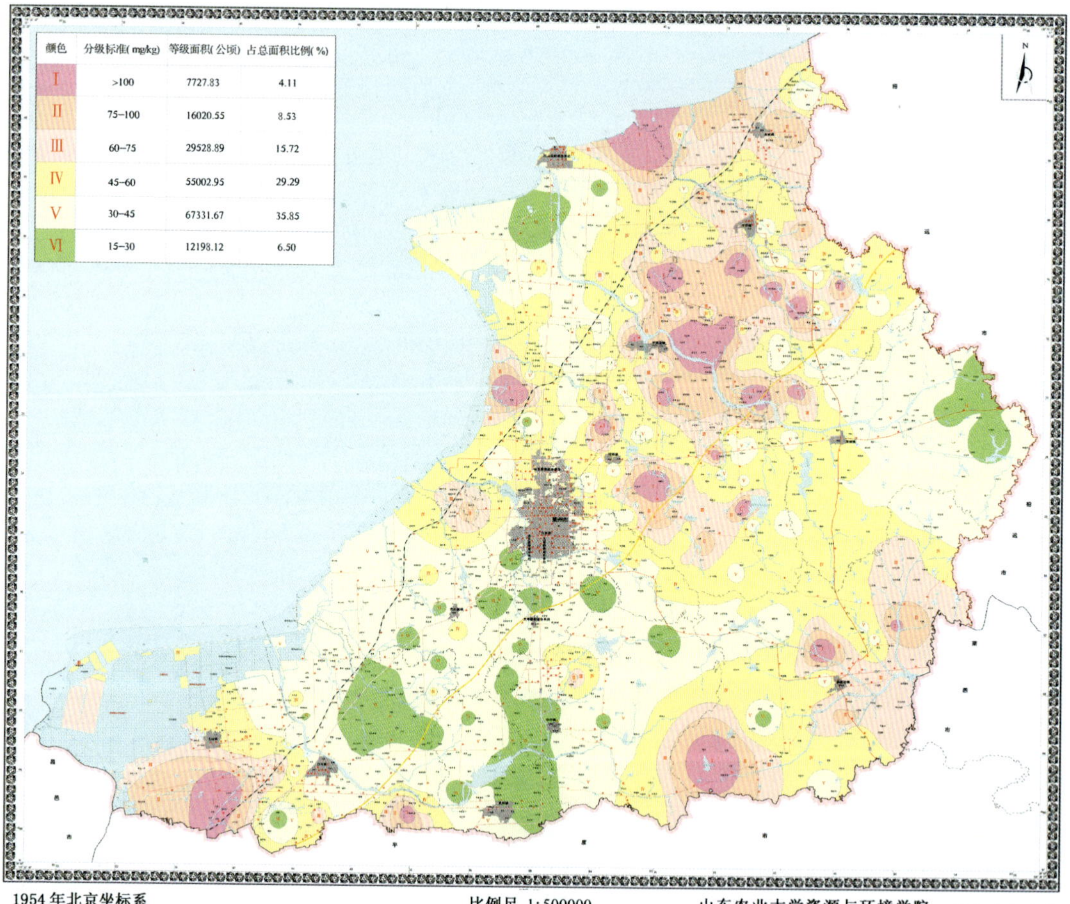

1954 年北京坐标系
1956 年黄海高程系

比例尺 1∶500000
0 1 2 3km

山东农业大学资源与环境学院
山东天地亚太国土遥感有限公司 二〇〇九年十月

莱州市土壤有效铁含量分布图

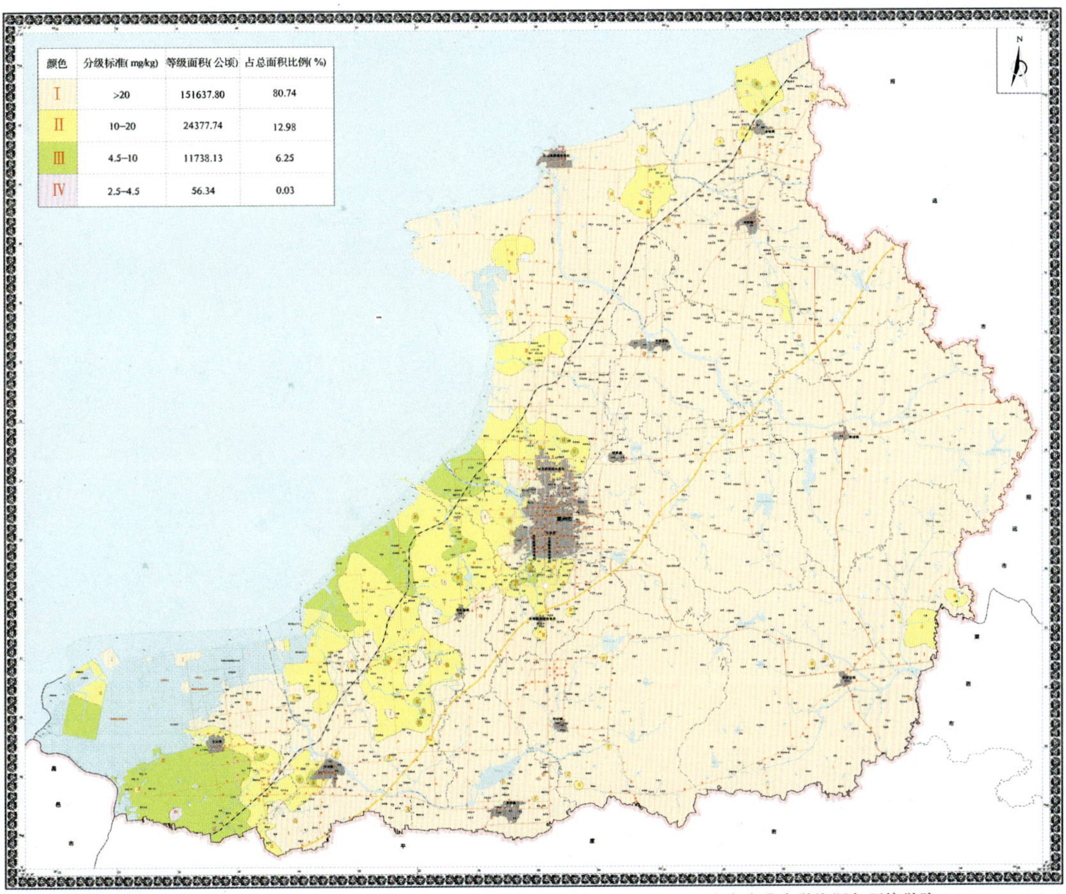

1954 年北京坐标系
1956 年黄海高程系

比例尺 1∶500000
0 1 2 3km

山东农业大学资源与环境学院
山东天地亚太国土遥感有限公司
二〇〇九年十月

莱州市土壤有效锰含量分布图

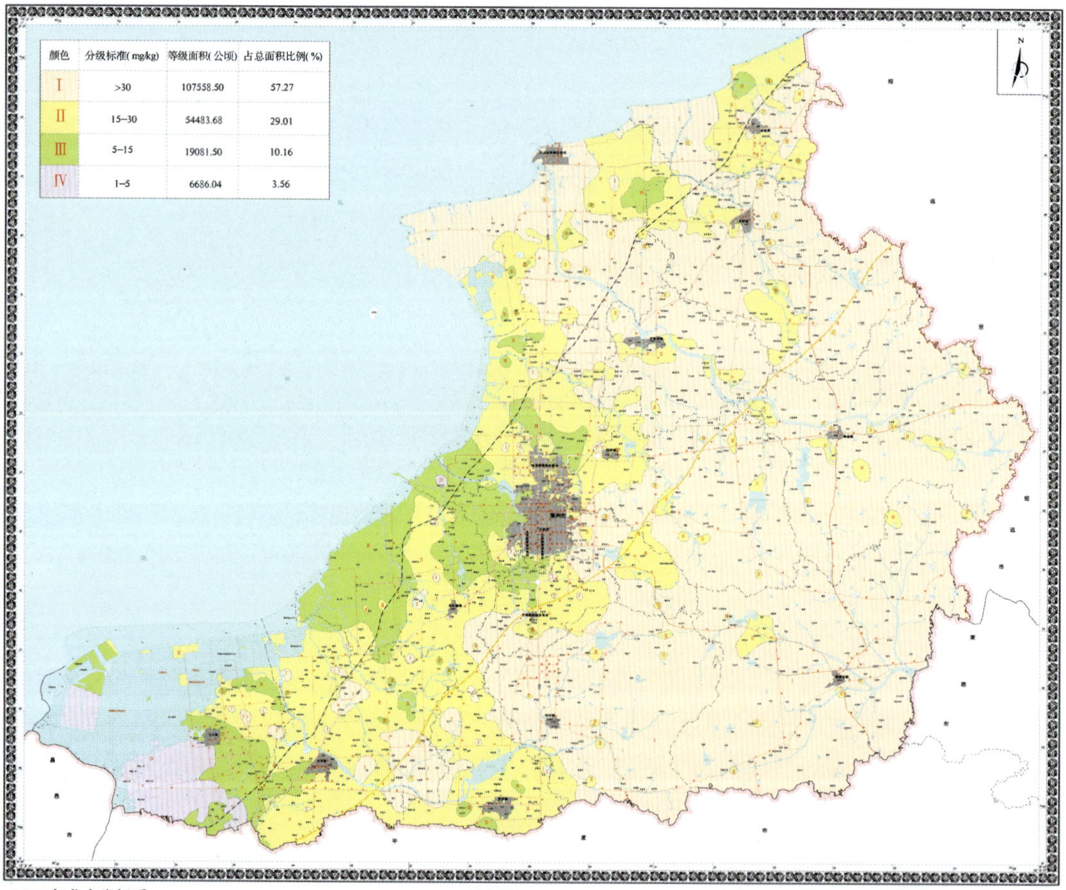

颜色	分级标准(mg/kg)	等级面积(公顷)	占总面积比例(%)
Ⅰ	>30	107558.50	57.27
Ⅱ	15–30	54483.68	29.01
Ⅲ	5–15	19081.50	10.16
Ⅳ	1–5	6686.04	3.56

1954 年北京坐标系
1956 年黄海高程系

比例尺 1:500000
0 1 2 3km

山东农业大学资源与环境学院
山东天地亚太国土遥感有限公司 二〇〇九年十月

莱州市土壤有效铜含量分布图

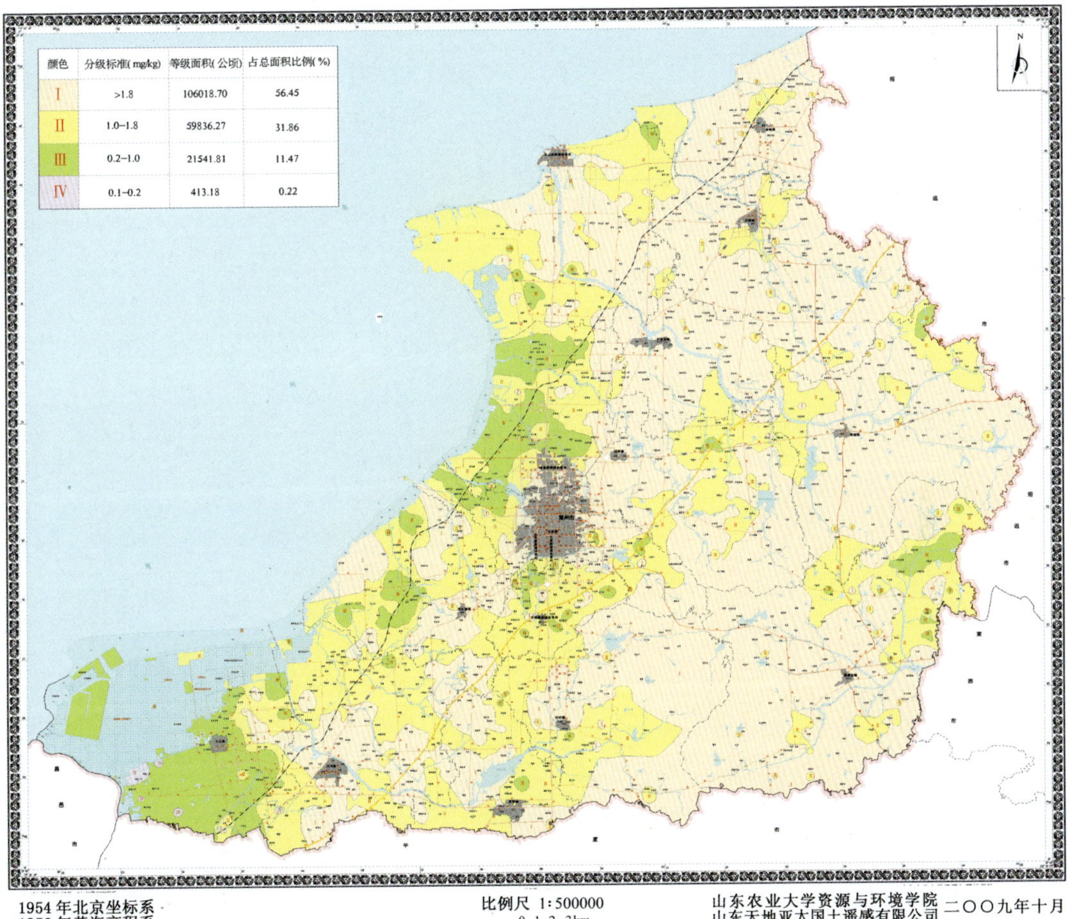

1954年北京坐标系
1956年黄海高程系

比例尺 1:500000
0 1 2 3km

山东农业大学资源与环境学院
山东天地亚太国土遥感有限公司 二〇〇九年十月

莱州市土壤有效硼含量分布图

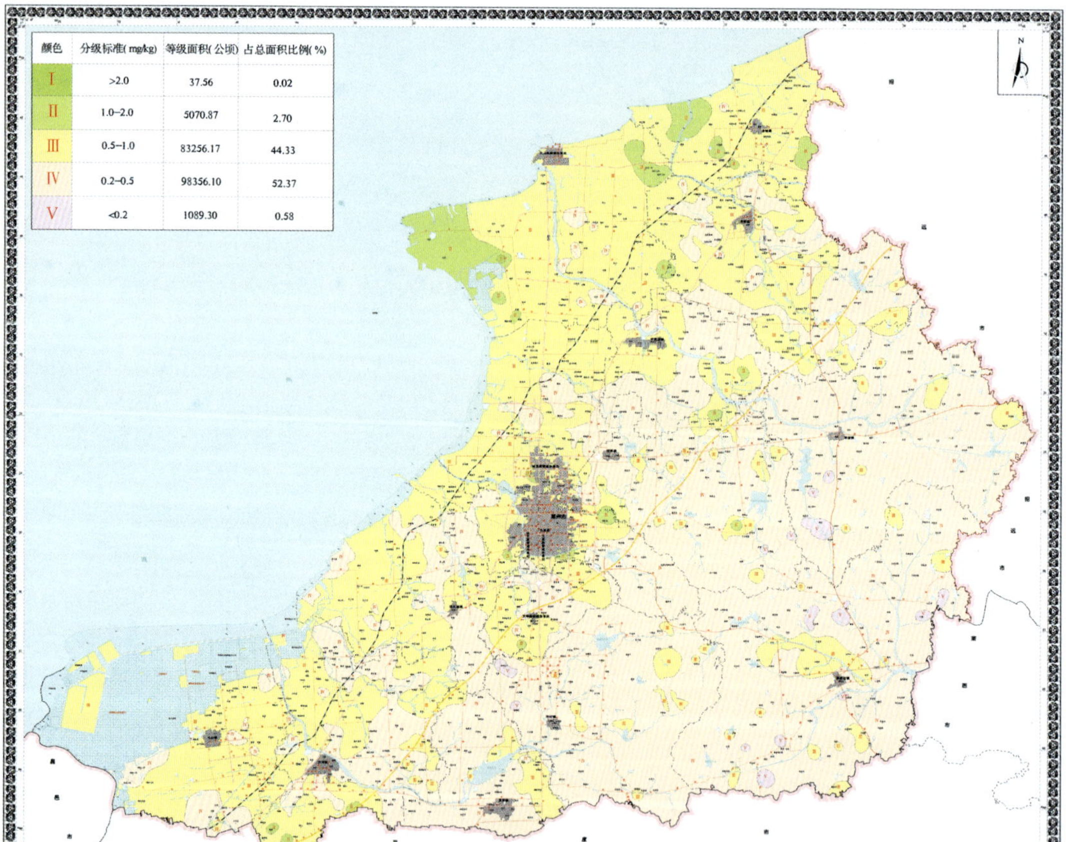

颜色	分级标准(mg/kg)	等级面积(公顷)	占总面积比例(%)
Ⅰ	>2.0	37.56	0.02
Ⅱ	1.0–2.0	5070.87	2.70
Ⅲ	0.5–1.0	83256.17	44.33
Ⅳ	0.2–0.5	98356.10	52.37
Ⅴ	<0.2	1089.30	0.58

1954 年北京坐标系
1956 年黄海高程系

比例尺 1∶500000
0 1 2 3km

山东农业大学资源与环境学院
山东天地亚太国土遥感有限公司 二〇〇九年十月

莱州市土壤有效锌含量分布图

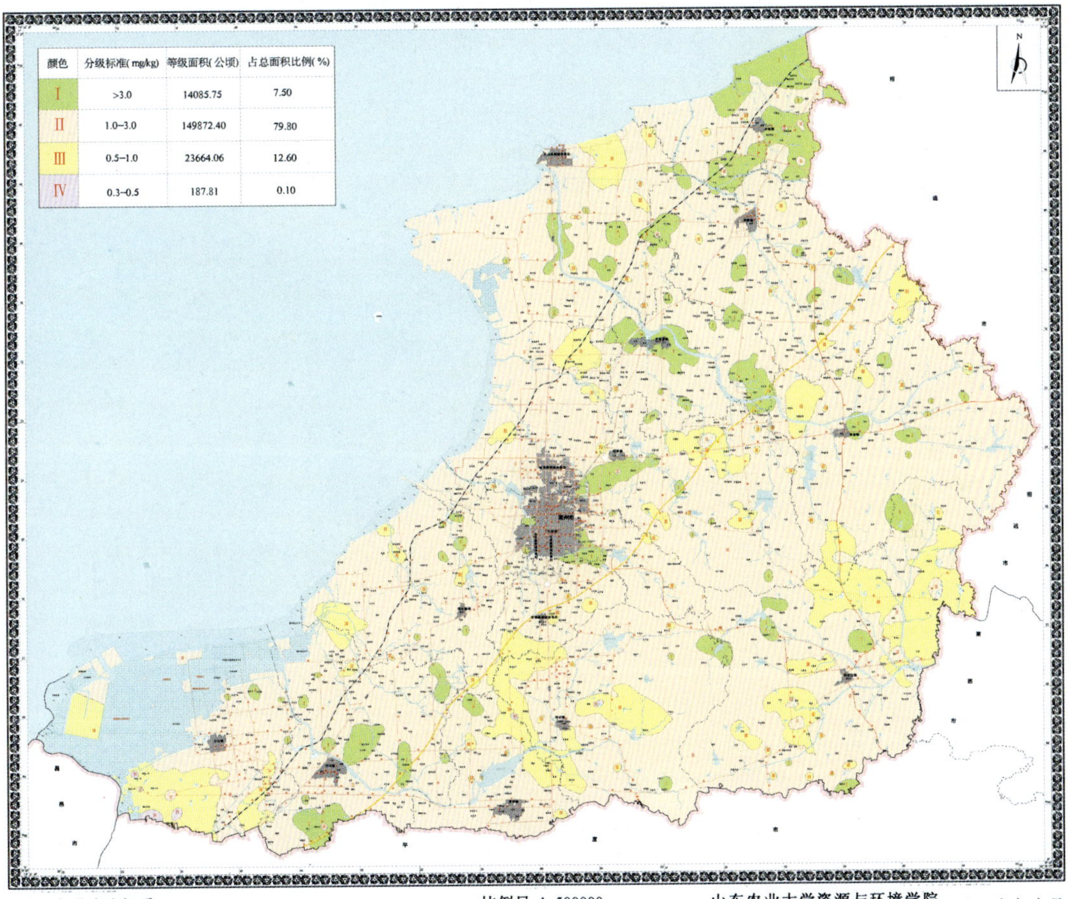

1954 年北京坐标系
1956 年黄海高程系

比例尺 1:500000
0 1 2 3km

山东农业大学资源与环境学院
山东天地亚太国土遥感有限公司
二〇〇九年十月

莱州市土壤有效钼含量分布图

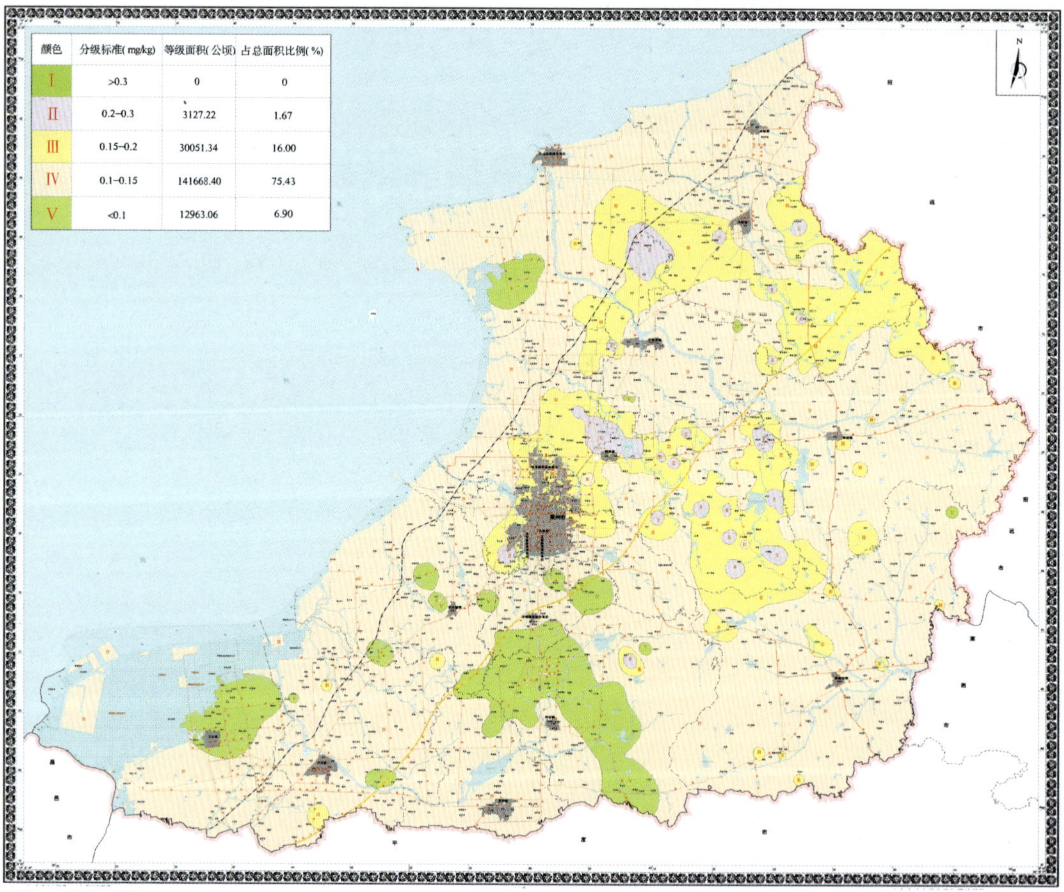

1954年北京坐标系
1956年黄海高程系

比例尺 1:500000
0 1 2 3km

山东农业大学资源与环境学院
山东天地亚太国土遥感有限公司

二〇〇九年十月

参考文献

[1]中国科学院南京土壤研究所主编:《中国土壤》,科学出版社 1978 年版。

[2]山东省土壤肥料工作站主编:《山东土壤》,中国农业出版社 1994 年版。

[3]山东省土壤肥料工作站、中国科学院南京土壤研究所主编:《山东省山地丘陵区土壤》,山东科学技术出版社 1986 年版。

[4]山东省土壤肥料工作站主编:《山东土种志》,中国农业出版社 1993 年版。

[5]张福锁主编:《测土配方施肥技术要览》,中国农业大学出版社 2006 年版。

[6]高祥照等主编:《测土配方施肥技术》,中国农业出版社 2005 年版。

[7]烟台市农业局:《烟台农业志 1940～1985》,内部资料,1988 年。

[8]烟台市土壤普查办公室:《烟台市土种志》,内部资料,1988 年。

[9]莱州市统计局:《莱州辉煌五十年》,内部资料,1999 年。

[10]莱州市统计局:《莱州市统计年鉴》,内部资料,1999～2009 年。

[11]莱州市国土资源局:《土地面积年报表》,内部资料,2008 年。

[12]莱州市土地资源调查办公室:《土地资源调查报告》,内部资料,1991 年。

[13]莱州市水务局:《水利资料》,内部资料,2008 年。

[14]莱州市气象局:《历年气象资料》,内部资料,2008 年。

[15]莱州市土壤普查办公室:《莱州土壤志》,内部资料,1985 年。

[16]莱州市土壤普查办公室:《莱州市土地利用现状概查报告》,内部资料,1985 年。

[17]岳玉德、李涛主编:《青州耕地》,山东大学出版社 2004 年版。

[18]吕世祝等主编:《县域测土配方施肥理论与实践》,中国农业出版社 2008 年版。

图书在版编目(CIP)数据

莱州耕地/李金铭,赵景辉主编.—济南:山东大学出版社,2011.4
ISBN 978-7-5607-3777-5

Ⅰ.①莱…
Ⅱ.①李… ②赵…
Ⅲ.①耕地—土壤肥力—土壤调查—莱州市
Ⅳ.①S155.4
中国版本图书馆 CIP 数据核字(2011)第 052346 号

山东大学出版社出版发行
(山东省济南市山大南路 20 号 邮政编码:250100)
山 东 省 新 华 书 店 经 销
山东新华印刷厂德州厂印刷
787×1092 毫米 1/16 12.5 印张 12 插页 300 千字
2011 年 4 月第 1 版 2011 年 4 月第 1 次印刷
定价:45.00 元